火灾自动报警及消防联动控制

主　编 / 陈　伟

副主编 / 陈思宇　王　微

主　审 / 孙凤岩

高等职业教育安全类专业系列教材

重庆大学出版社

内容提要

本书为校企合作教材,旨在为培养能胜任火灾自动报警系统安装、调试、检测与运维岗位的高素质技能型人才的学科建设服务,主要内容包括火灾探测器、火灾报警控制器、系统设计与组件设置、消防联动控制、火灾预警系统、消防控制室、建筑消防系统安装使用维护管理基础等。本书可作为建筑消防技术、建筑电气、建筑设备、消防工程等专业的教材,也可作为相关行业企业人员的培训和工作参考书。

图书在版编目(CIP)数据

火灾自动报警及消防联动控制 / 陈伟主编. -- 重庆:
重庆大学出版社,2025.1. -- (高等职业教育安全类专业系列教材). -- ISBN 978-7-5689-5061-9

Ⅰ. TU998.1

中国国家版本馆 CIP 数据核字第 2025MH2147 号

火灾自动报警及消防联动控制
HUOZAI ZIDONG BAOJING JI XIAOFANG LIANDONG KONGZHI

主　编　陈　伟

副主编　陈思宇　王　微

主　审　孙凤岩

策划编辑:苟荟羽

责任编辑:张红梅　　版式设计:苟荟羽

责任校对:谢　芳　　责任印制:张　策

*

重庆大学出版社出版发行

出版人:陈晓阳

社址:重庆市沙坪坝区大学城西路 21 号

邮编:401331

电话:(023) 88617190　88617185(中小学)

传真:(023) 88617186　88617166

网址:http://www.cqup.com.cn

邮箱:fxk@ cqup.com.cn(营销中心)

全国新华书店经销

重庆华林天美印务有限公司印刷

*

开本:787mm×1092mm　1/16　印张:14.5　字数:365 千

2025 年 1 月第 1 版　　2025 年 1 月第 1 次印刷

ISBN 978-7-5689-5061-9　定价:45.00 元

党的二十届三中全会提出"加快构建职普融通、产教融合的职业教育体系","着力培养造就卓越工程师、大国工匠、高技能人才",这为职业教育的未来发展提供了根本遵循。《"十四五"国家消防工作规划》提出要"结合国家学科专业体系改革和应急管理学科建设,鼓励高等院校开设消防相关专业,建强一批特色院校和一流专业,加快建立完备的消防领域高层次人才培养体系","引导职业院校开展消防技能人才培养,拓宽人才培养渠道"。消防相关专业教材作为消防相关专业技术人才培养的基础,其建设任务的重要性和紧迫性日益凸显。

"火灾自动报警及消防联动控制"是中高等职业技术院校建筑消防技术、消防工程技术专业的一门重要的专业课程。通过本课程的学习,学生能够全面掌握火灾探测报警和消防联动控制的系统设计、组件设置、联动控制要求,熟悉消防控制室的设置及管理,并对建筑消防系统安装、使用、维护、管理的基础性知识有所了解,全面培养专业理论扎实、技能应用熟练的消防技能型人才,"打造高素质人才方阵",为防范化解消防安全风险、有效夯实消防安全基础做出应有的贡献。

本书的编写具有以下特点:第一,坚持以德育人、德技并修的人才培养定位,在教学导航环节设置思政课板块,通过励志金句引导学生将知识、能力和正确价值观的培养有机结合,激发学生崇尚科学、热爱劳动的新时代工匠精神;第二,结合职教类学生基础知识认知水平,坚持以学生需求为导向,着力讲清楚"国家规范有什么样的规定",以及"为什么要做出这样的规定"等核心问题,做到深入浅出、通俗易懂,让学生在学习的过程中有所思、有所获;第三,近年来,国家新颁布实施和更新调整了多部消防技术规范,本书编写力争全面依据国家现行的最新技术标准和技术规范,以实现知识体系的最新化,并做到图文并茂,数据全面,实用性强;第四,结合教学进度设置了形式多样的练习题、总复习题和学业水平测试卷(通过扫码可获得参考答案及解析),以利于学生理解和消化知识点并自测学习情况,也方便任课教师有选择地在授课中使用,同时立足欧带(西安)消防技术服务有限公司校企合作、产教融合的发展战略,依托欧带(西安)消防技术服务有限公司消防实训室丰富的设施设备,本书还配备了寓教于乐的微课和教学课件等数字资源,供学生和任课教师选择使用。

本书由欧带(西安)消防技术服务有限公司高级技术顾问、辽宁工程职业学院合作校区消防专业教师陈伟任主编并负责全书统稿,中国建筑第八工程局有限公司第四分公司安装公司责任工程师陈思宇、欧带(西安)消防技术服务有限公司技术总监、辽宁工程职业学院合作校区消防专业教师王微任副主编。本书具体编写分工如下:陈伟编写绪论、项目1、项目3、项目4、项目7(任务7.1)、附录;陈思宇编写项目2、项目5(任务5.2)、项目7(任务7.4);

王微编写项目5(任务5.1)、项目6、项目7(任务7.2、任务7.3、任务7.5)。

本书微课由欧带(西安)消防技术服务有限公司微课录制组王微、张晓美、张寒冰三位老师负责创意录制,对她们的辛苦付出在此表示由衷感谢。

欧带(西安)消防技术服务有限公司教育指导委员会主任孙凤岩任本书主审,对本书从立项到出版提出了宝贵意见和悉心指导,并给予了极大的支持和帮助。

本书部分实物图片及消防产品技术数据来源于互联网公开信息,由于未能一一征得原作者及相关技术数据提供者的同意,在此表示衷心感谢,同时也致以深深的歉意。

鉴于编者水平有限,书中难免存在不妥和疏漏之处,敬请广大读者和同行批评斧正。

编　者

2024 年 9 月

绪　论

青年阶段应以理想信念为航标锚定青春航向,激发向上向善、自强不息、开拓创新的青春伟力。理想信念内植在思想灵魂里,外显于言行举止特别是实际行动上。不能把理想信念当作口号喊,而要将其建立在对科学理论的深刻认同上,建立在对历史规律的正确认识上,建立在对基本国情的准确把握上,落脚到爱党爱国爱社会主义的坚定行动上。

教学导航	
主要教学内容	0.1 不同物态可燃物的燃烧 0.2 建筑物室内火灾发展阶段 0.3 建筑防火对策 0.4 民用建筑的分类和耐火等级 0.5 厂房和仓库的火灾危险性分类
知识目标	1.掌握燃烧伴有火焰、发光和(或)烟气等火灾特征参数 2.了解不同物态可燃物的特性、燃烧过程和燃烧形式 3.掌握建筑物室内火灾不同发展阶段特点 4.了解根据燃烧的必要条件进行建筑火灾预防的措施 5.掌握建筑物采取的积极防火对策和消极防火对策
能力目标	1.具备根据可燃物的类型和燃烧特性进行火灾分类的能力 2.具备按照亡人、重伤、直接财产损失等火灾统计指标进行火灾分类的能力 3.掌握运用灭火的基本原理针对不同类型火灾选择灭火方法的能力 4.具备对民用建筑正确分类和耐火等级判定的能力 5.了解建筑构件耐火极限的定义及判定标准 6.具备对不同火灾危险性类别厂房和仓库的识别判断能力
建议学时	4 学时

0.1　不同物态可燃物的燃烧

燃烧是可燃物与氧化剂作用发生的放热反应,通常伴有火焰、发光和(或)烟气的现象。

燃烧区的高温使其中的气体分子、固体粒子和某些不稳定(受激发)的中间体发生能级跃迁,从而发出各种波长的光。发光的气相燃烧区域就是火焰,它的存在是燃烧过程最明显的标志。由于燃烧不完全等原因,气体产物中会混有微小颗粒,这就形成了烟。由燃烧或热解作用产生的全部物质,称为燃烧产物。燃烧产物通常是指燃烧生成的气体、热量、可见烟等。

可燃物是指可以燃烧的物品。按其物理状态分为气体可燃物、液体可燃物和固体可燃物3类。下面分别对3种物态的可燃物的特性、燃烧过程和燃烧形式作简单介绍。

0.1.1 气体可燃物

1)气体的特性

(1)气体具有高度的扩散性

在相同条件下,气体的密度越小或摩尔质量越小,其扩散速度越快,在空气中达到爆炸极限所需的时间就越短。

(2)气体具有可压缩性和液化性

气体可以被压缩,在一定的温度和压力条件下甚至可以被压缩成液态。

(3)气体具有受热膨胀性

盛装压缩气体或液化气体的容器(钢瓶),如受高温、撞击等作用,气体就会急剧膨胀,产生很大的压力,当压力超过容器的耐压强度时,就会引起容器的膨胀甚至爆炸,造成火灾事故。

2)气体可燃物的燃烧过程

气体可燃物的燃烧必须经过与氧化剂接触、混合的物理阶段和着火(或爆炸)的剧烈氧化还原反应阶段。气体可燃物在常温常压下可以按任意比例和氧化剂相互扩散混合,预混气体达到一定浓度后,遇点火源即可发生燃烧,因此,气体可燃物的燃烧速率大于固体、液体可燃物。组成单一、结构简单的气体(如 H_2)燃烧需经过受热、氧化过程,而复杂的气体要经过受热、分解、氧化等过程才能开始燃烧。因此,组成简单的可燃气体比组成复杂的可燃气体燃烧速率快。

3)气体可燃物的燃烧形式

根据气体可燃物燃烧过程的控制因素不同,燃烧形式可分为扩散燃烧和预混燃烧两种。扩散燃烧是指可燃气体或蒸气与气态氧化剂相互扩散,边混合边燃烧的一种燃烧形式。篝火、火把及蜡烛、煤油灯等的火焰都属于扩散火焰。扩散燃烧具有燃烧较稳定,火焰不运动也不会发生回火现象等特点。预混燃烧是指可燃气体或蒸气预先同空气(或氧气)混合,遇火源后产生带有冲击力的燃烧。预混燃烧一般发生在封闭体系中或在预混气体向周围扩散速率远小于燃烧速率的敞开体系中。当大量可燃气体泄漏到空气中,或泄漏到空气并迅速蒸发产生蒸气时,即会在大范围空间内与空气混合形成可燃性混合气体,若与点火源接触就会立即发生爆炸。

0.1.2 液体可燃物

1)液体的特性

液体具有挥发性,在一定的温度条件下,液体都会由液态转变为气态。液体蒸发的快慢主要取决于液体的性质和温度,与其他因素无关。

表征液体特性的参数有 4 个,即蒸发热、饱和蒸气压、液体的沸点、液体饱和蒸气浓度。

(1)蒸发热

在液体体系同外界环境没有热量交换的情况下,随着液体蒸发过程的进行,由于失掉了高能量分子而使液体分子的平均动能减小,液体温度逐渐降低。欲使液体保持原有温度,即维持液体分子的平均动能,必须从外界吸收热量。也就是说,要使液体在恒温恒压下蒸发,就必须从周围环境吸收热量。这种使液体在恒温恒压下汽化或蒸发所必须吸收的热量,称为液体的蒸发热。蒸发热一方面消耗于增加液体分子动能以克服分子间引力而使分子逸出液面进入蒸气状态;另一方面,又消耗于汽化时体积膨胀所做的功。一般来说,液体分子间引力越大,其蒸发热越大,液体越难蒸发。

(2)饱和蒸气压

在一定温度下,液体和它的蒸气处于平衡状态时,蒸气所具有的压力称为饱和蒸气压,简称蒸气压。

液体的饱和蒸气压是液体的重要性质。在相同温度下,液体分子之间的引力强,则液体分子难以克服引力而变为蒸气,蒸气压就低;反之,液体分子之间的引力弱,则蒸气压就高。对同一液体来说,升高温度,液体分子中能量大的数目增多,能克服液体表面引力变为蒸气的分子数目也就多,蒸气压就大;反之,若降低温度,则蒸气压就小。

(3)沸点

液体的沸点是指液体的饱和蒸气压与外界压力相等时的温度。达到此温度时,汽化在整个液体中进行,称为沸腾;而在低于此温度时的汽化,则仅限于在液面上进行。液体沸点同外界气压密切相关。外界气压升高,液体的沸点也升高;外界气压降低,液体的沸点也降低。

(4)饱和蒸气浓度

空气中的蒸气有饱和和不饱和之分。不饱和蒸气压是蒸发与凝聚未达到平衡时的蒸气压,其大小是不断变化的,其变化范围从零到饱和蒸气压。饱和蒸气压是液体的蒸发和蒸气的凝聚达到平衡时的蒸气压,其大小在一定温度下是一定的,饱和蒸气浓度也是一定的。

2)液体可燃物的燃烧过程

一切液体可燃物都能在任何温度下蒸发形成蒸气并与空气或氧气混合扩散,当达到爆炸极限时,与火源接触发生连续燃烧或爆炸。蒸发相变是可燃液体燃烧的准备阶段,而其蒸气的燃烧过程与可燃气体是相同的。

液体可燃物分为轻质(如汽油、煤油、柴油等)、重质(如原油、沥青等)两种。轻质液体可燃物的蒸发纯属物理过程,液体分子只要吸收一定能量克服周围分子的引力即可进入气相并进一步被氧化分解,发生燃烧。重质液体可燃物的蒸发除了有相变的物理过程,在高温下还伴随着化学裂解。由于重质液体可燃物的各组分沸点、密度、闪点等相差都很大,燃烧速率一般是先快后慢。沸点较低的轻质组分先蒸发燃烧,高沸点的重质组分吸收大量辐射热在重力作用下向液体深层传播,逐渐深入并加热冷的液层,最后形成一个温度较高的界面,即热波。最后在热波特性的作用下会使含有水分、黏度大的重质石油产品发生沸溢和喷溅。

3）液体可燃物的燃烧形式

液体可燃物的燃烧形式有3种，即蒸发燃烧、动力燃烧、沸溢式燃烧和喷溅式燃烧。

（1）蒸发燃烧

蒸发燃烧是指液体可燃物受热后边蒸发边与空气相互扩散混合、遇点火源发生燃烧，呈现有火焰的气相燃烧形式，如常压下液体自由表面的燃烧、可燃液体的喷流式燃烧等。

（2）动力燃烧

动力燃烧是指液体可燃物的蒸气、低闪点液雾预先与空气（或氧气）混合，遇点火源产生带有冲击力的燃烧，如雾化汽油、煤油等挥发性较强的烃类在气缸内的燃烧。

（3）沸溢式燃烧和喷溅式燃烧

液体可燃物的蒸气与空气在液面上边混合边燃烧，燃烧释放出的热量向可燃液体内部传播。含有水分、黏度大的重质石油产品，如原油、重油、沥青油等，热量在油品中的传播会形成热波，并引起原油或重质油品的沸溢和喷溅，使火灾变得更加猛烈。

0.1.3　固体可燃物

1）固体的特性

（1）具有稳定的物理形态

固体物质的组成粒子（分子、原子、离子等）间通常结合得比较紧密，因此，固体物质都具有一定的刚性和硬度，而且还有一定的几何形状。

（2）受热软化、熔化或分解

在加热作用下，固体组成粒子的动能会增加，使得粒子振动的幅度加大，固体会表现出软化现象，继续受到强热作用，就会熔化变成液体。对于组成复杂的固体物质，受热作用达到一定温度时，其组分还会发生从大分子裂解成小分子的变化。例如，木材、煤炭、化纤、塑料燃烧中产生的黑烟毒气，有一部分就是热分解的产物。热分解也是一个吸热过程。

（3）受热升华

部分物质（如樟脑、碘、萘等）因为具有较大的蒸气压，在热作用下它们的固态物质不经液态直接变成气态，表现出升华现象。升华是一个吸热过程，易升华的可燃性固体产生的蒸气与空气混合后具有爆炸的危险。

2）固体可燃物的燃烧过程

相对于气体和液体物质的燃烧而言，固体的燃烧过程要复杂得多，而且不同类型的固体的燃烧又有不同的过程。固体的燃烧可分为有焰燃烧（气相燃烧，并伴有发光现象）和无焰燃烧（物质处于固体状态而没有火焰的燃烧），但基本上要经过熔化、分解、蒸发等相变过程。

3）固体可燃物的燃烧形式

固体可燃物的燃烧形式有4种，即蒸发燃烧、表面燃烧、分解燃烧和阴燃。

（1）蒸发燃烧

蒸发燃烧是指固体可燃物（如硫黄、白磷、钠、松香、樟脑、石蜡等）受热升华或熔化后蒸发，产生的可燃气体与空气边混合边着火的有焰燃烧，是一个熔化、汽化、扩散、燃烧的连续过程。

（2）表面燃烧

表面燃烧是指固体物质（如焦炭、木炭等）受热时既不熔化或汽化，也不发生分解，只在其表面直接吸附氧气而进行的燃烧反应，燃烧速率也相对较慢，固体表面呈高温炽热发光而无火焰的状态。

（3）分解燃烧

分解燃烧是指具有复杂组分或较大分子结构的固体物质（如煤、木材、纸张、棉、麻等）受热分解产生可燃气体扩散到空气中而后发生的有焰燃烧。当固体完全分解不再析出可燃气体时，留下的碳质固体残渣即开始进行无焰的表面燃烧。绝大多数高分子材料（如塑料、橡胶、化纤等高聚物）在受热条件下会软化熔融，产生熔滴，发生分子断裂，从大分子裂解成小分子，进而不断析出可燃气体（如 CO、H_2、CH_4 等）扩散到空气中发生有焰燃烧，直至燃尽为止。

（4）阴燃

阴燃是指在氧气不足、温度较低或湿度较大的条件下，固体物质发生的没有火焰的缓慢燃烧。阴燃属于固体物质特有的燃烧形式。成捆堆放的棉、麻、纸张及大量堆垛的煤、稻草、烟叶、布匹等都会发生阴燃。

0.2　建筑物室内火灾发展阶段

对于建筑物室内火灾而言，火灾最初发生在室内的某个房间或某个部位，然后由此蔓延到相邻的房间或区域以及整个楼层，最后蔓延到整个建筑物。建筑物室内火灾的燃烧过程通常用温度-时间变化曲线进行描述，如图 0-1 所示。火灾发展过程大致可分为初起阶段（$O—A$）、发展阶段（$A—B$）、猛烈燃烧阶段（$B—C$）和衰减阶段（$C—D$）。建筑物室内火灾轰燃即为初期增长阶段发展为充分发展阶段的瞬变过程。轰燃的发生标志着室内火灾进入全面发展阶段。轰燃发生后，室内可燃物出现全面燃烧，迅速向水平方向蔓延扩散，同时沿竖向管井、共享空间等向垂直方向蔓延。

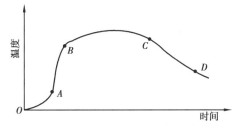

图 0-1　建筑物室内火灾温度-时间变化曲线

初起阶段（$O—A$）：燃烧仅限于初始起火点附近区域，燃烧面积一般不大，往往伴随着阴燃并产生大量的烟、少量的热，很少或没有热辐射，火灾发展速度缓慢。此阶段是灭火的最有利时机，用少量的灭火剂就可以迅速扑灭初起火灾，对于人员疏散也是最佳时期，可以最大限度地减少人员伤亡和财产损失。

发展阶段（$A—B$）：转入有焰燃烧阶段，燃烧面积迅速扩大，室内温度不断升高，产生强烈的火焰辐射，含有大量红外线和紫外线的火焰光。当发生火灾的房间温度达到一定值时（B 点），相对封闭的房间内的可燃物因受热、蒸发、热分解而聚积大量可燃气体，会在某一瞬间突然起火，使整个房间都充满火焰，房间内所有可燃物表面全部卷入燃烧（即轰燃）。在轰燃发生之前，如果能够及时探测到温度、火焰光等火灾特征参数并迅速启动灭火设施，对减少火灾损失是很有帮助的。

猛烈燃烧阶段（B—C）：轰燃发生后，建筑物室内所有的可燃物都在猛烈燃烧，迅速释放大量热量，房间内出现持续高温，最高可达1 100 ℃左右。火灾在这个阶段具有极强的破坏力，随着门窗的破坏，大量新鲜空气进入室内，燃烧条件得到极大改善，建筑物的可燃构件均被烧着，建筑结构可能被毁坏，可导致建筑物局部或整体倒塌破坏。此阶段，建筑物室内未逃离的人员生命将受到威胁。

衰减阶段（C—D）：随着猛烈燃烧阶段的持续进行，建筑物室内可燃物数量逐步减少，火灾燃烧速度不断减慢，燃烧强度减弱，温度逐渐下降，直到建筑物室内外温度达到平衡为止，火灾完全熄灭。

0.3 建筑防火对策

火灾是在时间或空间上失去控制的燃烧。燃烧是可燃物与助燃物遇点火源发生的氧化还原反应。燃烧现象十分普遍，但其发生必须具备3个基本条件，即可燃物、助燃物、点火源。作为一种特殊的氧化还原反应，燃烧反应必须有氧化剂和还原剂参加，此外还要有引发燃烧的能量，只有同时具备这3个条件，燃烧现象才能发生。

建筑物火灾预防可根据燃烧的必要条件进行。一是控制可燃物。常见的措施包括：在建筑物中使用难燃或不燃的建筑材料代替易燃或可燃的建筑材料；用防火涂料刷涂可燃材料，改变建筑材料的燃烧性能；对于具有火灾、爆炸危险性的厂房，采取通风方法以降低可燃气体、蒸气和粉尘在厂房空气中的浓度，使之达不到火灾、爆炸浓度极限范围；将相互作用能产生可燃气体或蒸气的物质分开存放等。二是控制助燃物。常见的措施包括：涉及易燃易爆物质的生产过程，应在密闭设备中进行；对有异常危险的操作过程，停产后或检修前用惰性气体吹洗置换；对乙炔生产、甲醇氧化、TNT球磨等特别危险的生产，可充装氮气保护；隔绝空气储存某些易燃易爆物质等。三是控制和消除点火源。在日常生活、生产中，可燃物和空气是客观存在的，绝大多数可燃物即使暴露在空气中，若没有点火源作用，也是不能着火（爆炸）的。从这个意义上来说，控制和消除点火源是防止火灾发生的关键。此外，一旦发生火灾，应防止形成新的燃烧条件，阻止火势扩散蔓延，迅速把火灾或爆炸限制在较小的范围内，防止火势蔓延扩大。

从理论上讲，基于燃烧的3个必要条件可以有效地防止燃烧，进而避免火灾的发生。但在现实生产、生活和社会实践中，火灾的发生与人类社会相生相伴，已经成为一种社会现象。在各类灾害中，火灾是最经常、最普遍威胁公共安全和社会发展的灾害之一。国家消防救援局公布的2023年1—10月全国火灾形势报告显示，全国共接报火灾74.5万起，死亡1 381人，受伤2 063人，已核直接财产损失61.5亿元，与2022年同期相比，起数和伤人数分别上升2.5%和6.5%，死亡人数和损失分别下降13.2%和9.7%。起火场所中，各类住宅发生火灾24.4万起，造成979人死亡、1 244人受伤，分别占总数的32.8%、70.9%和60.3%，是导致火灾伤亡的最主要场所；厂房、仓储场所发生火灾1.9万起，其中较大以上火灾9起，造成34人死亡，分别占较大以上火灾总数的15.3%和13.5%。

为了最大限度地预防和减少火灾对建筑物的危害,需采取更加专业的措施。一是采取积极的防火对策,即防止建筑起火,并在起火后采取积极控制、消灭火灾的措施,包括合理设置火灾自动报警系统,实现火灾的早期探测,为人员疏散和火灾扑救争取时间;合理设置自动喷水灭火系统、建筑给水及消火栓灭火系统以及建筑防烟排烟系统等消防系统,将火灾消灭在初起阶段,防止火灾的蔓延扩大;科学设计安全疏散系统,为火灾区域的人员逃生创造条件;加强对人员和设备的管理,排除人的不安全因素和物的不安全状态等导致火灾的诱因。二是采取消极的防火对策,即控制建筑火灾损失的技术措施,这也是一种被动保护措施,包括合理设定建筑物的耐火等级,确保建筑具有良好、合理的抗御火灾能力,确保建筑和人员生命的安全;在建筑物内合理划分防火分区,有效设置防火分隔设施,有效阻止火势的蔓延,以利于人员疏散和火灾扑救,达到减小火灾损失的目的;合理确定建筑物的防火间距,防止因热辐射作用使火灾在相邻建筑间蔓延,造成大面积燃烧。

根据可燃物的类型和燃烧特性将火灾分为 A 类(固体物质火灾)、B 类(液体或可熔化的固体物质火灾)、C 类(气体火灾)、D 类(金属火灾)、E 类(带电火灾)、F 类(烹饪器具内的烹饪物火灾)等 6 类不同类别的火灾。

按照亡人、重伤、直接财产损失等火灾统计指标将火灾等级划分为特别重大火灾、重大火灾、较大火灾和一般火灾 4 个等级。

建筑火灾防控的最后一道防线是灭火。所谓灭火,就是控制和破坏已经形成的燃烧条件,或者使燃烧反应中的游离基消失,以迅速熄灭或阻止物质的燃烧,最大限度地减少火灾损失。根据燃烧条件和同火灾作斗争的实践经验,灭火的基本方法有 4 种,即隔离法、窒息法、冷却法、化学抑制法。

隔离法就是将可燃物与着火源隔离开,如将尚未燃烧的可燃物与正在燃烧的物质隔开或移到安全地点。隔离法是扑灭火灾常用的方法,适用于扑救各种火灾。

窒息法就是阻止助燃物(氧气、空气或其他氧化剂)进入燃烧区域或用不燃物质稀释,使可燃物得不到足够的氧气而停止燃烧。窒息法适用于扑救容易封闭的容器设备、房间、洞室和工艺装置或船舱内的火灾。

冷却法就是将灭火剂直接喷射到燃烧物上,使燃烧物的温度降至着火点(燃点)以下,使燃烧停止;或者将灭火剂喷洒在火源附近的物体上,使其不受火焰辐射热的威胁,避免形成新的燃烧条件,迅速控制并扑灭火灾。最常见的方法就是用水冷却灭火。

化学抑制法的原理是使灭火剂参与到燃烧的反应中去,通过销毁燃烧过程中产生的游离基,形成稳定分子或低活性游离基,从而中断燃烧的连锁反应,使燃烧反应停止,达到灭火的目的。采用这种方法的灭火剂,目前主要有卤代烷灭火剂和干粉灭火剂。

0.4　民用建筑的分类和耐火等级

民用建筑根据其建筑高度和层数可分为单层、多层民用建筑和高层民用建筑。高层民用建筑根据建筑高度、使用功能和楼层的建筑面积可分为一类高层和二类高层。民用建筑的分类规定如表 0-1 所示。

表 0-1　民用建筑的分类规定

名称	单层、多层民用建筑	高层民用建筑	
		一类	二类
住宅建筑	建筑高度不大于 27 m 的住宅建筑(包括设置商业服务网点的住宅建筑)	建筑高度大于 54 m 的住宅建筑(包括设置商业服务网点的住宅建筑)	建筑高度大于 27 m,但不大于 54 m 的住宅建筑(包括设置商业服务网点的住宅建筑)
公共建筑	1. 建筑高度大于 24 m 的单层公共建筑; 2. 建筑高度不大于 24 m 的其他公共建筑	1. 建筑高度大于 50 m 的公共建筑; 2. 建筑高度 24 m 以上,部分任一楼层建筑面积大于 1 000 m² 的商店、展览、电信、邮政、财贸金融建筑和其他多种功能组合的建筑; 3. 医疗建筑、重要公共建筑、独立建造的老年人照料设施; 4. 省级及以上的广播电视和防灾指挥调度建筑、网局级和省级电力调度建筑; 5. 藏书超过 100 万册的图书馆、书库	除一类高层公共建筑外的其他高层公共建筑

建筑物的耐火等级是衡量建筑抵御火灾能力大小的重要标准,主要由建筑构件的燃烧性能和耐火极限中的最低者决定,建筑防火安全的许多参数均与建筑物耐火等级有关。合理确定建筑构件的燃烧性能和耐火极限,使建筑物具有足够的耐火能力,从而为建筑内的人员疏散、灭火救援提供安全条件,对减少人员伤亡和财产损失具有十分重要的意义。

建筑构件由各种建筑材料制成,建筑构件的燃烧性能由制成建筑构件的建筑材料的燃烧性能决定。根据组成建筑构件的建筑材料的燃烧性能,建筑构件按氧指数(OI)大小将燃烧性能分为 3 类:不燃烧体、难燃烧体和燃烧体。氧指数(OI)是指在规定的条件下,材料在氧氮混合气流中进行有焰燃烧所需的最低氧浓度,以氧所占的体积百分比来表示。

不燃烧体(OI>50%)是指用不燃性建筑材料制成的建筑构件。这种建筑构件在空气中受到火烧或高温作用时不起火、不微燃、不炭化,如土墙、砖墙及钢筋混凝土构件和钢构件等。

难燃烧体(50%≥OI>27%)是指用难燃性建筑材料制成的建筑构件,或者基层为燃烧材料、用不燃性建筑材料做保护层的建筑构件,以及经过防火阻燃处理的建筑构件。这种建筑构件在空气中受到火烧或高温作用时难起火、难微燃、难炭化,当把点火源移走后燃烧或微燃就会立即停止,如沥青混凝土,经过防火阻燃处理后的木质防火门、木龙骨等。

燃烧体(OI≤27%)是指用燃烧性建筑材料制成的建筑构件。这种建筑构件在空气中受到火烧或高温作用时较容易起火燃烧,当把点火源移走后燃烧仍能继续进行,如木柱、木屋架及木板隔墙等。

建筑构件抵抗火烧的时间长短是用耐火极限来衡量的。

建筑构件的耐火极限是指按照标准的温度-时间曲线对某一建筑构件进行耐火试验,从建筑构件受到火烧作用时起,到失去稳定性或完整性或隔热性止的这段时间,单位为小时(h)。

一般来讲,判断某一建筑构件是否达到了耐火极限需要区分构件的部位和功能,其中建筑承重构件由稳定性来判定,建筑分隔构件由完整性或隔热性来判定,建筑承重分隔构件由稳定性或完整性或隔热性来判定。在标准耐火试验中,建筑构件只要出现失去稳定性、完整性、隔热性3种现象的任意一种,就表明达到了耐火极限。

失去稳定性是指建筑构件失去了支承能力或抗变形能力。例如,柱不能支承梁、梁不能支承楼板等均为失去支承能力,柱、梁或楼板变形过大危及建筑结构安全为失去抗变形能力。

失去完整性是指建筑构件失去了密闭分隔建筑空间的能力。例如,建筑分隔构件(如墙、楼板等)一面受到火烧,当构件出现裂缝或孔隙时,火焰就会穿过这些裂缝或孔隙,使建筑构件背火面的可燃物燃烧起火,此时就认为此建筑构件失去了完整性。

失去隔热性是指建筑分隔构件失去了隔绝过量热量传导的性能。当建筑构件失去绝热性时,建筑构件的背火面温度就会升高,从而导致背火面的可燃物发生受热燃烧现象。

民用建筑的耐火等级应根据其建筑高度、使用功能、重要性和火灾扑救难度等因素确定,民用建筑的耐火等级可分为一、二、三、四级,一级最高,四级最低。地下或半地下建筑(室)和一类高层建筑的耐火等级不应低于一级;单层、多层重要公共建筑和二类高层建筑的耐火等级不应低于二级。不同耐火等级建筑相应构件的燃烧性能要求和耐火极限规定如表0-2所示。

表 0-2　不同耐火等级建筑相应构件的燃烧性能和耐火极限

构件名称		耐火等级			
		一级	二级	三级	四级
墙	防火墙	不燃性 3.00 h	不燃性 3.00 h	不燃性 3.00 h	不燃性 3.00 h
	承重墙	不燃性 3.00 h	不燃性 2.50 h	不燃性 2.00 h	难燃性 0.50 h
	非承重外墙	不燃性 1.00 h	不燃性 1.00 h	不燃性 0.50 h	可燃性
	楼梯间和前室的墙、电梯井的墙、住宅建筑单元之间的墙和分户墙	不燃性 2.00 h	不燃性 2.00 h	不燃性 1.50 h	难燃性 0.50 h
	疏散走道两侧的隔墙	不燃性 1.00 h	不燃性 1.00 h	不燃性 0.50 h	难燃性 0.25 h
	房间隔墙	不燃性 0.75 h	不燃性 0.50 h	难燃性 0.50 h	难燃性 0.25 h
柱		不燃性 3.00 h	不燃性 2.50 h	不燃性 2.00 h	难燃性 0.50 h
梁		不燃性 2.00 h	不燃性 1.50 h	不燃性 1.00 h	难燃性 0.50 h
楼板		不燃性 1.50 h	不燃性 1.00 h	不燃性 0.50 h	可燃性

续表

构件名称	耐火等级			
	一级	二级	三级	四级
屋顶承重构件	不燃性 1.50 h	不燃性 1.00 h	可燃性 0.50 h	可燃性
疏散楼梯	不燃性 1.50 h	不燃性 1.00 h	不燃性 0.50 h	可燃性
吊顶	不燃性 0.25 h	难燃性 0.25 h	难燃性 0.15 h	可燃性

0.5 厂房和仓库的火灾危险性分类

生产的火灾危险性应根据生产中使用或产生的物质性质及其数量等因素划分,可分为甲、乙、丙、丁、戊类,其中甲类最危险。生产的火灾危险性分类如表 0-3 所示。

表 0-3 生产的火灾危险性分类

生产的火灾危险性类别	生产的火灾危险性特征
甲	1. 闪点小于 28 ℃的液体; 2. 爆炸下限小于 10%的气体; 3. 常温下能自行分解或在空气中氧化能导致迅速自燃或爆炸的物质; 4. 常温下受到水或空气中受到水蒸气的作用能产生可燃气体并引起燃烧或爆炸的物质; 5. 遇酸、受热、撞击、摩擦、催化以及遇有机物或硫黄等易燃的无机物,极易引起燃烧或爆炸的强氧化剂; 6. 受撞击、摩擦或与氧化剂、有机物接触时能引起燃烧或爆炸的物质; 7. 在密闭设备内操作温度不小于物质本身自燃点的生产
乙	1. 闪点不低于 28 ℃但低于 60 ℃的液体; 2. 爆炸下限不小于 10%的气体; 3. 不属于甲类的氧化剂; 4. 不属于甲类的易燃固体; 5. 助燃气体; 6. 能与空气形成爆炸性混合物的浮游状态粉尘、纤维,闪点不低于 60 ℃的液体雾滴
丙	1. 闪点不低于 60 ℃的液体; 2. 可燃固体

续表

生产的火灾 危险性类别	生产的火灾危险性特征
丁	1. 对不燃烧物质进行加工,并在高温或熔化状态下经常产生强辐射热、火花或火焰的生产; 2. 利用气体、液体、固体作为燃料,或将气体、液体进行燃烧以作其他用途的各种生产; 3. 常温下使用或加工难燃烧物质的生产
戊	常温下使用或加工不燃烧物质的生产

同一厂房或厂房的任一防火分区内有不同火灾危险性生产时,厂房或防火分区内的生产火灾危险性类别应按火灾危险性较大的部分确定;当生产过程中使用或产生易燃、可燃物的量较少,不足以构成爆炸或火灾危险时,可按实际情况确定;当符合下述条件之一时,可按火灾危险性较小的部分确定。

条件一:火灾危险性较大的生产部分占本层或本防火分区建筑面积的比例小于5%,且发生火灾事故时不足以蔓延至其他部位或火灾危险性较大的生产部分采取了有效的防火措施。

条件二:丁、戊类厂房内的油漆工段小于10%,且发生火灾事故时不足以蔓延至其他部位或火灾危险性较大的生产部分采取了有效的防火措施。

条件三:丁、戊类厂房内的油漆工段,采用封闭喷漆工艺,封闭喷漆空间内保持负压、油漆工段设置可燃气体探测报警系统或自动抑爆系统,且油漆工段占所在防火分区建筑面积的比例不大于20%。

储存物品的火灾危险性应根据储存物品的性质和储存物品中的可燃物数量等因素划分,可分为甲、乙、丙、丁、戊类,其中甲类最危险。储存物品的火灾危险性分类如表0-4所示。

表0-4 储存物品的火灾危险性分类

储存物品的 火灾危险性类别	储存物品的火灾危险性特征
甲	1. 闪点小于28 ℃的液体; 2. 爆炸下限小于10%的气体,受到水或空气中水蒸气的作用能产生爆炸下限小于10%气体的固体物质; 3. 常温下能自行分解或在空气中氧化能导致迅速自燃或爆炸的物质; 4. 常温下受到水或空气中受到水蒸气的作用能产生可燃气体并引起燃烧或爆炸的物质; 5. 遇酸、受热、撞击、摩擦以及遇有机物或硫黄等易燃的无机物,极易引起燃烧或爆炸的强氧化剂; 6. 受撞击、摩擦或与氧化剂、有机物接触时能引起燃烧或爆炸的物质

续表

储存物品的 火灾危险性类别	储存物品的火灾危险性特征
乙	1. 闪点不小于 28 ℃但小于 60 ℃的液体； 2. 爆炸下限不小于 10% 的气体； 3. 不属于甲类的氧化剂； 4. 不属于甲类的易燃固体； 5. 助燃气体； 6. 常温下与空气接触能缓慢氧化，积热不散引起自燃的物品
丙	1. 闪点不小于 60 ℃的液体； 2. 可燃固体
丁	难燃烧物品
戊	不燃烧物品

同一仓库或仓库的任一防火分区内储存不同火灾危险性物品时,仓库或防火分区的火灾危险性应按火灾危险性最大的物品确定。当可燃包装质量大于物品本身质量的 1/4 或可燃包装体积大于物品本身体积的 1/2 时,丁、戊类储存物品仓库的火灾危险性应按丙类确定。

📖 **思考题**

1. 分别阐述气体可燃物、液体可燃物和固体可燃物的特性、燃烧过程和燃烧形式。

2. 简述建筑物室内火灾的发展阶段。

3. 简述在标准耐火试验中,判定建筑构件耐火极限的依据。

4. 阐述厂房和仓库的火灾危险性分类和依据。

项目 1　火灾探测器

📖励志金句摘录

读书提供了一个跳出来看待事物发展的宽广视野,一个从全周期认识事物的完整视角。这是一个重要的方法论。我们工作生活在当下,但如果我们仅凭当下来认识当下,则可能会产生"不识庐山真面目,只缘身在此山中"的偏差。因此,我们需要通过书籍打开一种上下五千年、纵横几万里的视野,从更长的历史周期获得完整而全面的认识。读书可以让人从一世来看一时、从全局来看一隅,从更多维度、更长周期来把握过去、当下和未来。

教学导航	
主要教学内容	1.1 火灾探测技术发展缩略及智慧消防展望 1.2 火灾探测器的分类及其工作原理 1.3 火灾探测器的选择
知识目标	1.了解火灾探测技术的发展历程,以及不同阶段火灾探测技术的典型特征 2.掌握火灾探测器的分类,了解不同类别火灾探测器的工作原理 3.了解火灾探测器的组成及各组成部分的功能 4.了解火灾探测器的主要技术指标 5.掌握火灾探测器选择的一般规定要求 6.掌握不同类型火灾探测器的适用及不适用规定
能力目标	1.根据火灾探测技术的典型特征,判断火灾探测技术的发展阶段 2.根据外观识别不同类型的火灾探测器 3.根据不同场所及环境特征,选择相适应的火灾探测器类型
建议学时	6学时

任务 1.1　火灾探测技术发展缩略及智慧消防展望

火灾自动报警系统是火灾探测报警系统和消防联动控制系统的简称。火灾探测手段的可靠性和灵敏性是火灾自动报警系统先进程度的标志和实现火灾早期探测避免小火成灾的基础。火灾探测器是组成火灾自动报警系统最基本的组件,是火灾自动报警系统的"感觉器官",其探测区域一旦出现火情,便将火灾的特征物理量如烟雾浓度、温度、气体和辐射光等特征参数转换成电信号,经火灾报警控制器或消防联动控制器"与"逻辑判断迅速报警,进而启动相关的自动消防设施,防止火灾的蔓延扩大。

火灾探测技术的发展大致经历了以下几个时期。

1890年,英国研制出世界上第一只感温火灾探测器,开创了火灾探测技术的先河,标志着现代火灾探测技术的诞生。20世纪初,定温火灾探测器得到了改进和发展,双金属火灾探测器和低熔金属新型火灾探测器先后被研制出来。双金属火灾探测器是利用两种金属热膨胀系数不同的原理实现火灾的探测;低熔金属新型火灾探测器的原理是当元件受热,低熔金属熔化后,弹簧动作,关闭触点而发出火灾报警信号。尽管当时的各种类型的定温火灾探测器造价都比较低,误报相对也少,但其灵敏度较低,探测火灾的速度较慢,尤其对阴燃火灾往往不能够响应,会出现漏报。20世纪20—30年代,为了满足迅速探测火灾的需要,人们利用升温速率原理,发明了一种新型火灾探测器,即差温火灾探测器以及后期的差定温组合式感温火灾探测器。以上是第一代火灾探测器。

1940年,瑞士科学家对电离室进行测试,发现当烟雾进入电离室时,电离电流会骤降,利用这一原理,一种新的火灾探测器——离子感烟火灾探测器被开发出来并于1941年正式面世。由此火灾探测技术进入了一个崭新阶段。感烟火灾探测器的灵敏度比感温火灾探测器大大提高,实现了火警的早期探测。其后不断完善,至20世纪70年代,已逐渐取代了感温火灾探测器的主导地位。随着科技的发展以及感烟火灾探测器的发明,出现了第二代多线制火灾探测系统,实现了火灾报警地址的确定。

20世纪80年代初—80年代末,总线式火灾探测系统蓬勃发展。早期的火灾探测器都是开关量火灾探测器,其输出只有两种状态,即火灾参量的幅度高于某一数值时,发出报警信号;低于某一数值时,发出正常信号。开关量信号的应用使信号处理变得十分简单,我们一般将之称为第三代火灾探测器。

20世纪80年代后期,大规模集成电路以及微处理器的出现给火灾探测技术带来了一场革命,从而诞生了第四代模拟量火灾探测器。模拟量系统中的火灾探测器实际上是一个传感器,本身不决定"火灾"或"非火灾",而只是将模拟量信号传送到火灾报警控制器,由控制器中的微处理器对信号的性质进行判断。控制器已具备智能特性,通过报警系统可查询每个探测器的地址及模拟输出量,其响应阈值(即提前设定的报警动作值)可自动浮动,大大提高了系统的可靠性,降低了误报率。严格说来,这种系统还是一个初级智能系统,它的智能是单向性的,只在控制器中有智能功能而在探测器中没有智能功能。

20世纪90年代以来,迅猛发展的现代科学技术在火灾探测技术上的充分应用,为各种火灾探测器的改进和发展注入新的活力,孕育出第五代火灾探测器——智能火灾探测器。智能火灾探测器利用模拟量探测器将火灾期间的火灾参量连同外界相关的环境参数一起传送到火灾报警控制器,火灾报警控制器根据获取的这些数据,结合内部存储的大量数据,来判断是否发生火灾。其系统具有很强的适应性、学习能力、容错能力和处理能力,近乎人类的神经思维,从而可以全方位地判断火灾信号的真假。这种系统除了控制器带有前述的智能,每一个探测器也具有智能功能,即在探测器内设置了具有"人工神经网络"的微处理器,探测器与控制器进行双向智能信息交流,使整个系统的响应速度及运行能力大大提高,确保了系统的可靠性。

以上 5 个不同发展时期的火灾探测技术成果造就了现代火灾探测技术在不同发展时期的巨大成就。在万物互联的当下,伴随现代火灾探测技术的最新成果,智慧消防应运而生。智慧消防是利用物联网,通过大数据、人工智能、虚拟现实、云计算、移动互联网+等新一代信息技术,配合大数据云计算平台、火警智能研判等专业应用,将消防设备监测到的数据实时传至云平台,平台对收集到的数据进行监测、统计、分析和信息共享,做到事前预警、事中处理,实现城市消防的智能化,提高信息传递的效率,保障消防设施的完好率,改善执法及管理效果,增强应急救援能力,降低火灾发生率,减少火灾损失,全面提升社会单位消防安全管理水平和消防监督执法效能。

未来城市发展的趋势是智慧感知、智慧决策、智慧运营和智慧服务,需要构筑在城市级物联网大数据之上的人工智能系统。未来,智慧消防在火灾防控上将发挥更大的作用和价值,助力实现更加和谐美好的生活目标。

智慧消防的管理功能在以下方面较传统消防更具优势。

一是消防通道监测功能。通过视频采集装置,实时监控消防通道情况,发现异常,及时处理。通过图像智能识别,当消防通道堵塞或人员密度较大时,通过图像智能识别发出报警,使相关人员做出正确反应。异常报警信息会同时推送至云平台,监控中心提供 24 h 报警受理服务,第一时间通过电话、短信或手机 App 通知相关责任人员响应和处理。

二是消防水源监测功能。通过远程水压、水位感知系统,采集传输消防水系统中消火栓、喷头等最不利点水灭火设施等关键部位水压模拟量,及时发现水压异常和设备故障。通过水位计对消防水池、高位水箱水位进行远程实时监控,并实现水压、水位异常报警和智慧消防 App 信息推送,提醒水务工作人员和联网单位人员及时处理消防水源故障。

三是消防设施监控功能。通过离位标签与离位基站之间的通信实现消防设施在位、离位感知,及时发现消火栓、灭火器、水枪、水带等消防设施的在位状态信息。对于防火门等消防分隔设施,当常开式防火门闭合或常闭式防火门打开时,防火门报警器就会发出报警,及时发现防火门的异常状态,实现防火门状态异常报警。

四是火灾报警功能。通过前端火灾探测感知设备的监测和自动巡检,及时发现火灾和设施故障。当火警或故障报警发生时,火灾探测器自动报警、火灾报警控制器二次报警、云平台 App 推送三次报警。

五是消防设施巡检功能。采用物联网手段,为消防安全重点部位及消防设施建立身份标识,用手机扫描标签进行防火巡查工作,通过系统自动化提示的各种消防设施及重点部位的检查标准和方法,实现防火巡检和日常消防安全管理等工作的户籍化、标准化、痕迹化管理,能有效地促进值班人员直观检查,并为巡查内容记录及今后的数据统计提供强有力的数据基础。云平台自动记录巡查人员检查痕迹并上传相关数据,系统存储、分析、管理数据,消防安全服务平台进行可视化数据分析、考核、通报、整改等管理。

📖 思考题

1. 简述火灾探测技术发展的不同阶段及其特点。

2. 谈一谈你对智慧消防的认识。

任务 1.2 火灾探测器的分类及其工作原理

火灾自动报警系统可实现火灾早期探测和报警、向各类消防设施发出控制信号并接收其反馈信号,进而实现预定消防功能为基本任务。它可以探测火灾早期特征,并发出火灾报警信号,警示和引导人员迅速疏散、控制火势蔓延,并为建筑内的自动消防设施提供控制与指示。

1.2.1 火灾探测器的分类

火灾探测器是火灾自动报警系统的基本组成之一,至少含有一个能够连续或以一定频率或周期监视与火灾有关的适宜的物理和(或)化学现象的传感器,并且至少能够向控制和指示设备提供一个合适的信号,是否报火警可由探测器或控制和指示设备做出判断。

火灾探测器可按探测火灾特征参数、监视范围、复位功能、可拆卸性等进行分类。

1)根据探测火灾特征参数分类

火灾探测器根据其探测火灾特征参数的不同,可分为感温、感烟、感光、气体和复合 5 种基本类型。

图 1-1 感温火灾探测器

(1)感温火灾探测器

感温火灾探测器,即响应异常温度、温升速率和温差变化等参数的探测器,实物如图 1-1 所示。

感温火灾探测器主要有 3 种,即定温式、差温式、差定温式。

定温式探测器是在规定时间内,火灾引起的温度上升超过某个预先设定值时启动报警的火灾探测器。它有线型和点型两种结构,其中线型定温式探测器是当局部环境温度上升达到规定值时,可熔绝缘物熔化使导线短路,从而产生火灾报警信号;点型定温式探测器则是利用双金属片、易熔金属、热电偶、热敏半导体电阻等元件在规定的温度值上产生火灾报警信号。

差温式探测器是在规定时间内,火灾引起的温度上升速率超过某个规定值时启动报警的火灾探测器,也有线型和点型两种结构。

差定温式探测器结合了定温和差温两种作用原理,并将两种探测器结构组合在一起。

感温火灾探测器的原理相对简单,使用热敏元件来探测环境温度的变化,以实现火灾的早期探测。当物质燃烧时,大量放热会使周围环境的温度急剧升高,并做出有火灾事故的判断,同步发出相应的报警信号。由于探测原理相对简单和单一,感温火灾探测器有灵敏度低,探测速度慢,对阴燃火灾无响应,误报率高等缺点。

(2)感烟火灾探测器

感烟火灾探测器是对探测区域内某一点或某一连续路线周围,悬浮在大气中的燃烧和(或)热解产生的固体或液体微粒参数进行响应的火灾探测器,实物如图 1-2 所示。

图 1-2 感烟火灾探测器

感烟火灾探测器是火灾自动报警系统中常用的探测器,由于建筑物室内火灾大多数是固体可燃物引发的,通常有 5～20 min 的阴燃过程。对于火灾初期有阴燃阶段、产生大量的烟和少量的热、很少或没有火焰辐射的场所,感烟火灾探测器是最理想的。感烟火灾探测器按照探测方法不同,分为离子感烟探测器和光电感烟探测器;按照探测器的探测响应范围不同,分为点型和线型两大类。

（3）火焰探测器

火焰探测器是一种对火焰中特定波段的电磁辐射敏感(红外、可见和紫外谱带)的火灾探测器,又称为感光火灾探测器,实物如图 1-3 所示。

因为电磁辐射的传播速度极快,因此,这种探测器对快速发生的火灾(如易燃、可燃性液体火灾)或爆炸能够及时响应,是对这类火灾早期通报火警的理想探测器。可进一步分为紫外、红外及复合式等火灾探测器,响应波长低于 400 nm 辐射能通量的探测器称为紫外火焰探测器,响应波长高于 700 nm 辐射能通量的探测器称为红外火焰探

图 1-3　火焰探测器

测器。正常可见波段范围内的火焰探测器即图像型火灾探测器的作用主要是通过使用先进的图像处理技术,实时监测和识别火灾发生情况,能够对火焰、烟雾和温度等火灾特征进行准确的检测和分析,从而及早发现火灾的踪迹并采取相应的措施。

火灾时的物质燃烧会产生红外线和紫外线辐射。当物质燃烧时,火焰产生的红外线和紫外线的强度将远大于正常条件下的强度。火焰探测器可通过探测辐射强度来探测火灾,这是因为其内部组件对红外线和紫外线敏感。除了火焰可以辐射红外线,一些高温物体的表面,如炉子、太阳等也可以发射与火焰红外波段相同的红外线。因此,单波段红外火焰探测器很容易因非火灾的红外源发生误报。紫外火焰探测器则具有相对较高的灵敏度,并且反应更快,可以用于有强烈的火焰辐射、没有阴燃阶段和需要快速响应的情况。然而,当存在紫外线辐射、高温物体或直射阳光时,紫外火焰探测器也可能产生误报。因此,红外紫外复合型火焰探测器有效地弥补了单一波段火焰探测器的缺点。

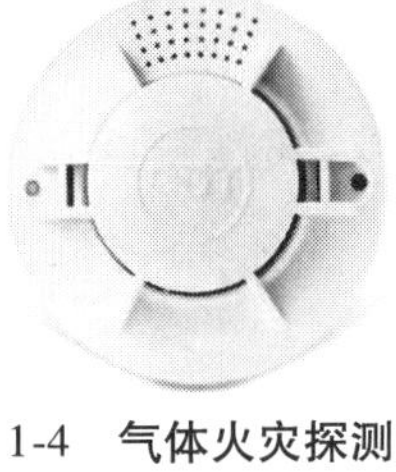

（4）气体火灾探测器

气体火灾探测器是指对探测区域内某一点周围的特殊气体参数敏感响应的探测器,其探测的主要气体种类有天然气、液化气、酒精、一氧化碳等,实物如图 1-4 所示。

物质燃烧时,会产生一氧化碳、二氧化碳、碳氢化合物和其他气

图 1-4　气体火灾探测器

体。正常情况下,空气中的一氧化碳和其他气体的含量较低。火灾条件下,空气中的一氧化碳和其他敏感气体的浓度会急剧增加,并且气体火灾探测器可以根据上述气体的变化发出相应的警报。这是因为气体火灾探测器中存在着对气体变化敏感的元件,在气体环境变化时,可以迅速做出反应。

（5）复合火灾探测器

复合火灾探测器是一种可以响应两种或两种以上火灾特征参数的探测器,是两种或两种以上火灾探测器性能的优化组合,集成在每个探测器内的微处理器对相互关联的每个探测器的测量值进行计算,从而降低误报率。复合火灾探测器通常有感烟感温复合型、感温感

光复合型、感烟感光复合型等。其中以感烟感温复合探测器使用最为频繁,其工作原理为无论是温度信号还是火灾烟气信号,只要有一种火灾信号达到相应的阈值,探测器即可报警。

2) 根据监视范围分类

火灾探测器根据其探测范围的不同,分为点型火灾探测器和线型火灾探测器。

(1) 点型火灾探测器

点型火灾探测器是指响应一个小型传感器附近的火灾特征参数的探测器,通常包括点型感温火灾探测器、点型感烟火灾探测器等。

图 1-5　线型火灾探测器

(2) 线型火灾探测器

线型火灾探测器是指响应某一连续路线附近的火灾特征参数的探测器,通常包括线型光束感烟火灾探测器、缆式线型感温火灾探测器、线型光纤感温火灾探测器等,实物如图 1-5 所示。

3) 根据是否具有复位(恢复)功能分类

火灾探测器根据其是否具有复位功能,分为可复位探测器和不可复位探测器。

(1) 可复位探测器

可复位探测器是指在响应后和在引起响应的条件终止时,不更换任何组件即可从报警状态恢复到监视状态的探测器。

(2) 不可复位探测器

不可复位探测器是指在响应后不能恢复到正常监视状态的探测器。

4) 根据是否具有可拆卸性分类

火灾探测器根据其维修和保养时是否具有可拆卸性,分为可拆卸探测器和不可拆卸探测器。

(1) 可拆卸探测器

可拆卸探测器是指探测器容易从正常运行位置上拆下来,以方便维修和保养。

(2) 不可拆卸探测器

不可拆卸探测器是指探测器不容易从正常运行位置上拆下来。这类火灾探测器因其使用的局限性,在工程实践中已不多见。

1.2.2　火灾探测器的工作原理

1) 点型感烟火灾探测器的工作原理

常见的点型感烟火灾探测器包括离子感烟火灾探测器和光电感烟火灾探测器两种。

(1) 离子感烟火灾探测器

离子感烟火灾探测器是应用烟雾粒子改变电离室电离电流原理来工作的感烟火灾探测器。其内部有一个被称为电离室的装置。该装置有一相对的电极,极板间设置有 α 放射源镅-241,它可以持续不断地放射出 α 粒子,并高速运动撞击空气分子,从而使极板间空气分子被电离为正离子和负离子(电子),正离子和负离子向极板做定向运动,使极板间原本不导电的空气具有了导电性,实现这个过程的装置称为电离室。电离室电离示意图如图 1-6 所示。

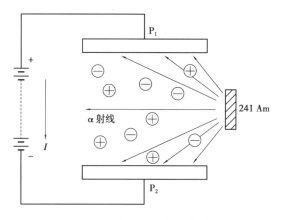

图 1-6 电离室电离示意图

当发生火灾时,烟雾粒子进入电离室后,被电离的部分正离子和负离子被吸附到烟雾粒子上,运动速度减慢,正负离子互相中和的概率增加,到达电极的有效离子数量减少。同时,由于烟雾粒子作用使 α 射线被阻挡,电离能力降低,电离室内产生的正负离子数量减少,电离电流减少,满足一定条件后实现报警。

(2)光电感烟火灾探测器

光电感烟火灾探测器是基于烟雾粒子对光线产生散射、吸收原理的感烟火灾探测器,依据结构原理不同又可分为减光式和散射光式两种。光电感烟火灾探测器具有无放射源、低成本、高可靠性等特点,已逐渐取代离子感烟火灾探测器。

①减光式光电感烟火灾探测器内部设有一个被称为光电检测暗室的装置,其内部设有一对处于同一水平线上的发光元件和受光元件,正常情况下发光元件发出的平行光束被受光元件完全接收,光路上的光通量保持稳定,光路闭合,受光元件产生的光电流稳定,探测器处于正常监视状态。当发生火灾时,产生大量烟雾,进入光电检测暗室内的烟雾粒子对光源发出的光产生吸收和散射作用,使得通过光路上的光通量减少,受光元件接收到的光束大幅减少,从而在受光元件上产生的光电流降低。光电流相对于初始标定值的变化量大小,反映了烟雾的浓度大小,最后通过探测器内部的相关电路产生火灾报警信号。

减光式光电感烟火灾探测器的工作原理如图 1-7 所示。

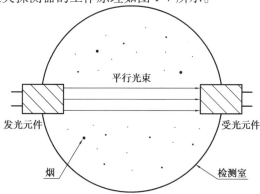

图 1-7 减光式光电感烟火灾探测器的工作原理

②散射光式光电感烟火灾探测器基于光散射的原理,在不受外界光线影响,但烟雾可以进出的光学检测室中装有发光元件和受光元件,在这两者之间加了遮光部件,或者通过两个元件之间的角度设置避免受光部件直接接收发光部件发出的光线。当无烟雾粒子进入光学检测室时,受光元件接收不到发光元件发出的光,因此,不产生光电流,电路处在正常监视工作状态。当有烟雾粒子进入光学检测室时,发光元件发射的光在烟粒子的表面发生散射,散射光被受光元件所接收,使光路接通,产生光电流,从而实现将烟雾信号转变为电信号的功能。

散射光式光电感烟火灾探测器的工作原理如图1-8所示。

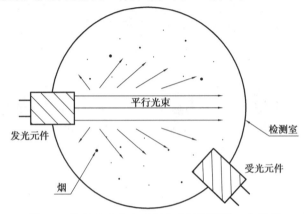

图1-8　散射光式光电感烟火灾探测器的工作原理

2)点型感温火灾探测器的工作原理(重点介绍定温式火灾探测器)

(1)双金属型定温火灾探测器

定温火灾探测器是随着环境温度的升高达到或超过预定值时响应的探测器。双金属型定温火灾探测器以具有不同热膨胀系数的双金属片作为敏感元件。常用的结构形式有圆筒状和圆盘状两种。

圆筒状双金属型定温火灾探测器结构示意图如图1-9所示。

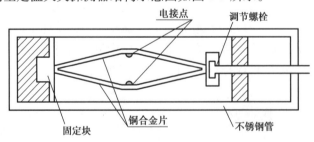

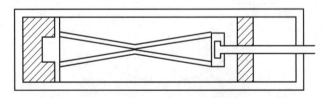

图1-9　圆筒状双金属型定温火灾探测器结构示意图

圆筒状双金属型定温火灾探测器,以热膨胀系数较大的不锈钢管作为外筒,筒内设置热膨胀系数相对较小的铜合金片及调节螺栓。两个铜合金片上各装有一个电接点,其两端通过固定块分别固定在不锈钢管上和调节螺栓上。两个铜合金片在居中位置弯折形成一个钝角,电接点位于钝角弯折顶点位置,按照钝角弯折向外或向内的相对位置不同,两个电接点处于断开或闭合状态。由于不锈钢管的热膨胀系数大于铜合金片,当发生火灾、环境温度升高时,不锈钢外筒的伸长幅度大于铜合金片,因此,铜合金片被拉直。铜合金片被拉直导致铜合金片上的两个电接点闭合或打开,使探测器内部相关电路满足动作条件,发出火灾报警信号。

圆盘状双金属型定温火灾探测器,是在一个不锈钢的圆筒形外壳内固定两块磷铜合金片,磷铜合金片两端有绝缘套,在中段部位装有一对金属触头,每个触头各有导线引出。由于不锈钢外壳的热膨胀系数大于磷铜合金片,故在受热后磷铜合金片被拉伸而使两个触头靠拢;当达到预定温度时触点闭合,导线构成闭合回路,便能输出信号给报警装置报警。火灾过后,两块磷铜合金片又可以复原,重复使用。

（2）易熔金属定温火灾探测器

易熔金属定温火灾探测器下端的吸热罩中间焊有一小块低熔点合金（熔点为 70 ~ 90 ℃）,使一小段顶杆与吸热罩相连接,顶杆上端一定距离处有一弹性接触片及固定触点,平时它们并不互相接触。如遇火灾,当温度升高至标定值时,低熔点合金熔化脱落,顶杆借助弹簧弹力弹起,使弹性接触片与固定触头相碰通电而发出报警信号。但应注意的是,一旦易熔金属定温火灾探测器动作后,即不可复原再用。

3）线型火灾探测器工作原理

线型火灾探测器是相对于点型火灾探测器而言的,它是感知某一连续线路附近火灾特征参数的探测器。线型光束感烟火灾探测器、缆式线型感温火灾探测器在工程实践中比较常见。

（1）线型光束感烟火灾探测器的结构原理

线型光束感烟火灾探测器如图 1-10 所示,具有监视范围广、保护面积大、对使用环境要求低等特点。

该探测器利用红外线或激光等光束作为探测源,通过烟雾对光束的影响来探测火灾。当火灾发生时,烟雾粒子进入探测器的监测区域,对光束产生散射和吸收作用,导致光束的强度发生变化。这种变化被探测器接收并转化为电信号,进一步由控制器处理和分析,最终判断是否发生火灾且是否发出报警信号。

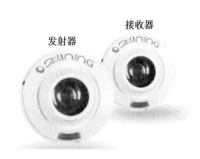

图 1-10　线型光束感烟火灾探测器

线型光束感烟火灾探测器由发射器和接收器（反射器）两部分组成,分为对射式和反射式两种类型,其组成及工作原理分别如图 1-11、图 1-12 所示。

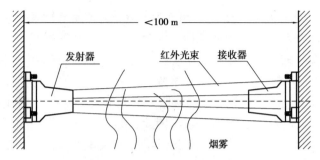

图 1-11   对射式线型光束感烟火灾探测器组成及工作原理示意图

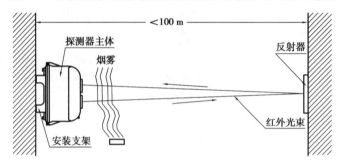

图 1-12   反射式线型光束感烟火灾探测器组成及工作原理示意图

（2）缆式线型感温火灾探测器的结构原理

缆式线型感温火灾探测器由敏感部件和与其相连接的信号处理单元及终端组成，敏感部件可分为感温电缆、空气管、感温光纤、光纤光栅及其接续部件等。缆式线型感温火灾探测器是一种常见的线型感温火灾探测器，其感温元件实际上是一条热敏电缆，其结构如图1-13 所示。热敏电缆内部是两根弹性钢丝，每根钢丝外面包有一层感温且绝缘的材料，在正常监视状态下，两根钢丝处于绝缘状态，当周边环境温度上升到预定动作温度时，热敏绝缘材料破裂，两根钢丝产生短路，输入模块检测到短路信号后产生报警。

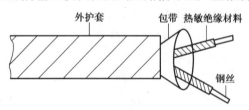

图 1-13   热敏电缆结构示意图

📖 练习题

一、单项选择题

1. 火灾探测器根据探测火灾特征参数的不同，可以分为感烟、感温、感光、气体、复合5种基本类型，其中感光火灾探测器又被称为（   ）。

A. 缆式线型火灾探测器   B. 红外火灾探测器

C. 点型火灾探测器   D. 火焰探测器

2.(　　)是指响应悬浮在大气中的燃烧和(或)热解产生的固体或液体微粒的探测器。

　　A.感烟火灾探测器　　　　　　　　B.感温火灾探测器

　　C.气体火灾探测器　　　　　　　　D.感光火灾探测器

3.关于火灾探测器的分类,下列说法正确的是(　　)。

　　A.火灾探测器根据监视范围的不同,可分为点型、线型和面型火灾探测器

　　B.感光火灾探测器可进一步分为紫外、红外及复合式火灾探测器

　　C.光电感烟探测器既可以响应燃烧或热解产生的固体或液体微粒,也可以响应火焰
　　　发出的特定波段电磁辐射

　　D.火灾探测器根据探测火灾特征参数,分为感烟、感温、感光、气体 4 种基本类型

二、多项选择题

1.下列探测器属于感烟火灾探测器的是(　　)。

　　A.离子感烟火灾探测器　　　　　　B.光电感烟火灾探测器

　　C.火焰火灾探测器　　　　　　　　D.红外紫外复合火灾探测器

　　E.红外光束感烟火灾探测器

2.火灾探测器是能对火灾参数(　　　　)作出响应,并自动产生火灾报警信号的器件。

　　A.烟雾粒子　　　　　　　　　　　B.温度

　　C.火焰辐射　　　　　　　　　　　D.气体浓度

　　E.可燃物数量

任务 1.3　火灾探测器的选择

　　火灾探测器通常由敏感元件、相关电路、固定部件及外壳等部分组成。火灾探测器的结构由探测器及底座两部分构成,某款点型火灾探测器结构如图 1-14 所示。

　　敏感元件:将火灾燃烧的特征物理量转换成电信号。因此,凡是对烟雾、温度、辐射光和气体浓度等敏感的传感元件都可使用,它是火灾探测器的核心部件。

　　相关电路:将敏感元件转换所得的电信号放大和处理成火灾报警控制器所需的信号。相关电路通常由转换电路、保护电路、抗干扰电路、指示电路和接口电路等组成。

　　火灾发生时,探测器对火灾产生的烟雾、火焰或高温很敏感,一旦发生火灾就会改变平时的正常状态,引起电流、电压或机械部分发生变化或位移,通过相关电路抗干扰、放大、传输等过程处理,向消防控制室发出火灾信号,并显示火灾发生的地点、部位。

　　固定部件及外壳:探测器的机械结构,用于固定探测器。其作用是将传感元件、电路板、接插件、确认灯和紧固件等部件有机地连成一体,保证一定的机械强度,达到规定的电气性能,以防止探测器所处环境(如烟雾、气流、光源、灰尘、高频电磁波等)的干扰和机械力的破坏。

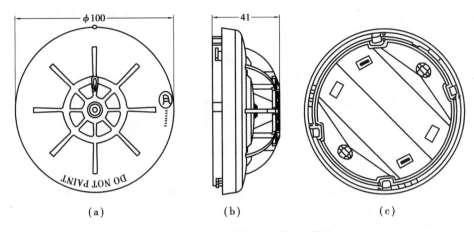

图 1-14　点型火灾探测器结构示意图(单位:mm)

(a)正面;(b)侧面;(c)底座

1.3.1　火灾探测器选择的一般规定

由于建筑形式和建筑功能日趋多样化、复杂化,对火灾探测器的性能要求也越来越高。因此,在火灾探测器的选择过程中,探测器性能是我们首要考虑的因素之一。那么,体现探测器性能的主要技术指标包括哪些呢? 火灾探测器的种类较多,工作原理和构成也不尽相同,但它们的主要技术指标大致相同。一是可靠性,它是火灾探测器最重要的技术指标,通常用其误报率来衡量,误报是指火灾探测器的漏报和监视警戒状态时的虚报。二是灵敏度,它是指火灾探测器对火灾特征参数物理量响应的敏感程度。三是保护范围,它是指一只探测器警戒、监视的有效范围,是确定火灾自动报警系统中采用探测器数量的基本依据,不同种类的探测器由于对火灾探测的方式不同,其保护范围的单位和衡量方法也不一样,一般分为保护面积和保护空间两类。

众所周知,任何一种探测器都无法做到万能,每一种探测器都有自身的局限性,只能在它适应的环境中起到探测的作用。基于上述原因,我们在使用传感器时,必须结合其探测原理和适用条件,根据各种不同的环境特点,选择最合适的火灾探测器,以便最大程度地发挥其火灾探测作用,实现探测结果的高精确度和高可靠性,达到最大限度降低火灾损失的目的。

探测器的选用包括 4 项基本原则:一是探测器的探测原理与火灾产生的环境变化相匹配,即原理匹配;二是非火灾状态下,环境状况不能影响探测器的判断,即能报警且不误报;三是探测器的响应速度、探测能力与探测要求相匹配,即能力匹配;四是安全适用、技术先进、经济合理。

选择火灾探测器时,要根据探测区域内可能发生的初起火灾的形成和发展特征、房间高度、环境条件以及可能引起误报的原因等来决定。

应根据保护场所可能发生火灾的部位和对燃烧材料的分析,以及火灾探测器的类型、灵敏度和响应时间等选择相应的火灾探测器。对火灾形成特征不可预料的场所,可根据模拟试验的结果选择火灾探测器。同一探测区域内设置多个类型火灾探测器时,可选具有复合判断火灾功能的火灾探测器和火灾报警控制器。

对于火灾初期有阴燃阶段,产生大量的烟和少量的热,很少或没有火焰辐射的场所,应选择感烟火灾探测器。

对于火灾发展迅速,可产生大量热、烟和火焰辐射的场所,可选择感温火灾探测器、感烟火灾探测器、火焰探测器或其组合。

对于火灾发展迅速,有强烈的火焰辐射和少量的烟、热的场所,应选择火焰探测器。

对于火灾初期有阴燃阶段,且需要早期探测的场所,宜增设一氧化碳火灾探测器。

对于使用、生产可燃气体或可燃蒸气的场所,应选择可燃气体探测器。

1.3.2　点型火灾探测器的选择

1)点型感烟、感温火灾探测器

点型感烟火灾探测器、点型感温火灾探测器、独立式感烟火灾探测报警器和独立式感温火灾探测报警器应选择符合现行国家相关标准规定的定型产品。

(1)按照房间高度选择火灾探测器

对于不同高度的房间,点型火灾探测器的选择规定如表1-1所示。

表1-1　点型火灾探测器的选择规定

房间高度(h)/m	点型感烟火灾探测器	点型感温火灾探测器			火焰探测器
		A1,A2	B	C,D,E,F,G	
12<h≤20	不适合	不适合	不适合	不适合	适合
8<h≤12	适合	不适合	不适合	不适合	适合
6<h≤8	适合	适合	不适合	不适合	适合
4<h≤6	适合	适合	适合	不适合	适合
h≤4	适合	适合	适合	适合	适合

注:表中A1、A2、B、C、D、E、F、G为点型感温火灾探测器的不同类别。

(2)宜选择点型感烟火灾探测器的场所

①饭店、旅馆、教学楼、办公楼的厅堂、卧室、办公室、商场、列车载客车厢等。

②计算机房、通信机房、电影或电视放映室等。

③楼梯、走道、电梯机房、车库等。

④书库、档案库等。

(3)不宜选择点型离子感烟火灾探测器场所

符合下列条件之一的场所,不宜选择点型离子感烟火灾探测器:

①相对湿度经常大于95%。

②气流速度大于5 m/s。

③有大量粉尘、水雾滞留。

④可能产生腐蚀性气体。

⑤在正常情况下有烟滞留。

⑥产生醇类、醚类、酮类等有机物质。

（4）不宜选择点型光电感烟火灾探测器的场所

符合下列条件之一的场所,不宜选择点型光电感烟火灾探测器:

①有大量粉尘、水雾滞留。

②可能产生蒸气和油雾。

③高海拔地区。

④在正常情况下有烟滞留。

从理论上讲,离子感烟火灾探测器可以探测任何一种烟,对粒子尺寸无特殊限制,但其探测性能受长期潮湿环境影响较大,而光电感烟火灾探测器对粒径小于 $0.4~\mu m$ 的粒子的响应较差。在高海拔地区,由于空气稀薄,烟粒子也稀薄,光电感烟探测器就不容易响应,而离子感烟探测器的探测灵敏度受影响相对较小。因此,高海拔地区宜选择离子感烟火灾探测器。

（5）宜选择点型感温火灾探测器的场所

符合下列条件之一的场所,宜选择点型感温火灾探测器:

①相对湿度经常大于95%。

②可能发生无烟火灾。

③有大量粉尘。

④吸烟室等在正常情况下有烟或蒸气滞留的场所。

⑤厨房、锅炉房、发电机房、烘干车间等不宜安装感烟火灾探测器的场所。

⑥需要联动熄灭"安全出口"标志灯的安全出口内侧。

⑦其他无人滞留且不适合安装感烟火灾探测器,但发生火灾时需要及时报警的场所。

（6）不宜选择点型感温火灾探测器的场所

①可能产生阴燃或发生火灾不及时报警将造成重大损失的场所。

②温度在 0 ℃以下的场所。

③温度变化较大的场所。

一般说来,感温火灾探测器对火灾的探测不如感烟火灾探测器灵敏,并且其对阴燃难以响应,只有当火焰达到一定程度(温度变化明显)时,感温火灾探测器才能响应。因此,感温火灾探测器不适宜保护可能产生阴燃火灾的场所。

绝大多数场所使用的火灾探测器都是普通的点型感烟火灾探测器。这是因为在一般情况下,火灾发生初期均有大量的烟产生,最普遍使用的点型感烟火灾探测器都能及时探测到火灾,报警后,都有足够的疏散时间。一般情况下说的早期火灾探测,都是指感烟火灾探测器对火灾的探测。

2）其他类型点型火灾探测器

（1）宜选择点型火焰探测器或图像型火焰探测器的场所

符合下列条件之一的场所,宜选择点型火焰探测器或图像型火焰探测器:

①火灾时有强烈的火焰辐射。

②可能发生液体燃烧等无阴燃阶段的火灾。

③需要对火焰做出快速反应。

（2）不宜选择点型火焰探测器和图像型火焰探测器的场所

符合下列条件之一的场所，不宜选择点型火焰探测器和图像型火焰探测器：

①在火焰出现前有浓烟扩散。

②探测器的镜头易被污染。

③探测器的"视线"易被油雾、烟雾、水雾和冰雪遮挡。

④探测区域内的可燃物主要是金属和无机物。

⑤探测器易受阳光、白炽灯等光源直接或间接照射。

火焰探测器只要有火焰的辐射就能响应，对明火的响应也比感温火灾探测器和感烟火灾探测器快得多。因此，火焰探测器特别适合用于大型油罐储区、石化作业区等易发生明火燃烧的场所，或者明火的蔓延可能造成重大危险等场所的火灾探测。

从火焰探测器到被探测区域必须有一个清楚的视野，火灾可能有一个初期阴燃阶段，在此阶段有浓烟扩散时不宜选择火焰探测器。

在空气相对湿度大、空气中悬浮颗粒物多的场所，探测器的镜头易被污染，不宜选择火焰探测器。

光传播的主要抑制因素为油雾或膜、浓烟、碳氢化合物蒸气、水膜或冰。冷藏库、洗车房、喷漆车间等场所易出现的油雾、烟雾、水雾等能显著降低光信号的强度。因此，这些场所不宜选择火焰探测器。

（3）不宜选择单波段红外火焰探测器的场所

正常情况下，探测区域内有高温物体的场所，不宜选择单波段红外火焰探测器。

（4）不宜选择紫外火焰探测器的场所

正常情况下有明火作业，探测器易受X射线、弧光和闪电等影响的场所，不宜选择紫外火焰探测器。

保护区内能够产生足够热量的设备或其他高温物质所产生的热辐射，在达到一定强度后可能导致单波段红外火焰探测器的误动作。双波段红外火焰探测器增加一个额外波段的红外传感器，通过信号处理技术对两个波段信号进行比较，可以有效消除热体辐射的影响。

（5）宜选择可燃气体探测器的场所

①使用可燃气体的场所。

②燃气站和燃气表房以及存储液化石油气罐的场所。

③其他散发可燃气体和可燃蒸气的场所。

（6）宜选择点型一氧化碳火灾探测器的场所

火灾初期产生一氧化碳的场所可选择点型一氧化碳火灾探测器。

1.3.3　线型火灾探测器的选择

1）宜选择线型光束感烟火灾探测器的场所

无遮挡的大空间或有特殊要求的房间，宜选择线型光束感烟火灾探测器；大型库房、博物馆、档案馆、飞机库等大多为无遮挡的大空间场所，发电厂、变配电站、古建筑、文物保护建筑的厅堂馆所，有时也适合安装这种类型的探测器。

2）不宜选择线型光束感烟火灾探测器的场所

符合下列条件之一的场所，不宜选择线型光束感烟火灾探测器：

①有大量粉尘、水雾滞留。

②可能产生蒸气和油雾。

③在正常情况下有烟滞留。

④固定探测器的建筑结构由于振动等会产生较大位移的场所。

这些场所会对线型光束感烟火灾探测器的探测性能产生影响,容易产生误报。因此,这些场所不宜选择线型光束感烟火灾探测器。

3)宜选择缆式线型感温火灾探测器的场所

下列场所或部位,宜选择缆式线型感温火灾探测器:

①电缆隧道、电缆竖井、电缆夹层、电缆桥架。

②不易安装点型火灾探测器的夹层、闷顶。

③各种皮带输送装置。

④其他环境恶劣不适合点型火灾探测器安装的场所。

4)宜选择线型光纤感温火灾探测器的场所

下列场所或部位,宜选择线型光纤感温火灾探测器:

①除液化石油气外的石油储罐。

②需要设置线型感温火灾探测器的易燃易爆场所。

③需要监测环境温度的地下空间等场所宜设置具有实时温度监测功能的线型光纤感温火灾探测器。

④公路隧道、敷设动力电缆的铁路隧道和城市地铁隧道等。

线型感温火灾探测器包括缆式线型感温火灾探测器和线型光纤感温火灾探测器。缆式线型感温火灾探测器特别适用于保护厂矿的电缆设施。在这些场所使用时,线型探测器应尽可能贴近可能发热或过热部位,或者安装在危险部位上,使其与可能过热的部位接触。线型光纤感温火灾探测器具有高可靠性、高安全性、抗电磁干扰能力强、绝缘性能高等优点,可以工作在高压、大电流、潮湿及爆炸环境中,一根光纤可探测数千米范围,但其最小报警长度比缆式线型感温火灾探测器大得多。因此,线型光纤感温火灾探测器只适用于比较长的区域同时发热或起火初期燃烧面积比较大的场所,不适合用于局部发热或局部起火就需要快速响应的场所。

📖 练习题

一、单项选择题

1. 下列关于不同高度的房间内点型火灾探测器的设置,不符合规范要求的是(　　)。

　　A. 点型感烟火灾探测器的设置高度为 12 m

　　B. A2 型感温火灾探测器的设置高度为 8 m

　　C. B 型感温火灾探测器设置高度为 7 m

　　D. D 型感温火灾探测器设置高度为 4 m

2. 关于火灾探测器的选择,下列说法错误的是(　　)。

　　A. 对火灾形成特征不可预料的场所,可根据模拟试验的结果选择火灾探测器

B. 火灾探测器的类型、灵敏度和响应时间等对火灾探测器选择没有影响

C. 同一探测区域内设置多个类型火灾探测器时,可选择具有复合判断火灾功能的火灾探测器和火灾报警控制器

D. 房间高度是火灾探测器选择时应予以考虑的一个因素

3. 对火灾初期有阴燃阶段,且需要早期探测的场所,宜增设( )火灾探测器。

A. CO_2 B. CO   C. H_2S D. HCN

4. 对使用、生产可燃气体或可燃蒸气的场所,应选择( )探测器。

A. 感烟   B. 感温   C. 火焰   D. 可燃气体

5. 感温火灾探测器按照其适用房间高度的不同可分为( )类( )种。

A. 2 7   B. 2 8   C. 3 8   D. 3 7

6. 火焰探测器最大适合房间高度为( )m。

A. 6   B. 8   C. 12   D. 20

7. 感烟火灾探测器最大适合房间高度为( )m。

A. 6   B. 8   C. 12   D. 20

8. 感温火灾探测器最大适合房间高度为( )m。

A. 6   B. 8   C. 12   D. 20

二、多项选择题

1. 下列场所中,不宜选择感烟火灾探测器的有( )。

A. 通信机房   B. 锅炉房   C. 发电机房   D. 厨房   E. 电梯机房

2. 下列场所宜选择缆式线型感温火灾探测器的是( )。

A. 电缆隧道、电缆竖井

B. 适合安装点型探测器的夹层、闷顶

C. 各种皮带输送装置

D. 电缆夹层、电缆桥架

E. 其他环境恶劣不适合点型探测器安装的场所

学生项目认知实践评价反馈工单

项目名称		火灾探测器			
学生姓名			所在班级		
认知实践评价日期			指导教师		
序号	组件名称	认知实践目标及分值权重			自我评价 (总分100分)
		识组件 (40分,占比40%)	知原理 (30分,占比30%)	会设置 (30分,占比30%)	
1	感温火灾 探测器	□√ □×			
2	感烟火灾 探测器	□√ □×			
3	火焰探测器	□√ □×			
4	气体火灾 探测器	□√ □×			
5	缆式线型感 温火灾探测器	□√ □×			
6	线型光束感 烟火灾探测器	□√ □×			
项目 总评	优(90~100分)□　　　良(80~90分)□　　　中(70~80分)□　　　合格(60~70分)□ 不合格(小于60分)□				

项目2　火灾报警控制器

📖 励志金句摘录

"胜人者有力,自胜者强。"最非凡的成功,不是超越别人,而是战胜自己;最可贵的坚持,不是久经磨难,而是永葆初心。

教学导航	
主要教学内容	2.1 火灾报警控制器的分类 2.2 回路与制式 2.3 火灾报警控制器的认识 2.4 火灾报警控制器的功能 2.5 火灾报警控制器的工作状态
知识目标	1.掌握火灾报警控制器的分类方法 2.掌握火灾自动报警系统回路与制式的概念 3.熟悉火灾报警控制器的主要功能 4.掌握火灾报警控制器的工作状态
能力目标	1.根据外观识别、判断不同类型的火灾报警控制器 2.根据火灾报警控制器外观认识不同的功能分区,能够识别、判定火灾报警控制器的指示灯类型,了解键盘的功能 3.识别火灾报警控制器的内部结构 4.具备识别、判定火灾报警控制器不同工作状态的能力
建议学时	6 学时

任务2.1　火灾报警控制器的分类

　　火灾自动报警系统由火灾探测报警系统、消防联动控制系统、可燃气体探测报警系统及电气火灾监控系统组成。关于系统的组成,在后续的课程中我们会作进一步的阐述。

　　在火灾探测报警系统中,火灾报警控制器是用以接收、显示和传递火灾报警信号,能发出控制信号并具有其他辅助功能的控制指示设备,是最基本的一种火灾报警装置。火灾报警控制器担负着为火灾探测器提供稳定的工作电源,监视探测器及系统自身的工作状态,接收、转换、处理火灾探测器输出的报警信号,进行声光报警,指示报警的具体部位及时间,同时执行相应辅助控制等诸多任务。

在消防联动控制系统中,消防联动控制器是其核心组件。它通过接收火灾报警控制器发出的火灾报警信息,按预设逻辑对建筑中设置的自动消防系统(设施)进行联动控制。消防联动控制器可直接发出控制信号,通过驱动装置控制现场的受控设备;对于控制逻辑复杂且在消防联动控制器上不便实现直接控制的情况,可通过消防电气控制装置(如防火卷帘控制器、气体灭火控制器等)间接控制受控设备,同时接收自动消防系统(设施)动作的反馈信号。

随着计算机技术的不断发展和完善,火灾报警控制器与消防联动控制设备合二为一,出现了现在普遍使用的火灾报警控制器(联动型)。依据《火灾报警控制器》(GB 4717—2005),我们通常所说的火灾报警控制器和消防联动控制器从科学定义的角度统称为火灾报警控制器。

2.1.1 按结构分类

火灾报警控制器按结构可分为壁挂式、琴台式和柜式。

1)壁挂式火灾报警控制器

该类火灾报警控制器采用壁挂式机箱结构,便于安装在墙壁上,占用空间较小。这类火灾报警控制器容量一般不大,通常适用于小型场所。某款壁挂式火灾报警控制器实物如图2-1所示。

2)琴台式火灾报警控制器

该类火灾报警控制器采用琴台式结构,回路数相对较多,操作使用方便,一般常见于集中火灾报警控制器。某款琴台式火灾报警控制器实物如图2-2所示。

图2-1 壁挂式火灾报警控制器

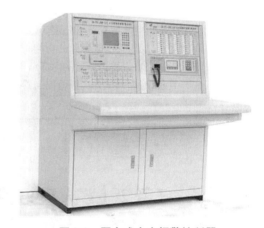

图2-2 琴台式火灾报警控制器

3)柜式火灾报警控制器

该类火灾报警控制器采用立柜式结构,回路数较多,较琴台结构相比占用面积小,操作使用也方便,一般常见于集中型或集中区域兼容型火灾报警控制器。某款柜式火灾报警控制器实物如图2-3所示。

2.1.2 按应用方式分类

火灾报警控制器按应用方式可分为独立型、区域型、集中型和集中区域兼容型。

1) 独立型火灾报警控制器

独立型火灾报警控制器是不具有向其他火灾报警控制器传递信息功能的火灾报警控制器。

2) 区域型火灾报警控制器

区域型火灾报警控制器应能向集中报警控制器发送火灾报警、火灾报警控制、故障报警、自检以及可能具有的监管报警、屏蔽、延时等各种完整信息,并应能接收、处理集中报警控制器的相关指令。

3) 集中型火灾报警控制器

集中型火灾报警控制器应能接收和显示来自各区域报警控制器的火灾报警、火灾报警控制、故障报警、自检以及可能具有的监管报警、屏蔽、延时等各种完整信息,进入相应状态,并应能向区域报警控制器发出控制指令。集中型火灾报警控制器在与其连接的区域报警控制器间连接线发生断路、短路和影响功能的接地时应能进入故障状态并显示区域报警控制器的部位。

4) 集中区域兼容型火灾报警控制器

集中区域兼容型火灾报警控制器应满足区域型、集中型火灾报警控制器的要求。

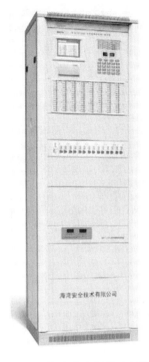

图 2-3 柜式火灾报警控制器

📖 **思考题**

1. 简述火灾报警控制器按结构的分类及各自特点。

2. 简述火灾报警控制器按应用方式的分类及各自特点。

任务 2.2 回路与制式

火灾报警控制器与火灾触发器件、消防联动控制器与火灾触发器件或模块均通过专用线路进行连接,构成了火灾自动报警系统。我们将火灾报警控制器或消防联动控制器的外连接线路(包括该线路上连接的火灾触发器件、模块及火灾显示盘等部件)统称为回路。回路是控制器与其外部器件之间信号的传输通道,一台控制器所带的回路数量因生产厂家不同、型号不同而有所不同。

我们把控制器与火灾探测器及其他外部器件之间的连接线制式称为线制。这个连接线制式也可以理解为连接线路的根数。火灾自动报警与联动控制系统按照控制器与触发器件或模块之间的连线关系不同,可分为多线制系统和总线制系统。

最初的火灾自动报警系统的火灾探测技术由于可寻址技术尚未出现,线路上的火灾探测器等触发器件没有独立的地址,无法相互识别,也无法被控制器识别、显示和控制,每个回路只能连接一只火灾探测器(设备),控制器显示的回路部位就是火灾探测器(设备)的安装部位,这就是通常所说的多线制系统,如图 2-4 所示。多线制系统火灾探测器(设备)与控制器之间采用专线实现一一对应关系,每个火灾探测器(设备)与控制器之间都有独立的信号回路,火灾探测器(设备)之间是相互独立的,所有探测信号对于控制器是并行输入的,通俗来说就是点对点连接。多线制采用每个火灾探测器(设备)单独布线的方式,每个火灾探测器(设备)都有独立的信号线和控制线。多线制通信方式具有传输稳定、抗干扰能力强等优点。其缺点是布线数量较多、电缆使用量大、成本相对较高。但是,由于采用独立布线,可以有效避免因为某一个火灾探测器(设备)故障而影响其他设备正常工作。

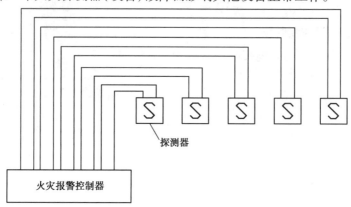

图 2-4　多线制系统

随着计算机技术的普及和发展,以可寻址技术为代表的总线制系统得以出现并迅猛发展。总线制系统设备采用总线数据传输方式,为实现在共用总线上众多设备与控制器之间的一一对应,需要对系统设备进行地址编码。对设备进行地址编码的基本原则是:一个设备对应至少一个地址编码,可以有多个地址编码;一个地址编码不能包含多个设备。这样,总线回路上的火灾探测器等触发器件拥有自己独立的地址编码,可以实现设备之间的相互识别,也可以被控制器识别、显示和控制。在总线制系统中,火灾报警控制器(或消防联动控制器)与现场设置的具有自己独立地址编码的火灾探测器、手动报警按钮、声光警报器及各类模块之间通过同一公共线路进行信号传输。我们把火灾自动报警系统中控制单元与探测单元等相关部件占用同一线路进行信号传输的公共通道称为总线。

目前,已实现通过两条公共线路将上百个具有独立地址编码的现场设备连接在一起,我们把这类系统称为二总线系统,如图 2-5 所示。二总线系统在利用总线给火灾探测器提供电源的同时,可以向每个地址编码设备发出寻址信号,并且接收不同的反馈信号,也可以对输出模块发出动作指令信号。在二总线火灾自动报警系统中,并联挂接在二总线上的现场设备均有自己独立的地址编码,这类地址编码用以表征火灾探测器、手动报警按钮、模块等现场设备在系统中的地址。

二总线是消防总线的一种,将供电线与信号线合二为一,实现了信号和供电共用一个总线的技术。二总线既节省了施工和线缆成本,也给现场施工和后期维护带来了极大的便利。二总线具有以下特点:可以为现场设备供电,无须再单独布设电源线;总线抗干扰能力相对较强,对现场施工布线更容易、更可靠,也更节省人工和施工费用;通信距离可以达到 1 000 m(可靠值),无须中继器,通信距离远;抗干扰能力很强,对线缆要求大大降低。

二总线系统的出现,使火灾自动报警系统的线路变得更加简单,每个二总线回路只有两根线路与火灾探测器、模块等编码部件相连接。最初的总线系统中,同一回路中只能挂接同类编码部件。例如,一个回路安装的是火灾触发器件,那么这个回路就只能连接火灾探测器、手动报警按钮等,而不能安装输出模块。这类只能安装火灾探测器、手动报警按钮的回路,称为报警信号传输总线(也称为报警回路)。反之,有的回路安装了模块,那么这个回路就不能安装火灾探测器、手动报警按钮,这类只能安装模块的回路称为控制信号传输总线(也称为控制回路)。最早的二总线系统,不仅是总线上安装的器件有类别的要求,而且控制器也是按照功能分开设置的。例如,只能连接报警信号传输总线的控制器,称为火灾报警控制器;只能连接控制信号传输总线的控制器,称为消防联动控制器。在消防控制室内,火灾报警控制器与消防联动控制器并列放置,它们之间通过通信线路连接,完成控制器相互之间的信息传输。随着计算机技术的不断发展和日趋完善,火灾报警控制器与消防联动控制设备合二为一,出现了现在普遍使用的火灾报警控制器(联动型)。

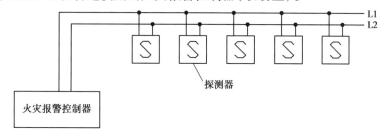

图2-5　二总线系统

　　四总线系统也是一种总线形式,如图2-6所示。四总线系统总共有P、T、S、G四根线:一对电源线,一对信号线。四总线的特点如下:P和G分别为电源线和公共地线;T和S分别为信号输入线和信号诊断线,信号诊断线能够保证信号传输干扰更小;负载和通信能力强。四总线中有一对电源线和一对信号线,做到了干扰隔离。因此,四总线系统的负载能力和通信能力都比二总线系统强。四总线系统走线、接线相比二总线系统较烦冗,在实际大型工程中四总线系统已经逐渐被二总线系统接线方式所代替,但是在小型消防控制系统中,由于四总线系统相对二总线系统具有较稳定的特点,故还在继续使用。

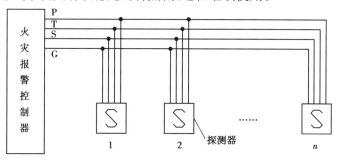

图2-6　四总线系统

　　总线制的出现是现代火灾探测技术发展进步的标志。但相对来讲,总线制系统的稳定性和可靠性都比多线制系统差,且容易受干扰。为了确保系统的可靠性,对于一些重要设备,仍然需要有类似多线制的控制方式。例如,消防水泵、消防防烟和排烟风机等,可以通过消防联动控制器上的多线制控制盘进行控制,多线控制盘上的启停按钮应与消防水泵、消防防烟和排烟风机的控制箱(柜)直接用专用线路进行连接,通过手动的方式控制消防水泵、消防防烟和排烟风机的启动、停止,以此确保当总线控制失效时相关设备还能够正常工作。

📖 **思考题**

1. 简述总线制系统与多线制系统各自的特点。

2. 对设备进行地址编码的基本原则是什么?

任务 2.3 火灾报警控制器的认识

本节以 JB-××-GST500 型火灾报警控制器为样本,对火灾报警控制器的外观及面板进行介绍。JB-××-GST500 型控制器采用壁挂式结构,最多支持两个总线回路共计 484 个总线制报警联动控制点。本控制器集报警、联动于一体,可完成火灾探测报警及消防设备的启动、停止控制。

控制器的外观及内部结构分别如图 2-7、图 2-8 所示。

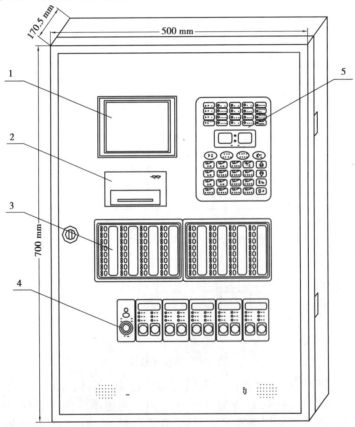

图 2-7 JB-××-GST500 型火灾报警控制器外观示意图

1—液晶显示屏;2—打印机;3—智能手动消防启动盘;4—直接控制区;

5—显示操作区(从上至下依次为指示灯区、时间显示区、键盘操作区)

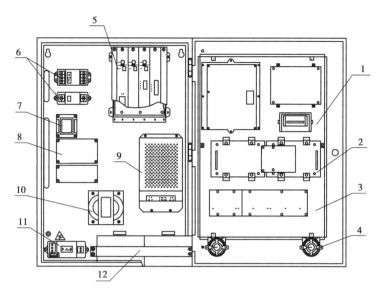

图 2-8　控制器内部结构示意图

1—显示及操作部分;2—智能手动消防启动盘;3—直接控制盘面板;4—扬声器;
5—控制箱;6—总线滤波器;7—滤波板;8—输出板;9—电源;10—变压器;11—电源滤波器;12—蓄电池

2.3.1　指示灯说明

火警灯:红色,此灯亮表示控制器检测到外接探测器处于火警状态,具体信息见液晶显示。控制器进行复位操作后,此灯熄灭。

监管灯:红色,此灯亮表示控制器检测到了外部设备的监管报警信号,具体信息见液晶显示。控制器进行复位操作后,此灯熄灭。

屏蔽灯:黄色,有设备处于被屏蔽状态时,此灯点亮,此时报警系统中被屏蔽设备的功能丧失,需要尽快恢复,并加强被屏蔽设备所处区域的人工检查。控制器没有屏蔽信息时,此灯自动熄灭。

系统故障灯:黄色,此灯亮,指示控制器处于不能正常使用的故障状态,以提示工作人员立即对控制器进行修复。

主电工作灯:绿色,当控制器由主电源供电时,此灯点亮。

备电工作灯:绿色,当控制器由备电源供电时,此灯点亮。

故障灯:黄色,此灯亮表示控制器检测到外部设备(探测器、模块或火灾显示盘)有故障,或控制器本身出现故障,具体信息见液晶显示。除总线短路故障需要手动清除外,其他故障排除后可自动恢复,所有故障排除或控制器进行复位操作后,此灯熄灭。

启动灯:红色,当控制器发出启动命令时,此灯点亮,若启动后控制器没有收到反馈信号,则该灯闪亮,直到收到反馈信号。控制器进行复位操作后,此灯熄灭。

反馈灯:红色,此灯亮表示控制器检测到外接被控设备的反馈信号。反馈信号消失或控制器进行复位操作后,此灯熄灭。

自动允许灯:绿色,此灯亮表示当满足联动条件后,系统自动对联动设备进行联动控制。否则不能进行自动联动控制。

自检灯:黄色,当系统中存在处于自检状态的设备时,此灯点亮;所有设备退出自检状态后,此灯熄灭;设备的自检状态不受复位操作的影响。

延时灯:红色,此灯亮表示系统中存在延时启动的设备,具体信息见液晶显示。所有延时结束或控制器进行复位操作后,此灯熄灭。

喷洒允许灯:绿色,控制器允许发出气体灭火设备启动命令时,此灯亮。控制器禁止发出气体灭火启动命令时,此灯熄灭。

喷洒请求灯:红色,有启动气体灭火设备的延时信息存在的状态下有启动气体灭火设备的命令需要发出时,此灯亮。气体灭火设备启动命令发出后,此灯熄灭。

气体喷洒灯:红色,气体灭火设备喷洒后,控制器收到气体灭火设备的反馈信息后,此灯亮。

警报器消音指示灯:黄色,指示报警系统内的声光警报器是否处于消音状态。当警报器处于输出状态时,按"警报器消音/启动"键,警报器输出将停止,同时警报器消音指示灯点亮。如再次按下"警报器消音/启动"键或有新的警报发生时,警报器将再次输出,同时警报器消音指示灯熄灭。

声光警报器故障指示灯:黄色,声光警报器故障时,此灯点亮。

声光警报器屏蔽指示灯:黄色,系统中存在被屏蔽的声光警报器时,此灯点亮。

火警传输动作/反馈:红色,当控制器向火警传输设备传输火警信息后,该灯闪亮;若收到火警传输设备的反馈信号,则该灯常亮。

火警传输故障/屏蔽:黄色,当控制器和火警传输设备的连接线路故障或火警传输设备发生故障时,该灯闪亮,若控制器屏蔽了火警传输设备,则该灯保持常亮。

2.3.2　键盘说明

键盘的命令功能和字符功能:控制器的键盘多数为双功能键,下部标识为命令功能,上部标识为字符功能。命令功能只在监控状态下起作用;字符功能只在进入菜单后,才可进行数据输入。

数据输入的一般方法:在开始输入数据时,屏幕上会有一个区域高亮提示当前数据输入的位置和范围。按下字符键,高亮和高亮区内原来显示的字符消失,从该字符开始重新输入;按"△"或"▽"键,高亮条消失,光标停在原高亮区显示的第一个或最后一个字符处,进入数据编辑状态。

编辑完一个数据块,按"TAB"键,下一个数据块变为高亮状态,到最后一个时返回到开始位置。不论光标位置在何处,按下"确认"键,都将所有的输入数据存储;按下"取消"键退出当前编辑状态,并不予以存储。

在进行数据输入时,若持续30 s没有按键,则系统自动退出当前的数据输入状态。

信息查看操作的一般方法:进入信息查看状态,按"△"或"▽"键,可对多条信息进行上下翻页查看。

按下"确认"键屏幕显示的最上一条信息变为高亮状态,进入信息条选择状态。按"窗口切换"键可以退出选择状态。

在选择状态,按"△"或"▽"键逐条改变选择的高亮条。

按下"确认"键,打印该信息或显示有关该信息的更详细的内容;按下"取消"键,退回到上一级操作菜单或系统工作正常界面。

2.3.3 LD-×× 064A **智能手动消防启动盘结构说明**

JB-××-GST500 型火灾报警控制器采用 LD-××064A 智能手动消防启动盘,由两块 32 路手动盘构成,如图 2-9 所示。每块手动盘的每一单元均有一个按键、两只指示灯和一个标签。其中,按键为启/停控制键,如按下某一单元的控制键,则该单元的命令灯点亮(红色),并有控制命令发出,如被控设备响应,则回答灯点亮(红色);若在启动命令发出 10 s 后没有收到反馈信号,则命令灯闪亮,直到收到反馈信号。工作人员可将各按键所对应的设备名称写在设备标签上面,然后与膜片一同固定在手动盘上。

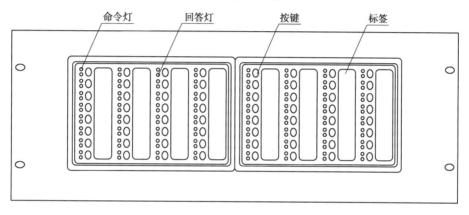

图 2-9 LD-××064A 智能手动消防启动盘示意图

2.3.4 **直接控制盘面板说明**

直接控制盘面板包括手动锁、自检键、直接控制按键、状态指示灯。以 14 路控制功能为例,每路包括 3 只指示灯、1 只按键,如图 2-10 所示,含义分别如下。

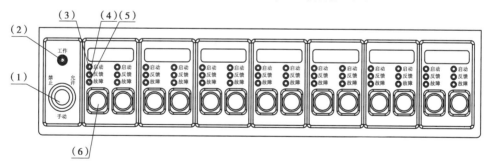

图 2-10 直接控制盘面板示意图

(1)手动锁

手动锁用于选择手动启动方式,可设置为手动禁止或手动允许。

(2)工作灯

正常上电后,工作灯亮,呈绿色。

（3）启动灯

发出命令信号时该灯点亮，呈红色；如果10 s内未收到反馈信号，该灯闪烁。

（4）反馈灯

接收到反馈信号时，该灯点亮，呈红色。

（5）故障灯

该路外控线路发生短路和断路时，该灯点亮，呈黄色。

（6）按键

此键按下，向被控设备发出启动或停动的命令。

直接控制盘使用中应当注意以下事项：一是手动锁设置。只有在手动锁处于"允许"位置时，才能通过手动直接控制按键完成对外接设备的直接启动或停动控制；处于"禁止"位置时，手动直接控制按键无效。二是启动操作。非启动状态下，按下手动直接控制按键，对应控制端产生有源输出，面板上该路的"启动"指示灯点亮，如果收到被控设备反馈信号，"反馈"指示灯点亮，如果发出启动命令后10 s内未收到反馈信号，"启动"指示灯闪动。三是停动操作。启动状态下，在电平输出方式下，再次按下该路的手动直接控制按键，对应控制端停止有源输出，该路"启动"指示灯熄灭；在脉冲输出方式下，启动信号输出约5 s后停止输出。

📖 **思考题**

1．一般情况下，火灾报警控制器面板包括哪些功能分区？

2．简述直接控制盘面板指示灯的类型及其所代表的工作状态。

任务 2.4　火灾报警控制器的功能

依据《火灾报警控制器》（GB 4717—2005）的规定，火灾报警控制器的整机性能应符合以下一般要求：主电源应采用220 V、50 Hz交流电源，电源线输入端应设接线端子。控制器应设有保护接地端子。控制器能为其连接的部件供电，直流工作电压应符合国家标准的规定，可优先采用直流24 V。控制器应具有中文功能标注和信息显示。同时，火灾报警控制器整机性能应符合下列功能规定。

2.4.1　火灾报警功能

控制器应能直接或间接地接收来自火灾探测器及其他火灾报警触发器件的火灾报警信号，发出火灾报警声、光信号，指示火灾发生部位，记录火灾报警时间，并予以保持，直至手动复位。

当有火灾探测器、手动报警按钮的火灾报警信号输入时，控制器应在10 s内发出火灾报警声、光信号。手动火灾报警按钮报警信号输入时，应明确指示该报警是手动火灾报警按钮报警。

控制器应有专用火警总指示灯(器)。控制器处于火灾报警状态时,火警总指示灯(器)应点亮。

火灾报警声信号应能手动消除,当再有火灾报警信号输入时,应能再次启动。

2.4.2　火灾报警控制功能

控制器在火灾报警状态下应有火灾声和/或光警报器控制输出。控制器在发出火灾报警信号后 3 s 内应启动相关的控制输出。

控制器应能手动消除和启动火灾声和/或光警报器的声警报信号,消声后,有新的火灾报警信号时,声警报信号应能重新启动。

控制器发出消防联动设备控制信号时,应发出相应的声光信号指示,该声光信号指示不能被覆盖且应保持至手动恢复;在接收到消防联动控制设备反馈信号 10 s 内应发出相应的声光信号,并保持至消防联动设备恢复。

2.4.3　故障报警功能

控制器应设专用故障总指示灯(器),无论控制器处于何种状态,只要有故障信号存在,该故障总指示灯(器)应点亮。

当控制器内部、控制器与其连接的部件间发生故障时,控制器应在 100 s 内发出与火灾报警信号有明显区别的故障声、光信号,故障声信号应能手动消除;再有故障信号输入时,应能再次启动,故障光信号应保持至故障排除。

控制器应按要求显示故障部位、故障类型。

控制器应能显示所有故障信息。在不能同时显示所有故障信息时,未显示的故障信息应手动可查。

当主电源断电,备用电源不能保证控制器正常工作时,控制器应发出故障声信号并能保持 1 h 以上。

控制器的故障信号在故障排除后,可以自动或手动复位。复位后,控制器应在 100 s 内重新显示尚存在的故障。

任一故障均不应影响非故障部分的正常工作。

2.4.4　屏蔽功能(仅适合具有此项功能的控制器)

控制器应有专用屏蔽总指示灯(器),无论控制器处于何种状态,只要有屏蔽存在,该屏蔽总指示灯(器)应点亮。

控制器应具有对特定设备进行单独屏蔽、解除屏蔽操作的功能(应手动进行)。

控制器应能显示所有屏蔽信息,在不能同时显示所有屏蔽信息时,则应显示最新屏蔽信息,其他屏蔽信息应手动可查。

控制器仅在同一个探测区域/回路内所有部位均被屏蔽的情况下,才能显示该探测区域/回路被屏蔽,否则只能显示被屏蔽部位。

2.4.5　监管功能(仅适合具有此项功能的控制器)

控制器应设专用监管报警状态总指示灯(器),无论控制器处于何种状态,只要有监管信号输入,该监管报警状态总指示灯(器)应点亮。

当有监管信号输入时,控制器应在100 s内发出与火灾报警信号有明显区别的监管报警声、光信号;声信号仅能手动消除,当有新的监管信号输入时应能再次启动;光信号应保持至手动复位。如监管信号仍存在,复位后监管报警状态应保持或在20 s内重新建立。

控制器应能显示所有监管信息。当不能同时显示所有监管信息时,未显示的监管信息应手动可查。

2.4.6　自检功能

控制器应能检查本机的火灾报警功能(以下简称"自检"),控制器在执行自检功能期间,受其控制的外接设备和输出接点均不应动作。控制器自检时间超过1 min或其不能自动停止自检功能时,控制器的自检功能应不影响非自检部位、探测区和控制器本身的火灾报警功能。

控制器应能手动检查其面板所有指示灯(器)、显示器的功能。

2.4.7　信息显示与查询功能

控制器信息显示按火灾报警、监管报警及其他状态顺序由高至低排列信息显示等级,高等级的状态信息应优先显示,低等级的状态信息显示应不影响高等级的状态信息显示,显示的信息应与对应的状态一致且易于辨识。当控制器处于某一高等级的状态显示时,应能通过手动操作查询其他低等级的状态信息,各状态信息不应交替显示。

2.4.8　电源功能

控制器的电源部分应具有主电源和备用电源转换装置。当主电源断电时,能自动转换到备用电源;主电源恢复时,能自动转换到主电源;应有主电源、备用电源工作状态指示。主电源、备用电源的转换不应使控制器产生误动作。

2.4.9　软件控制功能(仅适合软件实现控制功能的控制器)

控制器应有程序运行监视功能,当其不能运行主要功能程序时,控制器应在100 s内发出系统故障信号。

在程序执行出错时,控制器应在100 s内进入安全状态。

控制器应设有对其存储器内容(包括程序和指定区域的数据)以不大于1 h的时间间隔进行监视的功能,当存储器内容出错时,应在100 s内发出系统故障信号。

手动或程序输入数据时,不论原状态如何,都不应引起程序的意外执行。

控制器采用程序启动火灾探测器的确认灯时,应在发出火灾报警信号的同时,启动相应探测器的确认灯,确认灯可为常亮或闪亮,且应与正常监视状态下确认灯的状态有明显区别。

📖 思考题

1. 火灾报警控制器的整机性能应符合的一般要求有哪些?

2. 火灾报警控制器整机性能应符合哪些功能要求?

任务 2.5　火灾报警控制器的工作状态

火灾报警控制器通过音响声调、字符、数字显示器/液晶显示器显示的文字信息、点亮指示灯作为当前状态信息特征。火灾报警控制器的工作状态主要有正常监视状态、火灾报警状态、消音状态、各类故障报警状态、屏蔽状态等。

2.5.1　正常监视状态

接通电源后,火灾报警控制器及监控的探测器等现场设备均处于正常工作状态,无火灾报警、故障报警、屏蔽、监管报警、消音等情况发生。火灾报警控制器大多数时间处于这种状态。信息特征如下:

液晶显示器:显示"系统运行正常"等相似提示信息。

指示灯:"主电工作"灯保持点亮。当满足联动时,"自动允许"灯、"喷洒允许"灯点亮。

声响音调:无声响。

2.5.2　火灾报警状态

火灾报警信息具有最高显示级别,当系统中存在多种信息时,控制器按照火警、监管、故障、屏蔽的先后顺序进行显示,火灾报警信息为最高显示级别,优先显示,不受其他信息显示影响。信息特征如下:

指示灯:点亮"火警"总指示灯,不能自动清除,只能通过手动复位操作进行清除。

声响音调:火灾报警控制器发出与其他信息不同的火警声(如消防车声)。

2.5.3　消音状态

火灾报警控制器接收到火灾报警或故障报警等信号,并发出声、光报警信号时,按下"消音"键控制器所处的工作状态。信息特征如下:

显示器:消音状态前内容。

指示灯:消音状态前指示。

声响音调:火灾报警控制器停止发出声响。

2.5.4　主电故障状态

火灾报警控制器主电电源部分发生故障,并发出声、光报警信号时所处的工作状态。信息特征如下:

显示器:显示故障总数和故障报警序号、报警时间、类型编码。

指示灯:点亮"故障"总指示灯,"备电工作"指示灯点亮。故障排除后,"故障""备电工作"的光指示信号可自动清除,"主电工作"指示灯点亮。

2.5.5　现场设备故障状态

火灾报警控制器监控的现场设备发生故障,并发出声、光报警信号时所处的工作状态。信息特征如下:

指示灯:点亮"故障"总指示灯,故障排除后,故障信息的光指示信号可自动清除。

声响音调:发出与火警信息明显不同的故障声(如救护车声)。

显示器:显示故障总数和故障报警序号、报警时间、类型编码。当多于一个故障时,按报警时间顺序显示所有故障信息。当显示区域不足以显示所有故障部位时,能手动查询。

2.5.6　屏蔽状态

按下"屏蔽"按键,使火灾报警控制器屏蔽某些设备状态信息所处的工作状态。屏蔽功能为火灾报警控制器的可选功能,状态不受"复位"操作影响。信息特征如下:

指示灯:点亮"屏蔽"总指示灯。

声响音调:无音响。

显示器:显示屏蔽总数、时间、类型编码。当多于一个屏蔽信息时,应按时间顺序显示所有屏蔽部位。当显示区域不足以显示所有屏蔽部位时,显示最新屏蔽信息,其他屏蔽信息能手动查询。

在这里明确一下:为了表述方便,本书将火灾探测报警系统中的火灾报警装置按照习惯称为火灾报警控制器,将消防联动控制系统中的火灾报警控制器按照习惯称为消防联动控制器。

📖 思考题

1. 火灾报警控制器的工作状态有哪几种?

2. 简述火灾报警控制器的各种工作状态及其信息特征。

学生项目认知实践评价反馈工单

项目名称	火灾报警控制器				
学生姓名			所在班级		
认知实践评价日期			指导教师		
序号	组件名称	认知实践目标及分值权重			自我评价 （总分100分）
		识组件 （40分,占比40%）	知原理 （30分,占比30%）	会设置 （30分,占比30%）	
1	液晶显示屏	√　□×			
2	显示操作区 （指示灯区、 时间显示区、 键盘操作区）	√　□×			
3	打印机	√　□×			
4	总线控制盘	√　□×			
5	多线控制盘	√　□×			
项目 总评	优(90～100分)□　　　　良(80～90分)□　　　　中(70～80分)□　　　　合格(60～70分)□ 不合格(小于60分)□				

项目 3　系统设计与组件设置

📖 励志金句摘录

人无信不可,民无信不立,国无信不威。诚信是一个人安身立命之本,彰显品格,体现担当,是社会主义核心价值观的重要内容。一个个高举的诚信火炬发出的光芒,必将闪耀更多真诚的人格力量,激活全社会宝贵的无形资产,照亮未来的前行之路。

教学导航	
主要教学内容	3.1 火灾自动报警系统的设计原则 3.2 系统的分类、组成、工作原理和适用范围 3.3 系统的选择与设计要求 3.4 系统设备的设计及设置 3.5 系统的供电设计
知识目标	1.了解火灾自动报警系统的设计原则 2.掌握系统的分类、组成、工作原理和适用范围 3.掌握系统的选择与设计要求,报警区域与探测区域划分的目的及所遵循的原则 4.掌握系统设备的设计及重要组件的设置规定 5.掌握系统供电设计的一般规定、系统接地及布线要求
能力目标	1.具备判定不同建筑和场所是否必须设置火灾自动报警系统的能力 2.具备根据外观、功能识别判定火灾自动报警系统组件的能力 3.具备根据保护对象及设立的消防安全目标选择系统形式的能力 4.具备合理划分报警区域及探测区域的能力 5.具备根据现场条件判定系统组件设置是否符合国家消防技术规范的能力 6.具备对系统布线、系统接地进行检查和发现火灾隐患的能力
建议学时	12 学时

任务 3.1　火灾自动报警系统的设计原则

建筑是建筑物和构筑物的总称。通常把供人们生活居住、工作学习、娱乐和从事生产的建筑称为建筑物,如住宅、办公楼、影剧院、体育馆、工业厂房、库房等。所谓构筑物是指不具备、不包含或不提供人类居住功能的建筑,如水塔、蓄水池、烟囱及储油罐等。

建筑消防设施研究的对象通常是指建筑物,即供人们生活居住、工作学习、娱乐和从事生产的建筑。

建造一座建筑,要满足的性能有很多,但其基本性能首先要满足使用功能要求,比如,剧院要满足保证视听效果所需要的各项指标要求,工业建筑必须满足生产工艺流程所需的空间尺寸要求,同时建筑必须满足人体尺度和人体活动所需的空间尺度;其次要满足安全性能,即在正常使用的条件下,建筑结构应能承受可能出现的各种荷载作用和变形而不发生破坏,比如,在发生强烈地震、火灾、爆炸等偶然事件后,容许建筑有局部的损伤,但应保持结构的整体稳定而不发生倒塌,建筑结构仍能保持必要的整体稳定性;最后要满足经济性能的要求,即坚持经济性原则,简单来说就是"少花钱、多办事",把钱花在刀刃上。

常见的建筑消防设施有室内外消防给水及消火栓系统、自动喷水灭火系统、火灾自动报警系统、防烟排烟系统、应急照明及疏散指示系统、气体灭火系统、泡沫灭火系统等。但并不是所有的建筑都要设置上述消防设施。在满足使用功能和基本安全的前提下,对性质重要、人员聚集、可燃易燃材料较多、发生火灾扑救难度大、易造成重大人员伤亡和财产损失并产生重大社会影响的建筑强制要求设置,一般性建筑不做强制要求。

火灾自动报警系统设计的基本要求是安全适用,技术先进,经济合理。这些要求既有区别,又相互联系,不可分割。安全适用是对系统设计的首要要求,必须保证系统本身是安全可靠的,设备是适用的,只有这样才能有效发挥其对建筑物的保护作用。技术先进是要求系统设计时,尽可能采用新的比较成熟的先进技术、先进设备和科学的设计、计算方法。经济合理是要求系统设计时,在满足使用要求的前提下,力求简单实用、节省投资、避免浪费。

依据《建筑防火通用规范》(GB 55037—2022)的有关规定,下列建筑或场所应设置火灾自动报警系统。

①除散装粮食仓库、原煤仓库可不设置火灾自动报警系统外,下列工业建筑或场所应设置火灾自动报警系统:

a.丙类高层厂房;

b.地下、半地下且建筑面积大于1 000 m²的丙类生产场所;

c.地下、半地下且建筑面积大于1 000 m²的丙类仓库;

d.丙类高层仓库或丙类高架仓库。

②下列民用建筑或场所应设置火灾自动报警系统:

a.商店建筑、展览建筑、财贸金融建筑、客运和货运建筑等类似用途的建筑;

b.旅馆建筑;

c.建筑高度大于100 m的住宅建筑;

d.图书或文物的珍藏库,每座藏书超过50万册的图书馆,重要的档案馆;

e.地市级及以上广播电视建筑、邮政建筑、电信建筑,城市或区域性电力、交通和防灾等指挥调度建筑;

f.特等、甲等剧场,座位数超过1 500个的其他等级的剧场或电影院,座位数超过2 000个的会堂或礼堂,座位数超过3 000个的体育馆;

g.疗养院的病房楼,床位数不少于100张的医院的门诊楼、病房楼、手术部等;

h. 托儿所、幼儿园、老年人照料设施,任一层建筑面积大于 500 m² 或总建筑面积大于 1 000 m² 的其他儿童活动场所;

i. 歌舞娱乐放映游艺场所;

j. 其他二类高层公共建筑内建筑面积大于 50 m² 的可燃物品库房和建筑面积大于 500 m² 的商店营业厅,以及其他一类高层公共建筑。

③除住宅建筑的燃气用气部位外,建筑内可能散发可燃气体、可燃蒸气的场所应设置可燃气体探测报警装置。

高层丙类厂房的生产原料及产成品、高层丙类仓库(丙类高架仓库)储存的物资均为易燃可燃材料,一些制鞋、制衣、玩具、电子等丙类火灾危险性的高层厂房具有建筑面积大、同一时间内人员密度较大的特点,一旦发生火灾极易造成火灾迅速蔓延扩大,同时建筑高度较高,不便于人员及物资的疏散。因此,丙类高层厂房、丙类高层仓库或丙类高架仓库应设置火灾自动报警系统以实现初起火灾的早期探测和有效控制。地下、半地下的丙类生产场所、丙类仓库除具有丙类生产场所、丙类仓库的基本特点外,还会因防烟、排烟设施出现的各种问题而导致火灾财产损失和人员伤亡的扩大。因此,规定地下、半地下且建筑面积大于 1 000 m² 的丙类生产场所、丙类仓库应设置火灾自动报警系统,一是实现火灾的早期报警,二是实现其他自动消防系统的联动控制,迅速扑救初起火灾。

商店和展览建筑中的营业厅、展览厅(包括娱乐场所)等场所,客运和货运建筑,大多为人员较密集、可燃物较多的场所,容易发生火灾,财贸金融建筑也具有上述特点且因其功能特殊如发生火灾会造成较大社会影响,均属于需要"早报警、早疏散、早扑救"的场所。商店建筑、展览建筑、财贸金融建筑、客运和货运建筑等类似用途的建筑应设置火灾自动报警系统。

图书或文物的珍藏库、重要的档案馆这些建筑内部的存放物具有重要的史料价值和独一无二性,这些场所(包括大型图书馆)必须实现火灾的早期探测,确保万无一失。为此,国家规范规定图书或文物的珍藏库,重要的档案馆(主要指国家现行标准《档案馆建筑设计规范》(JGJ 25—2010)规定的各级国家档案馆,其他专业档案馆可视具体情况比照确定),每座藏书超过 50 万册的图书馆应设置火灾自动报警系统。

地市级及以上广播电视建筑、邮政建筑、电信建筑,城市或区域性电力、交通和防灾等指挥调度建筑,在现代社会活动中具有重要地位,一旦因火灾影响其功能的实现,将导致广播、电视、通信、电力、交通和防灾调度的缺失,给社会造成极大的混乱。因此,上述建筑应设置火灾自动报警系统。对于地市级以下的电力、交通和防灾调度指挥、广播电视、电信和邮政建筑,可视建筑的规模、高度和重要性等具体情况确定。

影剧院、礼堂、会堂、体育馆等属于公众聚集场所,营业时会有大量人员聚集,一旦发生火灾极易造成拥堵、踩踏甚至群死、群伤。特等、甲等剧场,座位数超过 1 500 个的其他等级的剧场或电影院,座位数超过 2 000 个的会堂或礼堂,座位数超过 3 000 个的体育馆应设置火灾自动报警系统。剧场和电影院的级别,按国家现行标准《剧场建筑设计规范》(JGJ 57—2016)和《电影院建筑设计规范》(JGJ 58—2008)确定。

儿童、老年人、病患者在火灾中属于弱势人员,自主疏散能力有限,火灾时会因疏散不及时造成人身伤害;旅馆建筑面对不特定人群开放也要防止火灾对弱势人群的伤害,同时旅馆建筑住宿人员会因对建筑安全疏散设施缺乏必要的了解而造成火灾时疏散的延误。托儿所、幼儿园,老年人照料设施,任一层建筑面积大于 500 m² 或总建筑面积大于 1 000 m² 的其他儿童活动场所;疗养院的病房楼,床位数不少于 100 张的医院的门诊楼、病房楼、手术部等;旅馆建筑等应设置火灾自动报警系统。

歌舞娱乐放映游艺场所应设置火灾自动报警系统。20 世纪 90 年代,国内相继发生几起重、特大火灾事故,警示人们必须高度重视这类场所的消防安全。通过设置火灾自动报警系统实现这类场所初起火灾的早发现、早报警、早疏散、早扑救,避免群死、群伤等恶性火灾事故的发生。

设置机械排烟、防烟系统、雨淋或预作用自动喷水灭火系统、固定消防水炮灭火系统、气体灭火系统等需与火灾自动报警系统联锁动作的场所或部位应设置火灾自动报警系统。建筑中需要与火灾自动报警系统联动的设施主要有机械排烟系统、机械防烟系统、水幕系统、雨淋系统、预作用系统、水喷雾灭火系统、气体灭火系统、防火卷帘、常开防火门、自动排烟窗等。

火灾自动报警系统能起到及早发现火情和迅速通报火警信息,及时通知人员进行疏散、灭火的作用。上述按照国家规定应设置火灾自动报警系统的建筑或场所,除各自特点外,主要为同一时间停留人数较多,发生火灾容易造成人员伤亡需及时疏散的场所或建筑;可燃物较多,火灾蔓延迅速,扑救困难的场所或建筑;以及一些性质重要的场所或建筑。上述规定的场所,如未明确具体部位的,除个别火灾危险性小的部位,如卫生间、泳池、水泵房等外,需要在该建筑内全部设置火灾自动报警系统。

为使住宅建筑中的住户能够尽早知晓火灾发生情况,及时疏散,按照安全可靠、经济适用的原则,《建筑防火通用规范》(GB 55037—2022)对建筑高度大于 100 m 的住宅建筑,做出了应设置火灾自动报警系统的规定。

除住宅建筑的燃气用气部位外,建筑内可能散发可燃气体、可燃蒸气的场所应设置可燃气体探测报警装置,包括工业生产、储存,公共建筑中可能散发可燃蒸气或气体的场所或部位,不包括住宅建筑内的厨房。

📖 **思考题**

1. 应设置火灾自动报警系统的工业建筑或场所有哪些?

2. 应设置火灾自动报警系统的民用建筑或场所有哪些?

任务 3.2　系统的分类、组成、工作原理和适用范围

火灾自动报警系统一般设置在工业与民用建筑内部和其他可对生命和财产造成危害的火灾危险场所,与自动灭火系统、防烟排烟系统以及防火分隔设施等其他消防设施一起构成完整的建筑消防系统。

3.2.1　火灾自动报警系统的分类形式

火灾自动报警系统根据保护对象及设立的消防安全目标的不同分为 3 种系统形式,即区域报警系统、集中报警系统和控制中心报警系统。

1)区域报警系统

区域报警系统主要用于完成火灾探测和报警任务,适用于规模较小的建筑和场所单独使用,如图 3-1 所示。区域报警系统比较简单,但使用范围很广,既可单独用在工矿企业的计算机房等重要部位和民用建筑的公寓楼、写字楼等处,也可作为集中报警系统和控制中心报警系统中最基本的组成设备。区域报警系统由火灾探测器、手动火灾报警按钮、火灾声光警报器、火灾报警控制器等组成,系统中可包括消防控制室图形显示装置和指示楼层的区域显示器,可以不设置专门的消防控制室。

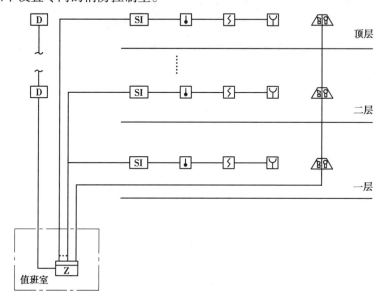

图 3-1　区域报警系统示意图

2)集中报警系统

集中报警系统的保护对象大多性质重要,建筑体量庞大,系统包含一个集中报警控制器和两个以上的区域报警控制器,是一种功能较为复杂的火灾自动报警系统,被大型的商业建筑、人员密集的公共建筑广泛采用,如图 3-2 所示。集中报警系统由火灾探测器、手动火灾报警按钮、火灾声光警报器、消防应急广播、消防专用电话、消防控制室图形显示装置、火灾报警控制器、消防联动控制器等组成。为了加强管理,保证系统可靠运行,集中报警控制器应设在专用的消防控制室内,不能安装在其他值班室内由其他值班人员代管。

3)控制中心报警系统

控制中心报警系统是最为复杂的系统,包含两个及以上集中报警系统,由火灾探测器、手动火灾报警按钮、火灾声光警报器、消防应急广播、消防专用电话、消防控制室图形显示装置、火灾报警控制器、消防联动控制器等组成,如图 3-3 所示。被联动控制的设备包括火灾警报装置、消防应急广播系统、防火卷帘(门)系统、消防应急照明及疏散指示系统、防烟排烟系统、消防电梯以及其他自动灭火系统。有两个及以上集中报警系统或设置两个及以上消防控制室的保护对象应采用控制中心报警系统,具有联动控制功能的设备必须设置在消防控制室内。

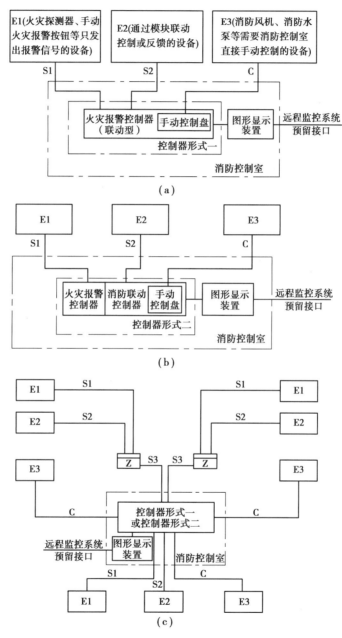

图 3-2　集中报警系统框图

(a)方案Ⅰ;(b)方案Ⅱ;(c)方案Ⅲ

注:方案Ⅰ、方案Ⅱ在消防控制室设置一台具有集中控制功能的控制器;方案Ⅲ除在消防控制室设置一台具有集中控制功能的控制器外,还可设置若干台区域火灾报警控制器。S1 为报警信号总线,S2 为联动信号总线,C 为直接控制线路。

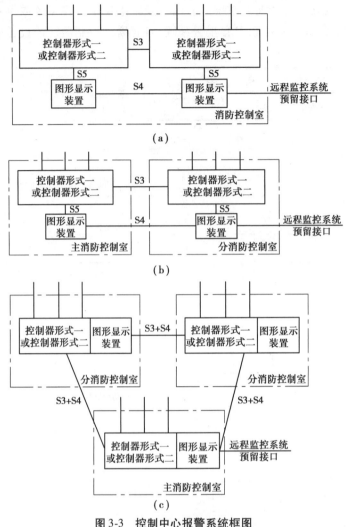

图 3-3　控制中心报警系统框图
(a)方案Ⅰ;(b)方案Ⅱ;(c)方案Ⅲ

注:方案Ⅰ为一个消防控制室内设置两个集中报警系统的情况;方案Ⅱ为设置两个消防控制室的情况,此时应明确一个消防控制室为主消防控制室;方案Ⅲ为设置多个消防控制室的情况,此时主消防控制室和分消防控制室之间可组成环网系统。S3 为控制器之间的通信线,S4 为图形显示装置之间的通信线。

3.2.2　火灾自动报警系统的组成

火灾自动报警系统由火灾探测报警系统、消防联动控制系统、可燃气体探测报警系统及电气火灾监控系统组成,如图 3-4 所示。本节主要介绍火灾探测报警系统和消防联动控制系统,可燃气体探测报警系统及电气火灾监控系统的相关内容后续会作专门介绍。

1)火灾探测报警系统

火灾探测报警系统由火灾报警控制器、触发器件和火灾警报装置等组成,能及时、准确地探测被保护对象的初起火灾,并做出报警响应,从而使建筑物中的人员有足够的时间在火灾尚未发展蔓延到危害生命安全的程度时疏散至安全地带,是保障人员生命安全的最基本的建筑消防系统。

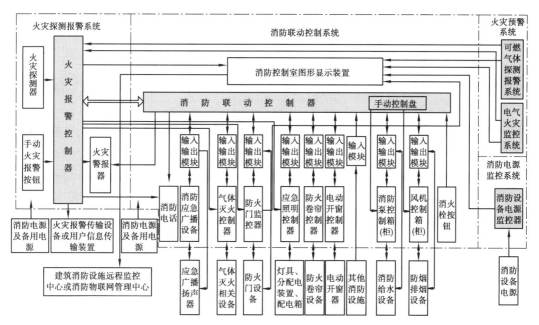

图 3-4　火灾自动报警系统的组成

（1）触发器件

在火灾自动报警系统中，能够自动或手动产生火灾报警信号的器件称为触发器件，主要包括火灾探测器和手动火灾报警按钮。

火灾探测器是能对火灾特征参数（如烟、温度、火焰辐射、气体浓度等）响应，并自动产生火灾报警信号的器件，有关探测器的内容在项目 1 中已作介绍，这里不再赘述。

手动火灾报警按钮是火灾自动报警系统中不可缺少的一种手动触发器件，实物如图 3-5 所示。通过手动操作的方式向火灾报警控制器发出火灾报警信号，作为联动触发信号之一与火灾探测器等其他联动触发信号形成"与"逻辑组合启动声光警报器或联动启动自动消防设施。手动火灾报警按钮按编码方式分为编

图 3-5　手动火灾报警按钮

码型报警按钮与非编码型报警按钮。手动火灾报警按钮还可以组合设置消防电话插孔，实现消防电话通话功能。

图 3-6　火灾警报器

（2）火灾报警装置

在火灾自动报警系统中，用于接收、显示和传递火灾报警信号，并能发出控制信号和具有其他辅助功能的控制指示设备称为火灾报警装置。火灾报警控制器就是其中最基本的一种，有关内容在项目 2 中已作介绍，这里不再赘述。

（3）火灾警报装置

在火灾自动报警系统中，用以发出区别于环境声、光的火灾警报信号的装置称为火灾警报装置。火灾警报器是一种最基本的火灾警报装置，实物如图 3-6 所示，它以声、光音响方式向报

警区域发出火灾警报信号,以警示人们采取安全疏散、扑救火灾等措施。

(4)电源

火灾自动报警系统属于消防用电设备,其主电源应当采用消防电源,备用电源可采用蓄电池。系统电源除为火灾报警控制器供电外,还为与系统相关的消防控制设备等供电。

2)消防联动控制系统

消防联动控制系统由消防联动控制器、消防控制室图形显示装置、消防电气控制装置(如防火卷帘控制器、气体灭火控制器等)、消防电动装置、消防联动模块、消火栓按钮、消防应急广播设备、消防电话等设备和组件组成。在发生火灾时,消防联动控制器按设定的控制逻辑向消防水泵、报警阀、防火门、防火阀、防烟排烟阀等消防设施准确发出联动控制信号,实现对火灾警报、消防应急广播、应急照明及疏散指示系统、防烟排烟系统、自动灭火系统、防火分隔系统的联动控制,接收并显示上述系统设备的动作反馈信号,同时接收消防水池、高位水箱等消防设施的动态监测信号,实现对建筑消防设施的状态监视功能。

(1)消防联动控制器

消防联动控制器是消防联动控制系统的核心组件。通过接收火灾报警控制器发出的火灾报警信息,按预设逻辑对建筑中设置的自动消防系统(设施)进行联动控制。消防联动控制器可直接发出控制信号,控制现场的受控设备;对于控制逻辑复杂且在消防联动控制器上不便实现直接控制的情况,可通过消防电气控制装置(如防火卷帘控制器、气体灭火控制器等)间接控制受控设备,同时接收自动消防系统(设施)动作的反馈信号。有关内容在项目2中已作介绍,这里不再赘述。

(2)消防控制室图形显示装置

消防控制室图形显示装置用于接收并显示保护区域内的火灾探测报警及联动控制系统、消火栓系统、自动灭火系统、防烟排烟系统、防火门及防火卷帘系统、消防电梯、消防电源、消防应急照明和疏散指示系统、消防通信等各类消防系统及系统中的各类消防设备(设施)运行的动态信息和消防管理信息,同时还具有信息传输和记录功能,实物如图3-7所示。

图3-7 消防控制室图形显示装置

消防控制室图形显示装置主要由硬件和软件两部分组成。硬件主要包括计算机主机、硬盘、扬声器、液晶显示器、外壳等;软件主要包括消防控制室图形显示装置内所装软件,并要符合国家有关规范规定的显示、操作、信息记录、信息传输和维护等要求。

消防控制室图形显示装置具有以下主要功能:

①图形显示功能。消防控制室图形显示装置应能显示建筑总平面布局图,每个保护对象的建筑平面图、系统图等。

②火灾报警和联动状态显示功能。当有火灾报警信号、联动信号输入时,消防控制室图

形显示装置应能显示报警部位对应的建筑位置图、建筑平面图,在建筑平面图上指示报警部位的物理位置,记录报警时间、报警部位等信息。

③故障状态显示。消防控制室图形显示装置应能接收控制器及其他消防设备(设施)发出的故障信号,并显示故障状态信息。

④通信故障报警功能。消防控制室图形显示装置在与控制器及其他消防设备(设施)之间不能正常通信时,应发出与火灾报警信号有明显区别的故障声、光信号。

⑤信息记录功能。消防控制室图形显示装置应具有火灾报警和消防联动控制的历史记录功能,记录应包括报警时间、报警部位、复位操作、消防联动设备的启动和动作反馈等信息。

(3)消防电气控制装置

消防电气控制装置的功能是控制各类消防电气设备,一般通过手动或自动的工作方式来控制消防水泵、防烟排烟风机、电动防火门、电动防火窗、防火卷帘电动阀等各类电动消防设施的动作,并将相应设备的工作状态反馈给消防联动控制器进行显示。

常见的消防电气控制装置包括消防水泵控制柜、防(排)烟风机控制柜、气体灭火控制器、应急照明控制器、防火卷帘控制器等。

某款消防水泵控制柜外观示意图如图3-8所示。

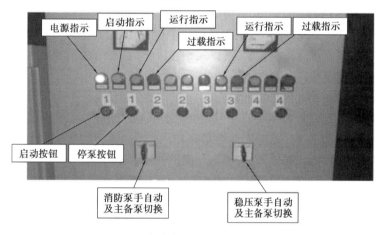

图3-8　消防水泵控制柜外观示意图

(4)消防电动装置

消防电动装置的功能是实现电动消防设施的电气驱动或释放,包括电动防火门、窗,电动防火阀、电动防烟阀、电动排烟阀、气体驱动器等电动消防设施的电气驱动或释放装置。

图3-9所示为排烟防火阀,它是防排烟系统中一种非常重要的消防电动装置,安装在机械排烟系统的管道上,平时呈开启状态,发生火灾时,当排烟管道内烟气温度达到280 ℃时关闭,并在一定时间内能满足漏烟量和耐火完整性要求,起隔烟阻火作用的阀门。消防电动装置一般由阀体、叶片、执行机构和温感器等部件组成。

图3-9　排烟防火阀

（5）消防联动模块

消防联动模块是用于消防联动控制器和其所连接的受控设备或部件之间信号传输的设备，包括输入模块、输出模块、输入输出模块以及中继模块、隔离模块等。

输入模块是通过总线将其所连接的把各类非编码型设备的动作状态信息传输到火灾报警控制器的模块。建筑内设置的非编码型的火灾触发器件及各种消防设施，它们没有地址码，不能直接挂接在总线回路上，其动作的状态信息也就不能直接传输给火灾报警控制器。为了能将这类非编码设备通过总线回路将其动作的状态信息传输给火灾报警控制器，需要挂接在总线回路中的输入模块来完成。输入模块本身具有地址码，火灾报警控制器接收的虽然是该输入模块的信息，但显示的却是其所连接的非编码设备。

一般的输入模块可用于接收水流指示器、压力开关、信号阀等设备的报警反馈信号。

输出模块是将火灾报警控制器的控制信号传输给其所连接的受控设备或受控部件的模块。建筑物内设置的一些消防设施，在火灾确认后要按照预定的程序启动，由于这些消防设施不能直接挂接在总线回路上接收火灾报警控制器发出的启动控制信号，就需要挂接在总线回路上的具有地址码的输出模块来接收火灾报警控制器的动作指令信号，输出模块接收动作指令信号后，输出开关信号，联动启动被控制的消防设施。

输出模块不接收信号输入，一般用于控制无信号反馈的设备，如消防广播、声光警报器、警铃等设备。

输入输出模块也称为控制模块，在有控制要求时可以输出信号，使被控设备动作，同时可以接收设备的反馈信号，以便向火灾报警控制器报告，是消防联动控制系统重要的组成部分。这样的一个模块同时具有输入模块和输出模块两种功能，并可以节约有限的总线地址容量。

中继模块按其功能可分为两种。一种中继模块一般用于在系统通信距离过远的情况下，可以延长总线的通信距离，同时可以增强系统的抗干扰能力；另一种中继模块也称为编码接口，是非编码的探测器、部件、设备等与可编址的控制器之间的适配电路，其作用与输入模块类似，可以直接挂接在总线回路上，本身有地址码，用以接收非编码型火灾探测器、非编码消火栓按钮的信号，其本身的地址码代表了被连接的非地址码器件在系统中的部位编码。

图 3-10　输入输出模块

隔离模块也称为总线短路隔离器，接在系统总线前端保护回路在发生短路等故障时，将后端连接的部分从系统中隔离，不会造成整个系统无法正常工作，故障部分线路修复后隔离器可自行恢复工作。

输入输出模块实物如图 3-10 所示。

（6）消火栓按钮

消火栓按钮是设置在消火栓箱内或其附近，用以向消火栓水泵控制装置或消防联动控制器发送启动消防水泵的控制信号，启动消防水泵的手动按钮，实物如图 3-11 所示。

消火栓按钮从正常监视状态进入启动状态可以通过击碎启动零件或使启动零件发生移位实现，进入启动状态的消火栓按钮应能从面板外观变化清晰识别且与正常监视状态有明显区别。

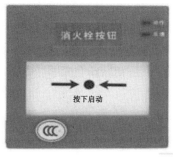

图 3-11   消火栓按钮

消火栓按钮目前有两类。一类是编码型消火栓按钮,可以直接连接到火灾自动报警系统的总线回路中,其功能类似于手动火灾报警按钮,在工程实践中被广泛采用。另一类是非编码型消火栓按钮,不具有火灾报警功能,不能直接挂接到总线回路上,其功能相当于一个按钮开关,这类按钮通常应用在未设置火灾自动报警系统的建筑内,通过线路直接连接到消火栓系统消防水泵的控制装置上,起到远距离异地控制作用;如果在设有火灾自动报警系统的建筑物内使用非编码型消火栓按钮,则需要通过输入模块将其连接到总线系统中,此时输入模块的地址码就等同于消火栓按钮的地址码。

依据《火灾自动报警系统设计规范》(GB 50116—2013)的规定,在设置了火灾自动报警系统的室内消火栓系统的联动控制中,消火栓按钮的动作信号应作为报警信号及启动消火栓泵的联动触发信号,并应由消防联动控制器联动控制消火栓泵启动。

(7)消防应急广播设备

消防应急广播设备是在火灾发生时用于通告火灾报警信息、发出人员疏散语音指示及发生其他灾害与突发事件时发布有关指令的广播设备。

消防应急广播设备由消防广播功放机、消防广播分配盘、消防广播录放盘等设备组成,实物如图 3-12 所示。发生火灾时,消防控制室值班人员打开消防应急广播设备的功放机主、备电开关,通过操作消防广播分配盘或消防联动控制器面板上的按钮选择播送范围,利用麦克风或启动播放器对所选择区域进行广播。

(8)消防电话

消防电话是用于消防控制室与建筑物中各部位通话的电话系统,由消防电话总机、消防电话分机、消防电话插孔组成。消防电话是与普通电话分开的专用独立系统,一般采用集中式对讲电话。

消防电话总机应设置在消防控制室内,是消防电话的重要组成部分,实物如图 3-13 所示。消防电话总机具有通话录音、信息记录查询、自检和故障报警功能。消防电话总机应能与所有消防电话分机、电话插孔之间互相呼叫与通话,并显示每部分机或电话插孔的位置。处于通话状态的消防电话总机能呼叫任意一部及以上消防电话分机,被呼叫的消防电话分机摘机后,能自动加入通话。消防电话总机能终止与任意消防电话分机的通话,且不影响与其他消防电话分机的通话。

消防电话分机本身不具备拨号功能,使用时,操作人员将话机手柄拿起即可与消防电话总机通话。通过消防电话分机可迅速实现对火灾的人工确认,并可及时掌握火灾的现场情况,便于指挥灭火工作。消防电话分机分为固定式和移动便携式两种。固定式消防电话分机有被叫振铃和摘机通话的功能,主要用于与消防控制室电话总机进行通话。

消防电话插孔安装在建筑物各处,插上电话手柄就可以和消防电话总机通话。

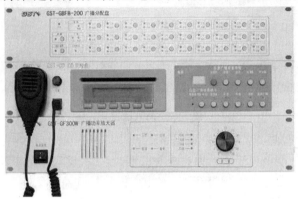

图3-12 消防应急广播设备

图3-13 消防电话总机

3.2.3 火灾自动报警系统的工作原理

在火灾自动报警系统中,火灾报警控制器和消防联动控制器是核心组件,是系统中火灾报警与警报的监控管理枢纽和人机交互平台。

1)火灾探测报警系统

火灾发生时,安装在保护区域现场的火灾探测器将火灾产生的烟雾、热量和光辐射等火灾特征参数转变为电信号,经数据处理后,将火灾特征参数信息传输到火灾报警控制器;或直接由火灾探测器做出火灾报警判断,将报警信息传输到火灾报警控制器,火灾报警控制器在接收到探测器的火灾特征参数信息或报警信息后,经报警确认判断,显示报警探测器的部位,记录探测器火灾报警的时间。

处于火灾现场的人员,在发现火灾后可立即触动安装在现场的手动火灾报警按钮,手动火灾报警按钮便将报警信息传输到火灾报警控制器,火灾报警控制器在接收到手动火灾报警按钮的报警信息后,经报警确认判断,显示动作的手动火灾报警按钮的部位,记录手动火灾报警按钮报警的时间。

火灾报警控制器在确认火灾探测器和手动火灾报警按钮的报警信息后,驱动安装在被保护区域现场的火灾警报装置,发出火灾声光警报,向处于被保护区域的人员警示火灾的发生。

2）消防联动控制系统

火灾发生时，火灾探测器和手动火灾报警按钮的报警信号等联动触发信号传输到消防联动控制器，消防联动控制器按照预设的逻辑关系对接收到的触发信号进行识别判断，在满足逻辑关系条件时，消防联动控制器按照预设的控制时序启动相应的自动消防系统（设施），实现预设的消防功能。

消防控制室的消防管理人员也可以通过操作消防联动控制器的手动控制盘直接启动相应的消防系统（设施），从而实现相应消防系统（设施）预设的消防功能。

消防联动控制系统接收并显示消防系统（设施）动作的反馈信息。

3.2.4 火灾自动报警系统的适用范围

火灾自动报警系统适用于人员居住和经常有人滞留的场所、存放重要物资或燃烧后产生严重污染需要及时报警的场所。

1）区域报警系统

区域报警系统适用于仅需要报警，不需要联动自动消防设备的保护对象。

2）集中报警系统

集中报警系统适用于具有联动要求的保护对象。

3）控制中心报警系统

控制中心报警系统一般适用于建筑群或建筑体量较大的保护对象，这些保护对象中可能设置几个消防控制室，也可能由于分期建设而采用了不同企业的产品或同一企业不同系列的产品，或由于系统容量限制而设置了多个起集中控制作用的火灾报警控制器等。

📖 练习题

一、单项选择题

1. 火灾探测报警系统由火灾报警控制器、触发器件和火灾警报装置等组成，其中触发器件包括（　　）。

    A. 火灾声警报器　　　　　　　　B. 火灾探测器和手动火灾报警按钮

    C. 消防电话　　　　　　　　　　D. 消防应急广播

2. 下列部件属于集中报警系统但不属于区域报警系统的是（　　）。

    A. 火灾探测器　　　　　　　　　B. 消防联动控制器

    C. 火灾声光警报器　　　　　　　D. 火灾报警控制器

3. 消防联动控制系统中，通过接收火灾报警控制器发出的火灾报警信息，按预设逻辑对建筑中设置的自动消防系统（设施）进行控制指的是（　　）。

    A. 火灾报警装置　　　　　　　　B. 消防联动控制器

    C. 消防控制室图形显示装置　　　D. 消防电气控制装置

4. 下列关于消防电话的说法，错误的是（　　）。

    A. 消防电话总机设在消防控制室内

B. 消防电话是用于消防控制室与外部联系的报警电话

C. 消防电话插孔安装在建筑物各处，插上电话手柄就可以和消防电话总机通话

D. 消防电话一般采用集中式对讲电话

5. 下列关于火灾自动报警系统组件的说法，错误的是（　　　）。

A. 火灾探测器是火灾自动报警系统的基本组成部分

B. 手动火灾报警按钮是火灾自动报警系统中不可缺少的一种手动触发器件

C. 消防电气控制装置可采用变频启动方式

D. 消防用电设备应采用专用的供电回路

二、多项选择题

1. 根据《火灾自动报警系统设计规范》（GB 50116—2013）的规定，火灾自动报警系统的形式可以分为（　　　）。

A. 可燃气体探测报警系统　　　　　B. 区域报警系统

C. 集中报警系统　　　　　　　　　D. 控制中心报警系统

E. 消防联动控制系统

2. 根据《火灾自动报警系统设计规范》（GB 50116—2013）的规定，集中报警系统是由火灾探测器、手动火灾报警按钮、火灾报警控制器、消防联动控制器和（　　　）等组成。

A. 消防应急广播　　　　　　　　　B. 消防专用电话

C. 火灾声光警报器　　　　　　　　D. 电气火灾监控器

E. 消防控制室图形显示装置

3. 火灾报警装置是在火灾自动报警系统中，用于（　　　）火灾报警信号并能发出控制信号和具有其他辅助功能的控制指示设备。

A. 显示　　　　B. 控制　　　　C. 接收　　　　D. 气体浓度　　　　E. 传递

4. 消防电话是用于消防控制室与建筑物中各部位之间通话的电话系统，主要由（　　　）组成。

A. 消防电话总机　　　　　　　　　B. 消防电话插孔

C. 消防电话放大器　　　　　　　　D. 消防电话分机

E. 消防电话移动电源

5. 输入模块用于接收信号输入，将输入的设备作为火灾自动报警系统的一部分，一般的输入模块可以用于接收（　　　）等设备的报警、反馈信号。

A. 水流指示器　　　　　　　　　　B. 消防水泵

C. 压力开关　　　　　　　　　　　D. 消防电话

E. 信号阀

6. 输出模块用于控制某些设备的启停或者切换，不接收信号输入，一般用于控制无信号反馈的设备，如（　　　）等设备。

A. 消防广播　　　　　　　　　　　B. 消防水泵

C. 声光警报器　　　　　　　　　　D. 消防电话

E. 警铃

7. 下列关于输入输出模块的说法,正确的是(　　　)。

　　A. 也称为控制模块

　　B. 在有的场所可以替代火灾探测器

　　C. 在有控制要求时可以输出信号,使被控设备动作

　　D. 同时接收设备的反馈信号,以向控制器报告

　　E. 是火灾自动报警联动系统重要的组成部分

8. 消防电动装置的功能是实现电动消防设施的电气驱动或释放,包括(　　　)等电动消防设施的电气驱动或释放装置。

　　A. 电动防火门窗　　　　　　　B. 电动防火阀

　　C. 电动防排烟阀　　　　　　　D. 气体驱动器

　　E. 大型汽车库电动卷帘门

9. 下列关于消防控制室图形显示装置的说法,正确的是(　　　)。

　　A. 只用于接收并显示保护区域内的各类消防系统及系统中的各类消防设备(设施)运行的动态信息

　　B. 用于接收并显示保护区域内的各类消防系统及系统中的各类消防设备(设施)运行的动态信息和消防管理信息

　　C. 只具有信息传输功能

　　D. 同时具有信息传输和记录功能

　　E. 可以用于商业广告的定时发布

任务 3.3　系统的选择与设计要求

　　火灾自动报警系统的形式和设计要求与保护对象及消防安全目标的设立直接相关。火灾初起阶段燃烧面积一般不大,火灾发展速度缓慢。此阶段是灭火的最有利时机,用少量的灭火剂就可以迅速扑灭初起火灾,对于人员疏散也是最佳时期,可以最大限度地减少人员伤亡和财产损失。火灾在发展阶段转入有焰燃烧,燃烧面积迅速扩大,产生强烈的火焰辐射。当发生火灾的房间温度达到一定值时,往往伴随着轰燃的发生。在轰燃发生之前,如果能够及时探测到温度、火焰光等火灾特征参数并迅速启动灭火设施,对减少火灾损失是很有帮助的。轰燃发生后,进入猛烈燃烧阶段,火灾在这个阶段具有极强的破坏力。此阶段,建筑室内未逃离的人员生命将受到威胁。正确理解火灾发生、发展的过程和阶段,对合理设计火灾自动报警系统有着十分重要的指导意义。

　　建筑内设置消防系统的第一任务就是保障人身安全,这是设计消防系统最基本的理念。从这一基本理念出发,应做到尽早发现火灾、及时报警并启动有关消防设施、引导人员疏散。如果火灾发展到需要启动自动灭火设施的程度,就应启动相应的自动灭火设施,扑灭初起火灾,防止火灾蔓延。

3.3.1 火灾自动报警系统形式的选择

1）区域报警系统

仅需要报警、不需要联动自动消防设备的保护对象宜采用区域报警系统。

2）集中报警系统

不仅需要报警，而且需要联动自动消防设备，且只需设置一台具有集中控制功能的火灾报警控制器和消防联动控制器的保护对象，应采用集中报警系统，同时还应设置一个消防控制室。

3）控制中心报警系统

设置两个及以上消防控制室的保护对象或已设置两个及以上集中报警系统的保护对象，应采用控制中心报警系统。

3.3.2 火灾自动报警系统的设计

1）区域报警系统的设计

区域报警系统应由火灾探测器、手动火灾报警按钮、火灾声光警报器以及火灾报警控制器等组成，系统中可包括消防控制室图形显示装置和指示楼层的区域显示器。

火灾报警控制器应设置在有人员值班的场所。

区域报警系统设置消防控制室图形显示装置时，该装置应具有传输规定的信息的功能；系统未设置消防控制室图形显示装置时，应设置火警传输设备。

2）集中报警系统的设计

集中报警系统应由火灾探测器、手动火灾报警按钮、火灾声光警报器、消防应急广播、消防专用电话、消防控制室图形显示装置、火灾报警控制器、消防联动控制器等组成。

集中报警系统中的火灾报警控制器、消防联动控制器和消防控制室图形显示装置、消防应急广播的控制装置、消防专用电话总机等起到集中控制作用的消防设备，均应设置在消防控制室内。

集中报警系统设置的消防控制室图形显示装置应具有传输规定的信息的功能。

3）控制中心报警系统的设计

有两个及以上消防控制室时，应确定其中一个为主消防控制室。

主消防控制室应能显示所有火灾报警信号和联动控制状态信号，并应能控制重要的消
⋯⋯消防控制室内的消防设备之间可以互相传输并显示状态信息，但不应互相

⋯⋯防控制室内应能集中显示保护对象内所有的火灾报警部位信号和联动控制状态信
⋯⋯显示设置在各分消防控制室内的消防设备的状态信息。为了便于消防控制室之间
⋯⋯沟通和信息共享，各分消防控制室内的消防设备之间可以互相传输、显示状态信息。同时，为了防止各个消防控制室的消防设备之间的指令冲突，规定分消防控制室的消防设备之间不应互相控制。一般情况下，整个系统中共同使用的消防水泵等重要的消防设备可根据消防安全的管理需求及实际情况，由最高级别的消防控制室统一控制。

系统设置的消防控制室图形显示装置应具有传输规定的信息的功能。

3.3.3　报警区域和探测区域的划分

1）报警区域的划分

（1）划分报警区域的目的

报警区域的划分主要是为了迅速确定报警及火灾发生部位，并解决消防系统的联动设计问题。发生火灾时，涉及发生火灾的防火分区及相邻防火分区的消防设备的联动启动，这些设备需要协调工作，因此，需要划分报警区域。在火灾自动报警系统设计中，首先要正确地划分报警区域，确定相应的报警系统，才能使报警系统及时、准确地报出火灾发生的具体部位，就近采取措施，扑灭火灾。

（2）划分报警区域应遵循的原则

报警区域应根据防火分区或楼层划分，并遵循以下原则：

①可将一个防火分区或一个楼层划分为一个报警区域，也可将发生火灾时需要同时联动消防设备的相邻几个防火分区或楼层划分为一个报警区域。

②电缆隧道的一个报警区域宜由一个封闭长度区间组成，一个报警区域不应超过相连的 3 个封闭长度区间。

③道路隧道的报警区域应根据排烟系统或灭火系统的联动需要确定，且不宜超过150 m。

④甲、乙、丙类液体储罐区的报警区域应由一个储罐区组成，每个 50 000 m^3 及以上的外浮顶储罐应单独划分为一个报警区域。

2）探测区域的划分

（1）划分探测区域的目的

为了迅速而准确地探测出被保护区内发生火灾的部位，需将被保护区按顺序划分成若干探测区域。探测区域是火灾自动报警系统的最小单位，代表了火灾报警的具体部位。它能帮助值班人员及时、准确地到达火灾现场，采取有效措施，扑灭火灾。因此，在火灾自动报警系统设计时，必须严格按规范要求，正确划分探测区域。

（2）划分探测区域应遵循的原则

探测区域应按独立房（套）间划分，并遵循以下原则：

①一个探测区域的面积不宜超过 500 m^2；从主要入口能看清其内部，且面积不超过1 000 m^2 的房间，也可划为一个探测区域。

②红外光束感烟火灾探测器和缆式线型感温火灾探测器探测区域的长度，不宜超过100 m。

③空气管差温火灾探测器的探测区域长度宜为 20 ~ 100 m。

④下列场所应单独划分探测区域：

a.敞开或封闭楼梯间、防烟楼梯间；

b.防烟楼梯间前室，消防电梯前室，消防电梯与防烟楼梯间合用的前室、走道、坡道。

c.电气管道井、通信管道井、电缆隧道；

d.建筑物闷顶、夹层。

📖 练习题

单项选择题

1. 某场所设置两个消防控制室,在选择火灾自动报警系统形式时应采用( )。
   A. 区域报警系统　　　　　　　B. 消防联动控制系统
   C. 集中报警系统　　　　　　　D. 控制中心报警系统

2. 下列有关集中报警系统和控制中心报警系统的说法,错误的是( )。
   A. 集中报警系统应设置消防控制室
   B. 控制中心报警系统应设置一个主消防控制室
   C. 集中报警系统中起集中控制作用的消防设备,都应设置在消防控制室内
   D. 控制中心报警系统各分控制室内消防设备之间可以互相传输信息、相互控制

3. 某商业综合体建筑采用控制中心报警系统,其办公区、酒店区、商业区分别设置消防控制室,关于该综合体消防控制室的设置和功能,错误的是( )。
   A. 将商业区的控制室确定为主消防控制室,办公区与酒店区作为分消防控制室
   B. 主消防控制室可显示各分消防控制室的设备状态信息,并能控制重要的消防设备
   C. 分消防控制室内的消防设备之间可以互相控制,并传输、显示状态信息
   D. 主消防控制室内应集中显示保护区域内所有的火灾报警部位信号和联动控制状态信号

4. 下列关于报警区域划分的说法,正确的是( )。
   A. 划分报警区域的目的是确定报警及发生火灾的部位,同时方便解决消防系统联动设计的问题
   B. 报警区域只应根据防火分区划分,可将一个防火分区划分为一个报警区域
   C. 也可将发生火灾时需要错时联动消防设备的相邻几个防火分区或楼层划分为一个报警区域
   D. 也可将发生火灾时需要同时联动消防设备的不相邻几个防火分区或楼层划分为一个报警区域

5. 电缆隧道的一个报警区域宜由一个封闭长度区间组成,一个报警区域不应超过相连的( )个封闭长度区间。
   A. 1　　　　　B. 2　　　　　C. 3　　　　　D. 4

6. 甲、乙、丙类液体储罐区的报警区域应由( )个储罐区组成,每个 50 000 m³ 及以上的外浮顶储罐应单独划分为一个报警区域。
   A. 1　　　　　B. 2　　　　　C. 3　　　　　D. 4

7. 列车的报警区域应按( )划分。
   A. 探测器　　　B. 保护面积　　　C. 整列车　　　D. 车厢

8. 探测区域应按独立房(套)间划分。一个探测区域的面积不宜超过( ) m²;从主要入口能看清其内部,且面积不超过( ) m²的房间,也可划为一个探测区域。
   A. 300　1 000　　B. 500　800　　C. 500　1 000　　D. 800　1 000

9. 红外光束感烟火灾探测器和缆式线型感温火灾探测器的探测区域的长度,不宜超过( )m。

　　A. 100　　　　　　B. 50　　　　　　C. 200　　　　　　D. 80

10. 下列场所中,不应单独划分探测区域的是(　　)。

　　A. 敞开或封闭楼梯间、防烟楼梯间

　　B. 防烟楼梯间前室,消防电梯前室,消防电梯与防烟楼梯间合用的前室、走道、坡道

　　C. 电气管道井、通信管道井、电缆隧道

　　D. 卫生间、洗漱间、水房

11. 下列关于火灾自动报警系统探测区域划分的说法,错误的是(　　)。

　　A. 探测区域应按独立房(套)间划分

　　B. 一个探测区域的面积不宜超过 1 000 m^2

　　C. 缆式线型感温火灾探测器的探测区域的长度不宜超过 100 m

　　D. 空气管差温火灾探测器的探测区域长度宜为 20 ~ 100 m

12. 下列关于火灾自动报警系统报警区域划分的说法,正确的是(　　)。

　　A. 电缆隧道的一个报警区域宜由一个封闭长度区间组成,一个报警区域不应超过相连的两个封闭长度区间

　　B. 甲、乙、丙类液体储罐区的报警区域应由一个储罐区组成,每个 50 000 m^3 及以上的外浮顶储罐应单独划分为一个报警区域

　　C. 道路隧道的报警区域应根据排烟系统或灭火系统的联动需要确定,且不宜超过 100 m

　　D. 列车的报警区域应按车厢划分,每三节车厢应划分为一个报警区域

任务 3.4　系统设备的设计及设置

　　为保证火灾自动报警系统正常发挥作用,要科学合理地对组成系统的各个设备进行严格的设计。

3.4.1　火灾报警控制器和消防联动控制器的设计容量

　　在二总线回路中,火灾探测器、手动报警按钮、模块等编码部件单独占一个独立的地址码。该地址码既是火灾报警控制器与编码部件之间相互通信的识别码,也反映这类编码部件的地理位置,通常称为点。在回路中,一个点对应一个安装位置,也对应火灾报警控制器的一个显示部位。由于一个二总线回路中,每个编码部件都具有独立的地址编码,因此,回路中允许安装的编码部件的数量,就是该回路的容量。通常采用一个回路带多少点来表述回路容量。例如,某型火灾报警控制器,每个回路可以安装 242 个编码部件,称该火灾报警控制器的回路容量为 242 点;该型火灾报警控制器最多可以安装 10 块双回路板,每个双回路板设有两个二总线回路,那么这台火灾报警控制器最多可带 4 840 个编码部件,即该型号的一台火灾报警控制器的容量(控制器能够连接并可靠工作的部件总量)为 4 840 点。

1)火灾报警控制器的设计容量

　　依据《火灾自动报警系统设计规范》(GB 50116—2013)的规定,任意一台火灾报警控制

器所连接的火灾探测器、手动火灾报警按钮和模块等设备总数和地址总数,均不应超过3 200点,其中每一总线回路连接设备的总数不宜超过200点,且应留有不少于额定容量10%的余量。

通过对各类建筑中设置的火灾自动报警系统的实际运行情况以及火灾报警控制器的检验结果统计分析表明,火灾报警控制器所连接的火灾探测器、控制和信号模块的地址总数量,应控制在总数低于3 200点,这样,系统的稳定工作情况及通信效果均能较好地满足系统设计的预期要求,并降低整体风险。

国内外各厂家生产的火灾报警控制器,每台均有多个总线回路,对于每个回路所能连接的地址总数,规定为不宜超过200点,是考虑了其工作的稳定性。另外,要求每一总线回路连接设备的地址总数宜留有不少于其额定容量的10%的余量,主要考虑到在许多建筑中,从初步设计到最终的装修设计,其建筑平面格局经常发生变化,房间隔断改变和增加,需要增加相应的探测器或其他设备,同时留有一定的余量也有利于该回路的稳定与可靠运行。

2)消防联动控制器的设计容量

依据《火灾自动报警系统设计规范》(GB 50116—2013)的规定,任意一台消防联动控制器地址总数或火灾报警控制器(联动型)所控制的各类模块总数不应超过1 600点,每一联动总线回路连接设备的总数不宜超过100点,且应留有不少于额定容量10%的余量。

对消防联动控制器所连接的模块地址数量做出限制,从总数量上限制为不应超过1 600点。对于每一个总线回路,限制为不宜超过100点,每一回路应留有不少于其额定容量的10%的余量,除考虑系统工作的稳定、可靠性外,还可灵活应对建筑中相应的变化和修改,而不至于因为局部的变化而需要增加总线回路。

上述规定主要考虑保障系统工作的稳定性、可靠性。

火灾报警控制器、消防联动控制器的设计容量方案示例如图3-14所示。

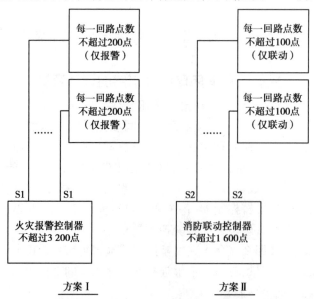

图3-14 火灾报警控制器、消防联动控制器的设计容量示例

3.4.2　总线短路隔离器的设计

依据《火灾自动报警系统设计规范》(GB 50116—2013)的规定,系统总线上应设置总线短路隔离器,每只总线短路隔离器保护的火灾探测器、手动火灾报警按钮和模块等消防设备的总数不应超过 32 点,如图 3-15 所示。总线穿越防火分区时,应在穿越处设置总线短路隔离器。

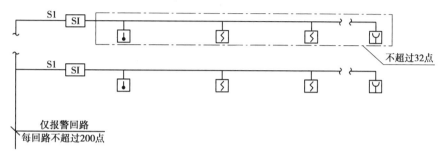

图 3-15　总线短路隔离器设置示意图

总线上应设置短路隔离器,并规定每个短路隔离器保护的现场部件的数量不应超过 32 点,是考虑一旦某个现场部件出现故障,短路隔离器在对故障部件进行隔离时,可以最大限度地保障系统的整体功能不受故障部件的影响。

总线上设置短路隔离器是保证火灾自动报警系统整体运行稳定性的基本技术要求,短路隔离器是最大限度地保证系统整体功能不受故障部件影响的关键。

3.4.3　火灾报警控制器和消防联动控制器的设置

依据《火灾自动报警系统设计规范》(GB 50116—2013)的规定,火灾报警控制器和消防联动控制器应设置在消防控制室内。火灾报警控制器和消防联动控制器安装在墙上时,其主显示屏高度宜为 1.5～1.8 m,其靠近门轴的侧面距墙不应小于 0.5 m,正面操作距离不应小于 1.2 m。

集中报警系统和控制中心报警系统中的区域火灾报警控制器满足以下条件时,可设置在无人员值班的场所:

(1)本区域内未设置需要手动控制的重要消防设备。

(2)本火灾报警控制器的所有信息在集中火灾报警控制器上均有显示,且能接收集中火灾报警控制器的联动控制信号,并自动启动相应的消防设备。

(3)设置的场所只有值班人员可以进入。

3.4.4　火灾探测器的设置

1)点型火灾探测器的设置

(1)房间及内走道顶棚上探测器设置

①探测区域的每个房间应至少设置一只火灾探测器。

②一个探测区域内所需设置的探测器数量不应小于下式的计算值,即:

$$N = \frac{S}{K \cdot A}$$

式中　N——探测器数量,只,N 应取整数;

　　　　S——该探测区域面积,m²;

　　　　A——一只火灾探测器的保护面积,m²;

　　　　K——修正系数,容纳人数超过 10 000 人的公共场所宜取 0.7 ~ 0.8;容纳人数为
　　　　　　2 000 ~ 10 000 人的公共场所宜取 0.8 ~ 0.9;容纳人数为 500 ~ 2 000 人的公共
　　　　　　场所宜取 0.9 ~ 1.0;其他场所可取 1.0。

③在宽度小于 3 m 的内走道顶棚上设置点型火灾探测器时,宜居中布置。感温火灾探测器的安装间距不应超过 10 m;感烟火灾探测器的安装间距不应超过 15 m;探测器至端墙的距离,不应大于探测器安装间距的1/2。

（2）梁对探测器设置的影响

在有梁的顶棚上设置点型感烟火灾探测器、感温火灾探测器时,应符合以下规定:

①当梁突出顶棚的高度小于 200 mm 时,可不计梁对探测器保护面积的影响。

②当梁突出顶棚的高度超过 600 mm 时,被梁隔断的每个梁间区域应至少设置一只探测器。

③当梁间净距小于 1 m 时,可不计梁对探测器保护面积的影响。

（3）墙壁、梁边、房间分隔物、空调送风口对探测器设置影响

①点型火灾探测器至墙壁、梁边的水平距离,不应小于 0.5 m。

②点型火灾探测器周围 0.5 m 内,不应有遮挡物。

③房间被书架、设备或隔断等分隔,其顶部至顶棚或梁的距离小于房间净高的 5% 时,每个被隔开的部分应至少安装一只点型火灾探测器,如图 3-16 所示。

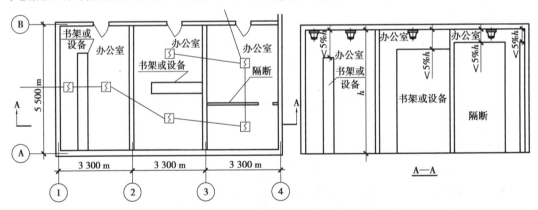

图 3-16　房间被分隔时点型火灾探测器的设置示意图

④点型火灾探测器至空调送风口边的水平距离不应小于 1.5 m,并宜接近回风口安装。探测器至多孔送风顶棚孔口的水平距离不应小于 0.5 m。

在设有空调的房间内,探测器不应安装在靠近空调送风口处。这是因为气流会影响燃烧粒子的扩散,使火灾探测器不能有效探测火灾特征参数信息。

（4）格栅吊顶场所感烟火灾探测器设置

感烟火灾探测器在格栅吊顶场所的设置应符合以下规定:

①镂空面积与总面积的比例不大于 15% 时,探测器应设置在吊顶下方。

②镂空面积与总面积的比例大于 30% 时,探测器应设置在吊顶上方。

③镂空面积与总面积的比例为 15% ~30% 时,探测器的设置部位应根据实际试验结果确定。

④探测器设置在吊顶上方且火警确认灯无法观察时,应在吊顶下方设置火警确认灯。

⑤地铁站台等有活塞风影响的场所,镂空面积与总面积的比例为 30% ~70% 时,探测器宜同时设置在吊顶上方和下方。

(5)点型火灾探测器安装角度

点型火灾探测器宜水平安装,当倾斜安装时,倾斜角不应大于 45°,如图 3-17 所示。

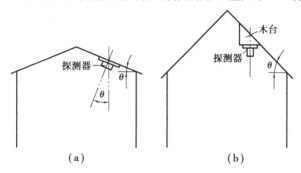

图 3-17　点型火灾探测器安装示意图

(a)θ≤45°时;(b)θ>45°时;

注:探测器的安装角度 θ 为屋顶的法线与垂直方向的交角。

2)火焰探测器和图像型火灾探测器的设置

火焰探测器和图像型火灾探测器的设置应符合以下规定:

①应考虑探测器的探测视角及最大探测距离,可通过选择探测距离长、火灾报警响应时间短的火焰探测器,提高保护面积要求和报警时间要求。

②探测器的探测视角内不应存在遮挡物。

③应避免光源直接照射在探测器的探测窗口。

④单波段的火焰探测器不应设置在平时有阳光、白炽灯等光源直接或间接照射的场所。

3)线型光束感烟火灾探测器的设置

线型光束感烟火灾探测器的设置应符合以下规定:

①探测器的光束轴线至顶棚的垂直距离宜为 0.3 ~1 m。距地面高度不宜超过 20 m。

②相邻两组探测器的水平距离不应大于 14 m,探测器至侧墙水平距离不应大于 7 m,且不应小于 0.5 m,探测器的发射器和接收器之间的距离不宜超过 100 m。

③探测器应设置在固定结构上。

④探测器的设置应保证其接收端避开日光和人工光源的直接照射。

⑤选择反射式探测器时,应保证在反射板与探测器之间任何部位进行模拟试验时,探测器均能正确响应。

线型光束感烟火灾探测器的设置示意图如图 3-18 所示。

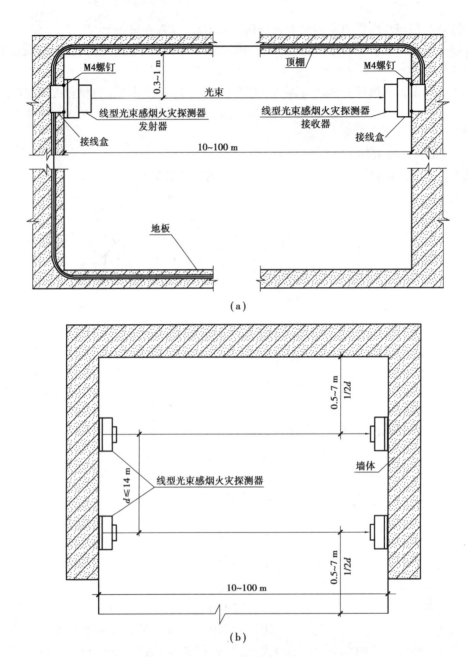

图 3-18　线型光束感烟火灾探测器的设置示意图

（a）立面；（b）平面

4）线型感温火灾探测器的设置

线型感温火灾探测器的设置应符合以下规定：

①探测器在保护电缆、堆垛等类似保护对象时，应采用接触式布置；在各种皮带输送装置上设置时，宜设置在装置的过热点附近。

②设置在顶棚下方的线型感温火灾探测器，至顶棚的距离宜为 0.1 m。探测器的保护半

径应符合点型感温火灾探测器的保护半径要求,探测器至墙壁的距离宜为 1~1.5 m。

③光栅光纤感温火灾探测器每个光栅的保护面积和保护半径,应符合点型感温火灾探测器的保护面积和保护半径要求。

④设置线型感温火灾探测器的场所有联动要求时,宜采用两只不同火灾探测器的报警信号组合。

⑤与线型感温火灾探测器连接的模块不宜设置在长期潮湿或温度变化较大的场所。

3.4.5 手动火灾报警按钮的设置

1)设置数量要求

每个防火分区应至少设置一只手动火灾报警按钮。从一个防火分区内的任何位置到最邻近的手动火灾报警按钮的步行距离不应大于 30 m。手动火灾报警按钮宜设置在疏散通道或出入口处。列车上设置的手动火灾报警按钮,应设置在每节车厢的出入口和中间部位。

2)设置部位

手动火灾报警按钮应设置在明显和便于操作的部位。当采用壁挂方式安装时,其底边距地高度宜为 1.3~1.5 m,且应有明显的标志。

手动火灾报警按钮设置在出入口处有利于人们在发现火灾时及时按下;在列车车厢中部设置,是考虑到列车上人员可能较多,在中间部位的人员发现火灾后,可以直接按下手动火灾报警按钮。

3.4.6 区域显示器的设置

区域显示器也称为火灾显示盘、楼层显示器,实物如图 3-19 所示,是火灾自动报警系统中报警、故障信息的现场分显设备,主要用来指示所辖区域内现场报警触发设备、模块的报警和故障信息,并向该区域发出火灾报警信号,从而使火灾报警信息能够快速通报到发生火灾危险的场所。每个报警区域宜设置一台区域显示器;宾馆、饭店等场所应在每个报警区域设置一台区域显示器。当一个报警区域包括多个楼层时,宜在每个楼层设置一台仅显示本楼层的区域显示器。

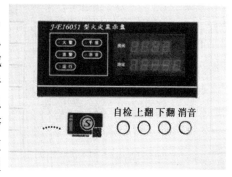

图 3-19 区域显示器

区域显示器应设置在出入口等明显和便于操作的部位。当采用壁挂方式安装时,其底边距地高度宜为 1.3~1.5 m。

3.4.7 火灾警报器的设置

火灾光警报器应设置在每个楼层的楼梯口、消防电梯前室、建筑内部拐角等处的明显位置,且不宜与安全出口指示标志灯具设置在同一面墙上。主要是考虑火灾警报器不能影响疏散设施的有效性。

每个报警区域内应均匀设置火灾警报器,其声压级不应小于 60 dB;在环境噪声大于 60 dB 的场所,其声压级应高于背景噪声 15 dB。这样便于在各个报警区域内都能听到警报信号声,以满足告知所有人员发生火灾的要求。

当火灾警报器采用壁挂方式安装时,底边距地面高度应大于 2.2 m。

3.4.8　消防应急广播的设置

民用建筑内扬声器应设置在走道和大厅等公共场所。每个扬声器的额定功率不应小于 3 W,其数量应能保证从一个防火分区内的任何部位到最近一个扬声器的直线距离不大于 25 m,走道末端距最近的扬声器的直线距离不应大于 12.5 m。

在环境噪声大于 60 dB 的场所设置的扬声器,在其播放范围内最远点的播放声压级应高于背景噪声 15 dB。

客房设置专用扬声器时,其功率不宜小于 1 W。

壁挂式扬声器的底边距地面高度应大于 2.2 m。

3.4.9　消防专用电话的设置

消防专用电话线路的可靠性关系到火灾时消防通信指挥系统是否畅通,因此,消防专用电话网络应为独立的消防通信系统。消防控制室应设置消防专用电话总机。多线制系统中的每个电话分机应与总机单独连接。消防控制室、消防值班室或企业消防站等处,应设置可直接报警的外线电话。

消防水泵房、发电机房、配(变)电室、计算机网络机房、主要通风和空调机房、防排烟机房、灭火控制系统操作装置处或控制室、企业消防站、消防值班室、总调度室、消防电梯机房,及其他与消防联动控制有关的且经常有人值班的机房,应设置消防专用电话分机。

消防专用电话分机应固定安装在明显且便于使用的部位,并应有区别于普通电话的标识。

设有手动火灾报警按钮或消火栓按钮等处,宜设置电话插孔,并宜选择带有电话插孔的手动火灾报警按钮。

避难层应每隔 20 m 设置一个消防专用电话分机或电话插孔。

电话插孔在墙上安装时,其底边距地面高度宜为 1.3 ~ 1.5 m。

3.4.10　模块的设置

每个报警区域内的模块宜相对集中设置在本报警区域内的金属模块箱中。主要是考虑保障其运行的可靠性和检修的方便。

由于模块工作电压通常为 24 V,不应与其他电压等级的设备混装,因此,规定严禁将模块设置在配电(控制)柜(箱)内。不同电压等级的模块一旦混装,将可能相互产生影响,导致系统不能可靠动作。

本报警区域内的模块不应控制其他报警区域的设备,以免本报警区域发生火灾后影响其他区域受控设备的动作。

为了检修时方便查找,未集中设置的模块附近应有尺寸不小于 100 mm×100 mm 的标识。

3.4.11　消防控制室图形显示装置的设置

消防控制室图形显示装置应设置在消防控制室内,并应符合火灾报警控制器的安装设置要求。消防控制室图形显示装置可逐层显示区域平面图、设备分布情况,可以对消防信息进行实时反馈、及时处理、长期保存信息,消防控制室内要求 24 h 有人值班,将消防控制室图形显示装置设置在消防控制室可以更加迅速地了解火情,指挥现场处理火情。

消防控制室图形显示装置与火灾报警控制器、消防联动控制器、电气火灾监控器、可燃气体报警控制器等消防设备之间,应用专用线路连接。

📖 练习题

单项选择题

1. 某建筑面积为 2 000 m² 的餐厅,设置格栅吊顶,镂空面积与吊顶的总面积之比为 15%,该餐厅内点型感烟火灾探测器应设置在(　　　)。

　　A. 吊顶上方　　　　　　　　　　　　B. 吊顶上方和下方

　　C. 吊顶下方　　　　　　　　　　　　D. 根据实际试验结果确定

2. 根据《火灾自动报警系统设计规范》(GB 50116—2013)的规定,每只总线短路隔离器保护的消防设备的总数不应超过(　　　)点。

　　A. 12　　　　　　　B. 26　　　　　　　C. 32　　　　　　　D. 48

3. 在有梁的顶棚上设置点型感烟火灾探测器,当梁突出顶棚的高度小于(　　　)mm 时,可不计梁对探测器保护面积的影响。

　　A. 200　　　　　　B. 300　　　　　　C. 500　　　　　　D. 600

4. 点型火灾探测器倾斜安装时,倾斜角不应大于(　　　)。

　　A. 15°　　　　　　B. 45°　　　　　　C. 30°　　　　　　D. 60°

5. 某房间净空高度为 4 m,设计采用书架将房间分隔为多个区域,当书架顶部至顶棚小于(　　　)m 时,应在每个被隔开的部分至少安装一只点型火灾探测器。

　　A. 0.1　　　　　　B. 0.2　　　　　　C. 0.3　　　　　　D. 0.4

6. 某展览建筑的建筑面积为 3 000 m²,层高为 6 m,室内设有格栅吊顶,吊顶镂空面积与吊顶总面积之比为 35%,该建筑室内感烟火灾探测器应设置的位置是(　　　)。

　　A. 吊顶上方　　　　　　　　　　　　B. 吊顶下方

　　C. 吊顶上方和吊顶下方　　　　　　　D. 根据实际试验结果确定

7. 手动火灾报警按钮当采用壁挂方式安装时,其底边距地高度宜为(　　　)m。

　　A. 0.8 ~ 1.3　　　B. 1.2 ~ 1.5　　　C. 1.3 ~ 1.5　　　D. 1.5 ~ 1.8

8. 某工厂加工车间,环境噪声为 65 dB,则该车间设置的火灾警报器的声压级不应小于(　　　)dB。

　　A. 60　　　　　　B. 75　　　　　　C. 80　　　　　　D. 85

9. 火灾警报器不宜与(　　　)设置在同一面墙上。

　　A. 区域显示器　　　　　　　　　　　B. 消防专用电话

　　C. 应急广播　　　　　　　　　　　　D. 安全出口指示标志灯具

10. 消防应急广播扬声器设置数量,应能保证从一个防火分区内的任何部位到最近一个扬声器的直线距离不大于(　　　)m。

　　A. 20　　　　　　B. 25　　　　　　C. 30　　　　　　D. 40

11. 下列关于消防电话分机或电话插孔设置的说法,错误的是(   )。

 A. 防排烟机房应设置消防专用电话分机

 B. 消防专用电话分机应固定安装在明显且便于使用的部位

 C. 避难层应每隔 30 m 设置一个消防专用电话分机

 D. 电话插孔在墙上安装时,其底边距地面高度宜为 1.3 ~ 1.5 m

12. 火灾自动报警系统中,系统模块严禁设置在(   )内。

 A. 电梯井内　　 B. 电缆井内　　 C. 建筑夹层　　 D. 配电柜

13. 点型火灾探测器是火灾自动报警系统中使用最广泛的一种探测器,下列关于点型火灾探测器设置的说法,错误的是(   )。

 A. 在有梁的顶棚上设置点型感烟火灾探测器,安装高度 10 m,梁高 180 mm,此时在确定一只探测器的保护面积时应考虑梁的影响

 B. 一个房间室内净高 4 m,该房间被高大书架分隔出一个小区域,书架距屋顶的距离为 0.15 m,此分隔出的小区域至少安装一只点型探测器

 C. 点型探测器宜接近回风口安装

 D. 点型探测器确需倾斜安装时倾斜角度不应大于 45°

14. 下列关于火灾探测器设置的说法,不正确的是(   )。

 A. 火焰探测器应避免光源直接照射在探测器的探测窗口

 B. 线型光束感烟火灾探测器至侧墙水平距离不应大于 7 m,且不应小于 0.5 m,探测器的发射器和接收器之间的距离不宜超过 100 m

 C. 设置在顶棚下方的线型感温火灾探测器,至顶棚的距离宜为 0.1 m

 D. 线型光束感烟火灾探测器的光束轴线至顶棚的垂直距离宜为 0.3 ~ 1.0 m,距地高不宜超过 15 m

15. 某建筑设置了火灾自动报警系统,其中一个报警回路穿过了 3 个防火分区,A 防火分区连接 3 个探测器,B 防火分区连接 4 个探测器,C 防火分区连接 35 个探测器,则该回路至少需要设置(   )个总线短路隔离器。

 A. 3　　　　　 B. 4　　　　　 C. 5　　　　　 D. 1

16. 某工厂烘干车间,其内部设置一字形内疏散走道,宽 2.2 m,长度为 45 m,该走道顶棚上至少应设置(   )只点型感温火灾探测器。

 A. 4　　　　　 B. 5　　　　　 C. 3　　　　　 D. 6

任务 3.5　系统的供电设计

3.5.1　系统供电设计的一般规定

火灾自动报警系统应设置交流电源和蓄电池备用电源。蓄电池备用电源主要用于停电条件下保证火灾自动报警系统的正常工作。

火灾自动报警系统的交流电源应采用消防电源,因为普通民用电源可能在火灾条件下

被切断;备用电源可采用火灾报警控制器和消防联动控制器自带的蓄电池电源或消防设备应急电源。当备用电源采用消防设备应急电源时,火灾报警控制器和消防联动控制器应采用单独的供电回路,防止由于接入其他设备的故障而导致回路供电故障,并应保证在系统处于最大负载状态下不影响火灾报警控制器和消防联动控制器的正常工作。

消防控制室图形显示装置、消防通信设备等的电源,宜由 UPS 电源装置或消防设备应急电源供电,电源的切换不能影响其正常工作。因此,电源装置的切换时间应该非常短,建议选择 UPS 电源装置或消防设备应急电源供电。

火灾自动报警系统主电源不应设置剩余电流动作保护和过负荷保护装置,因为一旦报警就会自动切断电源。

消防设备应急电源输出功率应大于火灾自动报警及联动控制系统全负荷功率的120%,蓄电池组的容量应足够大,保证火灾自动报警及联动控制系统在火灾状态同时工作负荷条件下连续工作 3 h 以上。

消防用电设备应采用专用的供电回路,配电设备应设有明显标志,配电线路和控制回路宜按防火分区划分。由于消防用电回路及配线的重要性,故强调消防用电回路及配线应为专用,不应与其他用电设备合用。另外,消防配电及控制线路要求尽可能按防火分区的范围来配置,可提高消防线路的可靠性。

火灾自动报警系统供电系统如图 3-20 所示。

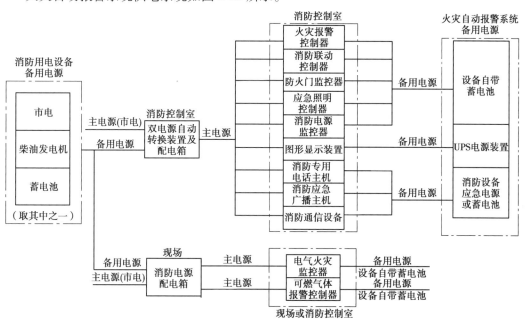

图 3-20 火灾自动报警系统供电系统框图

3.5.2 系统接地

系统接地的主要目的是保障人身安全和预防电击火灾事故。它涉及将电力系统中的电气设备和导体与地面建立连接,以降低电气设备的故障电压和电弧等危险。系统接地可分为共用接地和专用接地两种形式。

共用接地装置,也称为公共接地装置,是一种在大电力系统中常用的接地方式。它采用一个接地体作为共用接地点,多个接地线接入共用接地点。这种接地方式可用于电力系统中多个设备或线路的接地,且使用成本相对较低。

专用接地装置是指在电力系统中独立设置的接地装置。它通常用于较小的电力系统或单一设备中进行接地,保证了接地的独立性和可靠性。专用接地装置不依赖其他设备或线路,因此,一旦出现接地故障,只会影响该设备或线路本身。

火灾自动报警系统接地装置的接地电阻值应符合下列规定:采用共用接地装置时,接地电阻值不应大于 1 Ω;采用专用接地装置时,接地电阻值不应大于 4 Ω。

消防控制室内的电气和电子设备的金属外壳、机柜、机架和金属管、槽等,应采用等电位连接。

由消防控制室接地板引至各消防电子设备的专用接地线应选用铜芯绝缘导线,其线芯截面面积不应小于 4 mm²。

消防控制室接地板与建筑接地体之间,应采用线芯截面面积不小于 25 mm² 的铜芯绝缘导线连接。

专用接地装置如图 3-21 所示,共用接地装置如图 3-22 所示。

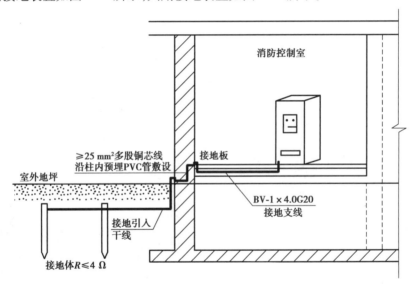

图 3-21　专用接地装置示意图

3.5.3　系统布线

火灾自动报警系统的布线包括供电线路、信号传输线路和控制线路,这些线路是火灾自动报警系统完成报警和控制功能的重要设施,特别是在火灾条件下,线路的可靠性是火灾自动报警系统能够保持正常工作的先决条件。

1)布线设计的一般规定

火灾自动报警系统的传输线路和 50 V 以下供电的控制线路,应采用电压等级不低于交流 300/500 V 的铜芯绝缘导线或铜芯电缆。采用交流 220/380 V 的供电和控制线路,应采用电压等级不低于交流 450/750 V 的铜芯绝缘导线或铜芯电缆。

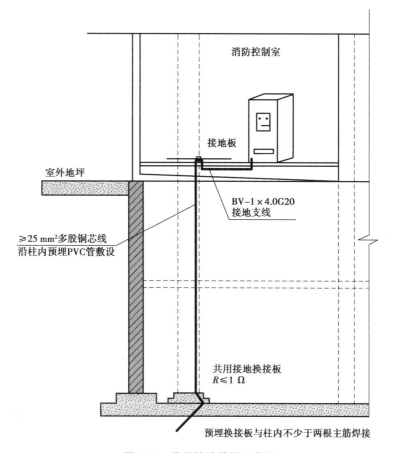

图 3-22　共用接地装置示意图

火灾自动报警系统传输线路的线芯截面选择,除应满足自动报警装置技术条件的要求外,还应满足机械强度的要求。铜芯绝缘导线和铜芯电缆线芯的最小截面面积不应小于表3-1 的规定。

表 3-1　铜芯绝缘导线和铜芯电缆线芯的最小截面面积

序号	类别	线芯的最小截面面积/mm²
1	穿管敷设的绝缘导线	1.00
2	线槽内敷设的绝缘导线	0.75
3	多芯电缆	0.5

2) 室内布线设计

火灾自动报警系统的传输线路应采用金属管、可挠(金属)电气导管、B₁级以上的刚性塑料管或封闭式线槽保护。

火灾自动报警系统的供电线路、消防联动控制线路需要在火灾时继续工作,应具有相应的耐火性能。因此,国家规范规定火灾自动报警系统的供电线路、消防联动控制线路应采用耐火铜芯电线电缆；报警总线、消防应急广播和消防专用电话等传输线路应采用阻燃或阻燃耐火电线电缆，以避免其在火灾中发生延燃。

线路暗敷设时，应采用金属管、可挠（金属）电气导管或 B_1 级以上的刚性塑料管保护，并应敷设在不燃烧体的结构层内，且保护层厚度不宜小于 30 mm，因管线在混凝土内可以起到保护作用，能防止火灾发生时消防控制、通信和警报、传输线路中断。线路明敷设时，应采用金属管、可挠（金属）电气导管或金属封闭线槽保护。矿物绝缘类不燃性电缆可直接明敷。

为防止强电系统对属于弱电系统的火灾自动报警设备的干扰，火灾自动报警系统用的电缆竖井宜与电力、照明用的低压配电线路电缆竖井分别设置。受条件限制必须合用时，应将火灾自动报警系统用的电缆和电力、照明用的低压配电线路电缆分别布置在竖井的两侧。

不同电压等级的线缆不应穿入同一根保护管内，当合用同一线槽时，线槽内应有隔板分隔。

采用穿管水平敷设时，为便于维护和管理，除报警总线外，不同防火分区的线路不应穿入同一根管内。

从接线盒、线槽等处引到探测器底座盒、控制设备盒、扬声器箱的线路，均应加金属保护管保护。

火灾探测器的传输线路，宜选择不同颜色的绝缘导线或电缆。正极"＋"线应为红色，负极"－"线应为蓝色或黑色。同一工程中相同用途导线的颜色应一致，接线端子应有标号。

📖 练习题

单项选择题

1. 下列不属于火灾自动报警系统的布线线路范畴的是（　　）。

　　A. 供电线路　　　B. 信号传输线路　　C. 控制线路　　　D. 可视对讲系统

2. 火灾自动报警系统的传输线路和（　　）V 以下供电的控制线路，应采用电压等级不低于交流 300/500 V 的铜芯绝缘导线或铜芯电缆。

　　A. 24　　　　　　B. 36　　　　　　　C. 220　　　　　　D. 50

3. 交流 220/380 V 的供电和控制线路应采用电压等级不低于交流（　　）V 的铜芯绝缘导线或铜芯电缆。

　　A. 220/380　　　B. 300/500　　　　C. 450/750　　　　D. 任意

4. 下列不可以用于火灾自动报警系统的传输线路保护的是（　　）。

　　A. 金属管

　　B. 可挠（金属）电气导管

　　C. B_2 级以上刚性塑料管或封闭式线槽

　　D. B_1 级以上刚性塑料管或封闭式线槽

5. 线路暗敷设时，应采用金属管、可挠（金属）电气导管或 B_1 级以上的刚性塑料管保护，并应敷设在不燃烧体的结构层内，且保护层厚度不宜小于（　　）mm。

　　A. 30　　　　　　B. 40　　　　　　　C. 50　　　　　　D. 60

6. 下列关于火灾自动报警系统线路敷设的说法，错误的是（　　）。

    A. 火灾自动报警系统用的电缆竖井,宜与电力、照明用的低压配电线路电缆竖井分别
设置

    B. 受条件限制必须合用时,应将火灾自动报警系统用的电缆和电力、照明用的低压配
电线路电缆分别布置在竖井的两侧

    C. 不同电压等级的线缆不应穿入同一根保护管内,当合用同一线槽时,线槽内应有隔
板分隔

    D. 采用穿管水平敷设时,除报警总线外,相邻防火分区的线路可以穿入同一根管内

7. 火灾自动报警系统导线敷设结束后,应用 500 V 兆欧表测量每个回路导线对地的绝
缘电阻,且绝缘电阻值不应小于(　　　)MΩ。

    A. 50　　　　　　　B. 40　　　　　　　C. 30　　　　　　　D. 20

8. 火灾自动报警系统导线应在接线盒内采用可靠连接,下列接线方式错误的是(　　　)。

    A. 扭接　　　　　　B. 焊接　　　　　　C. 压接　　　　　　D. 接线端子

学生项目认知实践评价反馈工单

项目名称		系统设计与组件设置			
学生姓名			所在班级		
认知实践评价日期			指导教师		
序号	组件名称	认知实践目标及分值权重			自我评价 （总分100分）
		识组件 （40分,占比40%）	知原理 （30分,占比30%）	会设置 （30分,占比30%）	
1	手动火灾报警按钮	□√　　□×			
2	火灾警报器	□√　　□×			
3	消防控制室图形显示装置	□√　　□×			
4	消防电气控制装置	□√　　□×			
5	消防电动装置	□√　　□×			
6	模块	□√　　□×			
7	消火栓按钮	□√　　□×			
8	消防应急广播设备	□√　　□×			
9	消防电话（总机、分机、电话插孔）	□√　　□×			
10	区域显示器	□√　　□×			
项目总评	优(90～100分)□　　　　良(80～90分)□　　　　中(70～80分)□　　　　合格(60～70分)□ 不合格(小于60分)□				

项目4 消防联动控制

时代的考题已经列出,我们的答案正在写就。

于高山之巅,方见大河奔涌;于群峰之上,更觉长风浩荡。

青春的烦恼,只有成长才能解决;发展的瓶颈,只有成长才能突破。

最慢的步伐不是踏步,而是徘徊;最快的脚步不是冲刺,而是坚持。

岁月因青春慨然以赴而更加静好,世间因少年挺身向前而更加瑰丽。

教学导航	
主要教学内容	4.1.1 自动喷水灭火系统的相关知识 4.1.2 自动喷水灭火系统联动控制 4.1.3 室内消火栓系统联动控制
知识目标	1.掌握不同类型自动喷水灭火系统的概念及系统组成、系统的适用范围、系统选型的基本原则 2.掌握喷头、报警阀组、水流指示器、压力开关、末端试水装置等系统组件分类、组成、功能及设置要求 3.掌握各种类型自动喷水灭火系统的工作原理及联动控制 4.掌握室内消火栓系统的分类、组成以及联动控制方式
能力目标	1.根据环境特点选择与之相适应的自动喷水灭火系统类型 2.根据外观与功能识别判定喷头、报警阀组、水流指示器、压力开关和末端试水装置等系统重要组件 3.能够正确判定不同类型报警阀组(装置)管路阀门工作状态 4.初步具备根据自动喷水灭火系统工作原理分析解决系统及其组件故障的能力
建议学时	6学时

任务4.1 水系统的联动控制

4.1.1 自动喷水灭火系统的相关知识

1)重要概念

(1)自动喷水灭火系统

自动喷水灭火系统是指由洒水喷头、报警阀组、水流报警装置(水流指示器或压力开关)

等组件,以及管道、供水设施等组成,能在发生火灾时喷水的自动灭火系统。

（2）闭式系统

闭式系统是指采用闭式洒水喷头的自动喷水灭火系统。

（3）开式系统

开式系统是指采用开式洒水喷头的自动喷水灭火系统。

（4）湿式系统

湿式系统是指准工作状态时配水管道内充满用于启动系统的有压水的闭式系统。由闭式洒水喷头、水流指示器、湿式报警阀组以及管道和供水设施等组成,管道内始终充满有压水。湿式系统必须安装在全年不结冰及不会出现过热危险的场所内,该系统在喷头动作后立即喷水,其灭火成功率高于干式系统。

（5）干式系统

干式系统是指准工作状态时配水管道内充满用于启动系统的有压气体的闭式系统。该系统在准工作状态时配水管道内充有压气体,使用场所通常不受环境温度的限制。与湿式系统的区别在于,干式系统采用干式报警阀组,并设置保持配水管道内气压的充气设施。干式系统适用于有冰冻危险或环境温度有可能超过 70 ℃、使管道内的充水汽化升压的场所。缺点是发生火灾时,配水管道必须经过排气充水过程,延迟了开始喷水的时间,对于可能发生蔓延速度较快火灾的场所,不适合采用此种系统。

（6）预作用系统

预作用系统是指准工作状态时配水管道内不充水,发生火灾时由火灾自动报警系统、充气管道上的低压压力开关联锁控制预作用装置和启动消防水泵,向配水管道供水的闭式系统。由闭式喷头、预作用装置、管道、充气设备和供水设施等组成,在准工作状态时配水管道内不充水。根据使用场所不同,预作用装置有两种控制方式,一种是仅由火灾自动报警系统一组信号联动开启,另一种是由火灾自动报警系统和充气管道上的低压开关两组信号联动开启。

（7）雨淋系统

雨淋系统是指由开式洒水喷头、雨淋报警阀组等组成,发生火灾时由火灾自动报警系统或传动管控制,自动开启雨淋报警阀组和启动消防水泵,用于灭火的开式系统。采用开式洒水喷头和雨淋报警阀组,由火灾自动报警系统或传动管联动雨淋报警阀和消防水泵,使与雨淋报警阀连接的开式喷头同时喷水。雨淋系统通常安装在发生火灾时火势发展迅猛、蔓延迅速的场所,如舞台等。

（8）水幕系统

水幕系统是指由开式洒水喷头或水幕喷头、雨淋报警阀组或感温雨淋报警阀等组成,用于防火分隔或防护冷却的开式系统。水幕系统主要用于挡烟阻火和冷却分隔物。其特点是采用开式洒水喷头或水幕喷头。

水幕系统包括防火分隔水幕和防护冷却水幕两种类型。防火分隔水幕利用密集喷洒形成的水墙或水帘阻火挡烟而起到防火分隔作用,防护冷却水幕则利用水的冷却作用,配合防火卷帘等分隔物进行防火分隔。

2）系统的基本要求

（1）一般规定

自动喷水灭火系统的设置场所应符合国家现行相关标准的规定。

自动喷水灭火系统的适用范围:凡发生火灾时可以用水灭火的场所,均可采用自动喷水灭火系统。而不能用水灭火的场所,则不适合采用自动喷水灭火系统。

(2)自动喷水灭火系统不适用场所

自动喷水灭火系统不适用于存在较多下列物品的场所:

①遇水发生爆炸或加速燃烧的物品。

②遇水发生剧烈化学反应或产生有毒有害物质的物品。

③洒水将导致喷溅或沸溢的物品。

(3)自动喷水灭火系统的设计原则

设置自动喷水灭火系统的目的是有效扑救初起火灾。大量的应用和试验证明,为了保证和提高自动喷水灭火系统的可靠性,离不开 4 个方面的因素。一是闭式系统的洒水喷头或与预作用、雨淋系统和水幕系统配套使用的火灾自动报警系统,要能有效探测初起火灾。二是对于湿式、干式系统,要在开放一只喷头后立即启动系统;预作用系统则应根据其类型由火灾探测器、闭式洒水喷头作为探测元件,报警后自动启动;雨淋系统和水幕系统则是通过火灾探测器报警或传动管控制后自动启动。三是整个灭火过程中,要保证喷水范围不超出作用面积,以及按设计确定的喷水强度持续喷水。四是要求开放喷头的出水均匀喷洒、覆盖起火范围,并不受严重阻挡。以上 4 个方面的因素缺一不可,系统的设计只有满足了这 4 个方面的技术要求,才能确保系统的可靠性。

上述 4 个方面的因素也是自动喷水灭火系统的设计原则。

(4)系统选型的基本原则

设置场所的建筑特征、环境条件和火灾特点,是合理选择系统类型和确定火灾危险等级的依据。例如,环境温度是确定选择湿式或干式系统的依据;综合考虑火灾蔓延速度、人员密集程度及疏散条件是确定是否采用快速系统的因素等。对于室外场所,由于系统受风、雨等气候条件的影响,难以使闭式喷头及时感温动作,势必难以保证灭火和控火效果。因此,露天场所不适合采用闭式系统。

系统选型的基本原则是:

①环境温度不低于 4 ℃且不高于 70 ℃的场所,应采用湿式系统。

②环境温度低于 4 ℃或高于 70 ℃的场所,应采用干式系统。

③具有下列要求之一的场所,应采用预作用系统:

a.系统处于准工作状态时严禁误喷的场所;

b.系统处于准工作状态时严禁管道充水的场所;

c.用于替代干式系统的场所。

④具有下列条件之一的场所,应采用雨淋系统:

a.火灾的水平蔓延速度快、闭式洒水喷头的开放不能及时使喷水有效覆盖着火区域的场所;

b.设置场所的净空高度超过规范有关规定,且必须迅速扑救初起火灾的场所;

c.火灾危险等级为严重危险级Ⅱ级的场所。

3)系统的重要组件

(1)喷头

洒水喷头是自动喷水灭火系统的关键部件,具有探测火灾、启动系统和喷水灭火的作用。按其结构分为闭式洒水喷头和开式洒水喷头。

闭式洒水喷头受火灾热气流加热开放后喷水并启动系统,其公称动作温度宜高于环境最高温度 30 ℃。

设置湿式系统的场所,按照是否做吊顶,其洒水喷头选型应符合下列规定:

①当设置场所不设吊顶,且配水管道沿梁下布置时,火灾热气流将在上升至顶板后水平蔓延。此时只有向上安装直立型喷头,才能使热气流尽,尽早接触和加热喷头热敏元件。

②室内设有吊顶时,喷头将紧贴在吊顶下布置,或埋设在吊顶内。因此,适合采用下垂型或吊顶型喷头,否则吊顶将阻挡洒水分布。

与标准响应洒水喷头、特殊响应洒水喷头相比,快速响应洒水喷头仅用于湿式系统,该喷头动作灵敏,如果用于干式系统和预作用系统,则会因为喷水时间延迟而造成过多的喷头开放,更为严重的可能会超过系统的设计作用面积,造成设计用水量的不足。下列场所宜采用快速响应洒水喷头(当采用快速响应洒水喷头时,系统应为湿式系统):

①公共娱乐场所、中庭环廊。

②医院、疗养院的病房及治疗区域,老年、少儿、残疾人的集体活动场所。

③超出消防水泵接合器供水高度的楼层。

④地下商业场所。

干式系统、预作用系统应采用直立型洒水喷头或干式下垂型洒水喷头。不能采用普通下垂型洒水喷头,以防止系统恢复后喷头支管存水低温时发生冰冻。

水幕系统的喷头选型应符合下列规定:

①防火分隔水幕应采用开式洒水喷头或水幕喷头。

②防护冷却水幕应采用水幕喷头。

同一隔间内应采用相同热敏性能的洒水喷头。同一隔间内采用热敏性能、规格及安装方式一致的喷头,是为了防止混装不同喷头对系统的启动与操作造成不良影响。

系统投入使用后,为确保火灾或其他原因损伤喷头时能够及时更换,缩短系统恢复准工作状态的时间,系统应有备用洒水喷头。当在一个建筑工程中采用了不同型号的喷头时,除了对备用喷头总量的要求,不同型号的喷头还要有各自的备品。自动喷水灭火系统应有备用洒水喷头,其数量不应少于总数的 1%,且每种型号均不得少于 10 只。

几种闭式洒水喷头如图 4-1 所示。

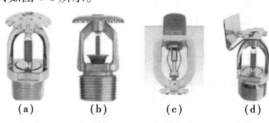

图 4-1　闭式洒水喷头

(a)通用型喷头;(b)直立型喷头;(c)下垂型喷头;(d)边墙型喷头

(2)报警阀组

报警阀组分为湿式报警阀组、干式报警阀组、雨淋报警阀组和预作用报警装置。

①湿式报警阀组。它是湿式系统的专用阀门,是只允许水流入的系统,并在规定压力、流量下驱动配套部件报警的一种单向阀。湿式报警阀组的主要元件为止回阀,其开启条件与入口压力及出口流量有关,与延迟器、水力警铃、压力开关、控制阀等组成报警阀组。

湿式报警阀组如图4-2所示。

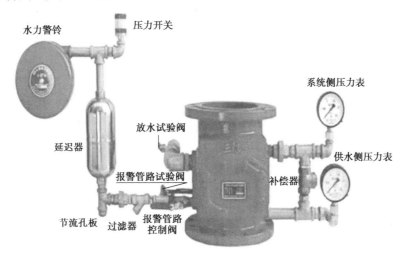

水力警铃　压力开关　系统侧压力表　供水侧压力表　放水试验阀　报警管路试验阀　补偿器　延迟器　节流孔板　过滤器　报警管路控制阀

图 4-2　湿式报警阀组

在准工作状态时,阀瓣上下腔充满水,水的压强近似相等。由于阀瓣上面与水接触的面积大于下面与水接触的面积,因此,阀瓣受到的水压合力向下。在水压力及自重的作用下,阀瓣坐落在阀座上,处于关闭状态。

当系统侧出现压力波动时,通过补偿器使上、下腔压力保持一致,水力警铃不发生报警,压力开关不接通动作,阀瓣仍处于准工作状态。补偿器具有防止误报警或误动作功能。补偿器实质上就是一个单向阀,分为内补偿和外补偿两种,内补偿安装在报警阀内部,外补偿安装在上下腔压力表之间的管路上,水流只可以从供水侧流向系统侧,以补偿系统侧压力损失。

闭式喷头喷水灭火时,补偿器来不及补水,阀瓣上腔的水压下降,当其下降到使下腔的水压足以开启阀瓣时,下腔的水便向系统侧管网及动作喷头供水,同时水沿着报警阀的环形凹槽进入报警管路,流向延迟器、水力警铃,延迟器注满水,水力警铃发出报警铃音,压力开关动作,给出电接点信号并启动自动喷水灭火系统的消防水泵。

延迟器是一个罐式容器,实物如图4-3所示,其入口与报警阀组的报警管路连接,出口与水力警铃和压力开关连接,延迟器入口前安装有过滤器。设置过滤器的目的是及时滤除报警水流中的沙粒、铁屑等杂物,防止上述杂物通过报警水流通道进入延迟器,造成延迟器下部节流孔板溢出水孔堵塞,进而发生误报警或缩短延迟时间。对过滤器要定期进行排渣和完好状态检查。在准工作状态下,延迟期的设置可防止因压力微小波动而产生误报警。当配水管道发生渗漏时,有可能引起湿式报警阀阀瓣的微小开启,使水进入延迟器。但是,由于水流量很小,进入延迟器的水会从延迟器底部的节流孔板的溢出水孔排出,使延迟器无法充满水,更不能从出口流向水力警铃和压力开关。只有当湿式报警阀开启、经报警管路进入延迟器的水流将延迟器快速注满并由出口溢出时,才能驱动水力警铃报警和压力开关动作连锁启动消防水泵。

图4-3　延迟器　　　　　　　　　　**图4-4　水力警铃**

水力警铃是一种靠水力驱动的机械警铃,实物如图4-4所示,安装在报警阀组的报警水流管道上。报警阀开启后,报警水流进入水力警铃并形成一股高速射流,冲击水轮带动铃锤快速旋转,敲击铃盖发出声响警报。

②干式报警阀组。干式报警阀组主要由干式报警阀、水力警铃、压力开关、空压机、安全阀、控制阀等组成。报警阀的阀瓣将阀门分成两部分,出口侧与系统管路相连,内充压缩空气,进口侧与水源相连,配水管道中的气压抵住阀瓣,使配水管道始终保持干管状态,通过两侧气压和水压的压力变化控制阀瓣的封闭和开启。喷头开启后,干式报警阀自动开启,后续的一系列动作类似于湿式报警阀组。在准工作状态下,报警阀处于关闭位置,橡胶面的阀瓣紧紧地闭合于阀座上。在注水口加水加到打开注水排水阀有水流出为止,然后关闭注水口。注水是为了使气垫圈起密封作用,防止系统中的空气泄漏。只要管道的气压保持在适当值,阀瓣就始终处于关闭状态。

干式报警阀组组成及管路阀门状态示意图如图4-5所示。

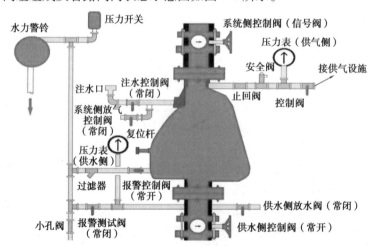

图4-5　干式报警阀组及管路状态示意图

③雨淋报警阀组。雨淋报警阀是使水能够从供水侧流向系统侧并同时进行报警的一种单向阀。按照结构可分为隔膜式、推杆式、活塞式、蝶阀式雨淋报警阀。雨淋报警阀广泛应用于雨淋系统、水幕系统等各类开式自动喷水灭火系统中。雨淋报警阀与水力警铃、压力开关以及阀门、管件等其他组件一起构成雨淋报警阀组。雨淋报警阀组可采取电动开启、传动管开启和手动开启等控制方式。

④预作用报警装置。结构相对复杂,由上下两部分组成,上半部分可视为一个湿式报警

阀,下半部分可视为一个雨淋报警阀。它是通过电动、气动、机械或其他方式控制报警阀组开启,使水能够单向流入自动喷水灭火系统,并同时进行报警的一种单向阀组装置。

预作用报警装置组成及管路状态示意图如图4-6所示。

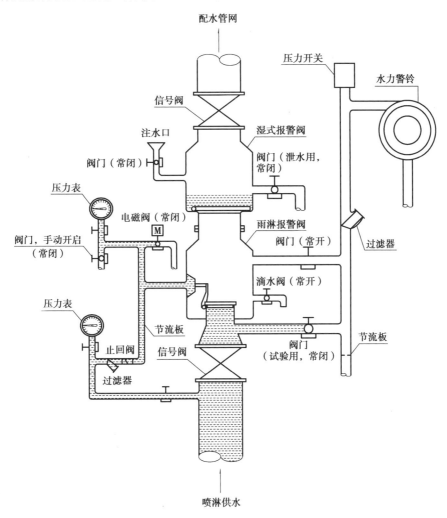

图4-6　预作用报警装置组成及管路状态示意图

依据《自动喷水灭火系统设计规范》(GB 50084—2017)的规定,自动喷水灭火系统的报警阀组还应满足以下规定。

报警阀组控制的洒水喷头数不宜过大。一是为了保证维修时,系统的关停部分不至于过大;二是为了提高系统的可靠性。一个报警阀组控制的洒水喷头数应符合下列规定:湿式系统、预作用系统不宜超过800只;干式系统不宜超过500只;当配水支管同时设置保护吊顶下方和上方空间的洒水喷头时,应只将数量较多一侧的洒水喷头计入报警阀组控制的洒水喷头总数。

每个报警阀组供水的最高与最低位置洒水喷头,其高程差不宜大于50 m。其目的是控制高、低位置喷头间的工作压力,防止其压差过大。当满足最不利点处喷头的工作压力,同一报警阀组向较低有利位置的喷头供水时,系统流量将因喷头的工作压力上升而增大。限制同一报警阀组供水的高、低位置喷头之间的位差是均衡流量的措施。

报警阀组宜设在安全及易于操作的地点,报警阀距地面的高度宜为 1.2 m。设置报警阀组的部位应设有排水设施。规定报警阀的安装高度是为了方便施工、测试与维修工作。系统启动和功能试验时,报警阀组将排放出一定量的水,故要求设置足够能力的排水设施。

连接报警阀进出口的控制阀应采用信号阀。当不采用信号阀时,控制阀应设锁定阀位的锁具,其目的是防止误操作造成供水中断。

水力警铃的工作压力不应小于 0.05 MPa,并应符合下列规定:应设在有人值班的地点附近或公共通道的外墙上;与报警阀连接的管道,其管径应为 20 mm,总长不宜大于 20 m。规定水力警铃的工作压力、安装位置和与报警阀组连接管的直径及长度,目的是保证水力警铃发出警报的位置和声强。要求安装在有人值班的地点附近或公共通道的外墙上,是保证其报警能及时被值班人员或保护场所内其他人员发现。

（3）水流指示器

除报警阀组控制的洒水喷头只保护不超过防火分区面积的同层场所外,每个防火分区、每个楼层均应设置水流指示器,其功能是及时报告发生火灾的部位。同时规定,当一个湿式报警阀组仅控制一个防火分区或一个楼层的喷头时,由于报警阀组的水力警铃和压力开关已能发挥报告火灾部位的作用,故此种情况允许不设水流指示器。

为使系统维修时关停的范围不至于过大而在水流指示器入口前设置阀门时,要求该阀门采用信号阀,以便显示阀门的状态,其目的是为防止因误操作而造成配水管道供水中断。

水流指示器及内部结构示意图如图 4-7 所示。

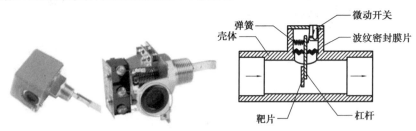

图 4-7　水流指示器及内部结构示意图

（4）压力开关

图 4-8　压力开关

压力开关与水流指示器均为水流报警装置。雨淋系统和防火分隔水幕,其水流报警装置应采用压力开关。雨淋系统和水幕系统采用开式喷头,平时报警阀出口后的管道内（系统侧）没有水,系统启动后的管道充水阶段,管道内水的流速较快,容易损伤水流指示器,因此,采用压力开关较好。

自动喷水灭火系统应采用压力开关控制稳压泵,并应能调节启停压力。稳压泵的启停,要求可靠地自动控制,因此,规定采用压力开关,并要求其能够根据最不利点处喷头的工作压力调节稳压泵的启停压力。

压力开关如图 4-8 所示。

（5）末端试水装置

每个报警阀组控制的最不利点洒水喷头处应设置末端试水装置,其他防火分区、楼层均应设直径为 25 mm 的试水阀。

末端试水装置由试水阀、压力表以及试水接头组成。试水接头出水口的流量系数应等同于同楼层或防火分区内的最小流量系数洒水喷头。

为了检验系统的可靠性,测试系统能否在开放一只喷头的最不利条件下可靠报警并正常启动,要求在每个报警阀组的供水最不利点处设置末端试水装置。末端试水装置测试的内容包括水流指示器、报警阀、压力开关、水力警铃的动作是否正常,配水管道是否畅通,以及最不利点处的喷头工作压力等。其他的防火分区与楼层则要求装设直径为 25 mm 的试水阀,试水阀宜安装在最不利点附近或次不利点处,以便在必要时连接末端试水装置。

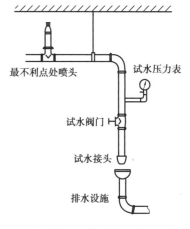

图 4-9　末端试水装置及其排水示意图

末端试水装置和试水阀应有标识,距地面的高度宜为1.5 m,并应采取不被他用的措施。设在便于操作的部位且配备排水设施,出水采用孔口出流的方式排入排水管道,排水立管宜设伸顶通气管,且管径不应小于 75 mm。

末端试水装置及其排水示意图如图 4-9 所示。

📖 **思考题**

1. 阐述自动喷水灭火系统选型的基本原则。

2. 简述报警阀组的分类及组成。

3. 阐述湿式、干式、预作用自动喷水灭火系统的主要区别。

4. 简述自动喷水灭火系统的主要部件组成。

5. 简述末端试水装置的组成、设置位置及测试要求。

4.1.2　自动喷水灭火系统联动控制

1）湿式系统和干式系统

湿式系统的工作原理:在准工作状态时,由高位消防水箱或稳压泵、气压给水设备等稳压设施维持系统侧管道内的充水压力。

发生火灾时,在高温的作用下,闭式喷头的热敏元件动作,喷头开启并开始喷水。此时,管网中的水由静止变为流动,水流指示器动作并向消防控制中心发出电信号,在火灾报警控制器上显示喷水区域的信息。由于持续喷水泄压造成湿式报警阀的上腔水压低于下腔水压。

在压力差的作用下,原来处于关闭状态的湿式报警阀阀瓣自动开启。此时,供水侧压力水通过湿式报警阀流向系统侧管网,同时进入通向水力警铃的报警管路,延迟器充满水后,水力警铃发出报警铃音,报警阀压力开关动作并输出信号直接启动消防水泵。消防水泵投入运行后,完成系统的启动过程。

湿式系统的工作原理如图 4-10 所示。

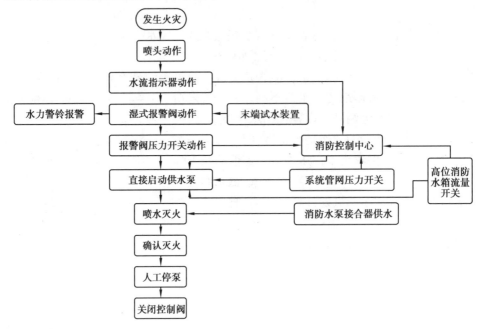

图 4-10　湿式系统的工作原理

干式系统的工作原理:在准工作状态时,由高位消防水箱或稳压泵、气压给水设备等稳压设施维持干式报警阀入口前管道内的充水压力,报警阀出口后的管道内充满有压气体(通常采用压缩空气),报警阀处于关闭状态。

发生火灾时,在高温的作用下,闭式喷头的热敏元件动作,闭式喷头开启,使干式阀的出口压力下降,加速器动作后促使干式报警阀迅速开启,管道开始排气充水,剩余压缩空气从系统最高处的排气阀和开启的喷头处喷出。

此时,通向水力警铃和压力开关的通道被打开,水力警铃发出报警铃音,报警阀压力开关动作并输出信号直接启动消防水泵。管道完成排气充水过程后,开启的喷头开始喷水。从闭式喷头开启至供水泵投入运行前,由消防水箱、气压给水设备或稳压泵等供水设施为系统的配水管道充水。

干式系统的工作原理如图 4-11 所示。

依据《火灾自动报警系统设计规范》(GB 50116—2013)的规定,湿式系统和干式系统的联动控制,应符合下列规定。

(1)联动控制

联动控制方式,应以报警阀压力开关的动作信号为触发信号,直接控制启动喷淋消防泵,联动控制不应受消防联动控制器处于自动或手动状态影响。

当发生火灾时,湿式系统和干式系统的喷头的闭锁装置动作脱落,水自动喷出,安装在管道上的水流指示器报警,报警阀组的压力开关动作,并由压力开关直接连锁启动供水泵向管网持续供水。

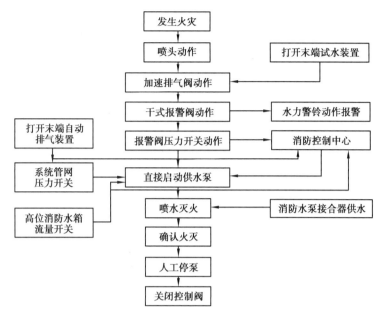

图4-11 干式系统的工作原理

（2）手动控制

手动控制方式,应将喷淋消防泵控制箱(柜)的启动、停止按钮用专用线路直接连接至设置在消防控制室内的消防联动控制器的手动控制盘,直接手动控制喷淋消防泵的启动、停止。

（3）信号反馈

水流指示器、信号阀、压力开关、喷淋消防泵的启动和停止的动作信号应反馈至消防联动控制器。

2）预作用系统

预作用系统的工作原理:系统处于准工作状态时,由高位消防水箱或稳压泵、气压给水设备等稳压设施维持预作用阀入口前管道内的充水压力,预作用阀后的管道内平时无水或充有压气体。

发生火灾时,由火灾自动报警系统开启预作用报警阀的电磁阀,配水管道开始排气充水,使系统在闭式喷头动作前转换成湿式系统,并在闭式喷头开启后立即喷水。

依据《火灾自动报警系统设计规范》(GB 50116—2013)的规定,预作用系统的联动控制,应符合下列规定。

（1）联动控制

联动控制方式,应以同一报警区域内两只及以上独立的感烟火灾探测器或一只感烟火灾探测器与一只手动火灾报警按钮的报警信号作为预作用阀组开启的联动触发信号。由消防联动控制器控制预作用阀组的开启,使系统转变为湿式系统;当系统设有快速排气装置时,应联动控制排气阀前的电动阀的开启。

预作用系统在正常状态时,配水管道中没有水。火灾自动报警系统自动开启预作用阀组后,预作用系统转为湿式灭火系统。当火灾温度继续升高时,闭式喷头的闭锁装置动作脱落,喷头自动喷水灭火。

预作用系统在自动控制方式下,要求由同一报警区域内两只及以上独立的感烟火灾探测器或一只感烟火灾探测器及一只手动报警按钮的报警信号("与"逻辑)作为预作用阀组开启的联动触发信号,主要考虑的是保障系统动作的可靠性。

（2）手动控制

手动控制方式,应将喷淋消防泵控制箱(柜)的启动和停止按钮、预作用阀组和快速排气阀入口前的电动阀的启动和停止按钮,用专用线路直接连接至设置在消防控制室内的消防联动控制器的手动控制盘,直接手动控制喷淋消防泵的启动、停止及预作用阀组和电动阀的开启。

（3）信号反馈

水流指示器、信号阀、压力开关、喷淋消防泵的启动和停止的动作信号,有压气体管道气压状态信号和快速排气阀入口前电动阀的动作信号应反馈至消防联动控制器。

预作用系统的工作原理如图 4-12 所示。

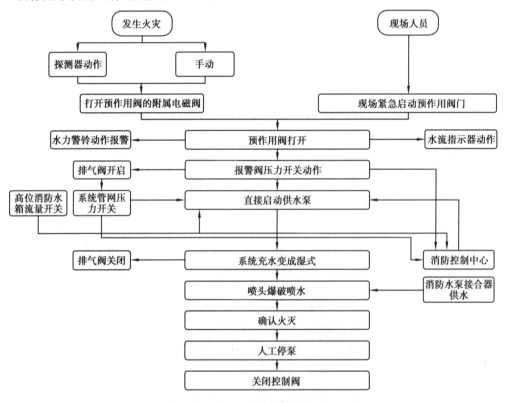

图 4-12　预作用系统的工作原理

3）雨淋系统

雨淋系统的工作原理:系统处于准工作状态时,由消防水箱或稳压泵、气压给水设备等稳压设施维持雨淋阀入口前管道内的充水压力。发生火灾时,由火灾自动报警系统或传动管自动控制开启雨淋报警阀和供水泵,向系统管网供水,由雨淋阀控制的开式喷头同时喷水。传动管自动控制又可分为气动和液动两种方式,适用于有防爆要求的一些防护对象和场所,其中气动传动管又可用在有防冻要求的场所。

雨淋系统的工作原理如图 4-13 所示。

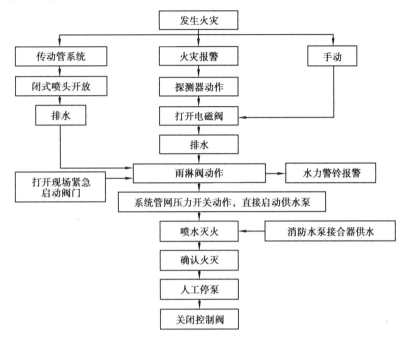

图 4-13 雨淋系统的工作原理

依据《火灾自动报警系统设计规范》(GB 50116—2013)的规定,雨淋系统的联动控制应符合下列规定。

(1)联动控制

联动控制方式,应以同一报警区域内两只及以上独立的感温火灾探测器或一只感温火灾探测器与一只手动火灾报警按钮的报警信号,作为雨淋阀组开启的联动触发信号;应由消防联动控制器控制雨淋阀组的开启。

在自动控制方式下,要求以同一报警区域内两只及以上独立的感温火灾探测器或一只感温火灾探测器及一只手动报警按钮的报警信号("与"逻辑)作为雨淋阀组开启的联动触发信号,主要考虑的是保障系统动作的可靠性。雨淋阀组启动,压力开关动作,连锁启动雨淋消防泵。

(2)手动控制

手动控制方式,应将雨淋消防泵控制箱(柜)的启动和停止按钮、雨淋阀组的启动和停止按钮,用专用线路直接连接至设置在消防控制室内的消防联动控制器的手动控制盘,直接手动控制雨淋消防泵的启动、停止及雨淋阀组的开启。

(3)信号反馈

水流指示器、压力开关、雨淋阀组、雨淋消防泵的启动和停止的动作信号应反馈至消防联动控制器。

4)水幕系统

依据《火灾自动报警系统设计规范》(GB 50116—2013)的规定,自动控制的水幕系统的联动控制,应符合下列规定。

(1)联动控制

联动控制方式,当自动控制的水幕系统用于防火卷帘的保护时,应由防火卷帘下落到楼板面的动作信号与本报警区域内任一火灾探测器或手动火灾报警按钮的报警信号作为水幕阀组启动的联动触发信号,并应由消防联动控制器联动控制水幕系统相关控制阀组的启动;仅用水幕系统作为防火分隔时,应由该报警区域内两只独立的感温火灾探测器的火灾报警信号作为水幕阀组启动的联动触发信号,并应由消防联动控制器联动控制水幕系统相关控制阀组的启动。

系统在自动控制方式下,作为防火卷帘的保护时,防火卷帘按照预设的逻辑关系降落到底,其限位开关动作,限位开关的动作信号用模块接入火灾自动报警系统与本探测区域内的火灾报警信号组成"与"逻辑控制雨淋报警阀开启,雨淋报警阀泄压,压力开关动作,连锁启动水幕消防泵。

(2)手动控制

手动控制方式,应将水幕系统相关控制阀组和消防泵控制箱(柜)的启动、停止按钮用专用线路直接连接至设置在消防控制室内的消防联动控制器的手动控制盘,并应直接手动控制消防泵的启动、停止及水幕系统相关控制阀组的开启。

(3)信号反馈

压力开关、水幕系统相关控制阀组和消防泵的启动、停止的动作信号,应反馈至消防联动控制器。

📖 思考题

1. 阐述湿式系统和干式系统的联动控制应符合哪些规定。

2. 阐述预作用系统的联动控制应符合哪些规定。

3. 阐述雨淋系统的联动控制应符合哪些规定。

4. 阐述水幕系统的联动控制应符合哪些规定。

4.1.3 室内消火栓系统联动控制

1)室内消火栓系统组成

室内消火栓系统由消防给水设施、消防给水管网、室内消火栓设备、报警控制设备及系统附件等组成。其中,消防给水设施包括市政给水管网、室外消防给水管网、消防水池、消防水泵、高位消防水箱、增(稳)压设备、水泵接合器等,该设施的主要任务是为系统储存并提供灭火用水。消防给水管网包括进水管、水平干管、消防竖管等,其任务是向室内消火栓设备输送灭火用水。室内消火栓设备泛指消火栓箱以及箱内的水带、水枪、水带接口、控制阀门、消防软管卷盘、轻便消防水龙等,是供人员灭火使用的主要工具。报警控制设备用于启动消防水泵。系统附件包括各种阀门、屋顶消火栓等。

2)系统分类

①根据准工作状态下管网内是否有水,系统可分为湿式系统和干式系统。

②根据供水压力,系统可分为高压系统、临时高压系统和低压系统。

高压消防给水系统管网内能始终保持满足水灭火设施所需的工作压力和流量,火灾时无须消防水泵直接加压的供水系统。当火灾发生后,现场人员可就近利用室内消火栓直接出水灭火。

临时高压消防给水系统平时不能满足水灭火设施所需的工作压力和流量,火灾时能自动启动消防水泵以满足水灭火设施所需的工作压力和流量。

低压消防给水系统管网平时的压力较低,当火灾发生后,通过消防车或其他移动式消防水泵向室内管网加压供水,满足灭火所需。

③根据管网结构系统可分为环状供水和枝状供水。

室内消火栓系统组成如图 4-14 所示。

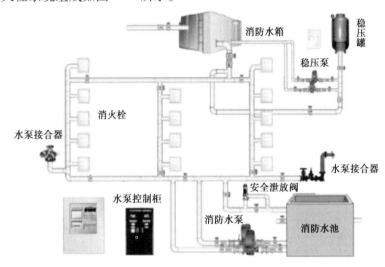

图 4-14　室内消火栓给水系统组成示意图

3) 系统的工作原理

室内消火栓系统为湿式系统时,对于临时高压消防给水系统,准工作状态下管网内充满有压水。当管网出现一定压降时,系统中的高位水箱通过稳压泵向管网自动补水、补压,确保室内消火栓系统随时处于有水、有压的状态。当火灾发生时,工作人员打开室内消火栓灭火,此时压力开关探测到管网内水压大幅度下降或流量开关探测到管道内水流快速波动,压力开关或流量开关自动启动消防水泵,通过消防水泵向管网内输送大量有压水,为系统提供源源不断的灭火用水。当因消防水池的水用完或因其他原因导致消火栓系统管网供水不足时,可通过连接消防车与水泵接合器,向消火栓系统管道内注入有压水,从而确保消火栓系统持续灭火。

4) 室内消火栓系统的联动控制

室内消火栓系统的联动控制主要针对临时高压消防给水系统。依据《火灾自动报警系统设计规范》(GB 50116—2013)的规定,室内消火栓系统的联动控制应符合下列规定。

(1)联动控制

联动控制方式,应由消火栓系统出水干管上设置的低压压力开关、高位消防水箱出水管上设置的流量开关或报警阀压力开关等信号作为触发信号,直接控制启动消火栓泵,联动控制不应受消防联动控制器处于自动或手动状态影响。当设置消火栓按钮时,消火栓按钮的动作信号应作为报警信号及启动消火栓泵的联动触发信号,由消防联动控制器联动控制消火栓泵的启动。

(2)手动控制

手动控制方式,应将消火栓泵控制箱(柜)的启动、停止按钮用专用线路直接连接至设置在消防控制室内的消防联动控制器的手动控制盘,并应直接手动控制消火栓泵的启动、停止。

(3)信号反馈

消火栓泵的动作信号应反馈至消防联动控制器。

消火栓开启出水时,消防水泵出水干管上的低压压力开关、高位消防水箱出水管上设置的流量开关,或报警阀压力开关等均有相应的反应,这些信号可以作为触发信号,直接控制启动消火栓泵,可以不受消防联动控制器处于自动或手动状态影响。当建筑物内设有火灾自动报警系统时,消火栓按钮的动作信号作为火灾自动报警系统和消火栓系统的联动触发信号,由消防联动控制器联动控制消防水泵启动,消防水泵的动作信号作为系统的联动反馈信号应反馈至消防控制室,并在消防联动控制器上显示。

当建筑物内无火灾自动报警系统时,消火栓按钮用导线直接引至消防泵控制箱(柜),启动消防泵。

室内消火栓系统启泵流程如图4-15所示。

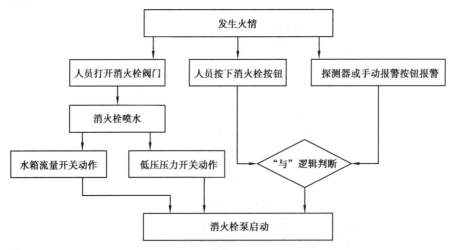

图4-15 室内消火栓系统启泵流程

📖 **知识拓展**

联动与连锁

在这一任务中,我们学习了自动喷水灭火系统和室内消火栓系统的联动控制。其中,湿式、干式系统的联动控制方式由报警阀压力开关的动作信号作为触发信号,直接控制启动喷淋消防泵,联动控制不受消防联动控制器处于自动或手动状态的影响;室内消火栓系统的联动控制由消火栓系统出水干管上设置的低压压力开关、高位消防水箱出水管上设置的流量开关或报警阀压力开关等信号作为触发信号,直接控制启动消火栓泵,联动控制也不受消防联动控制器处于自动或手动状态影响。可以看出,湿式系统、干式系统与消火栓系统的联动控制有一个共同的特点,即相关信号作为触发信号,直接控制启动消防水泵,联动控制不受消防联动控制器处于自动或手动状态的影响。也就是说,这三类系统在联动启动消防水泵时,不经过消防联动控制器,与消防联动控制器没有关系。通常情况下,我们把这种不经过消防联动控制器控制的联动控制称为连锁控制。

预作用系统中,预作用装置的开启;雨淋系统中,雨淋阀组的开启;水幕系统中,水幕阀组的开启,均是以符合"与"逻辑的报警信号作为联动触发信号,并由消防联动控制器控制相关装置(阀组)开启,这种自动控制便是严格意义上的联动控制。上述系统的相关装置(阀组)开启后,压力水进入报警管路,压力开关动作,直接启动消防泵,这种自动控制便是通常所说的连锁控制。在后续消防系统联动控制的学习中,还会涉及连锁控制,需注意区别。

为了确保消防水泵等重要消防设备启动的万无一失,在压力开关连锁启泵的同时,还要求压力开关的动作信号反馈给消防联动控制器,一旦压力开关连锁启泵失败,那么这一路压力开关的动作信号就要与一路探测器或手动报警按钮的动作信号组成联动触发信号的"与"逻辑,由消防联动控制器联动控制消防水泵启动。

📖 **练习题**

单项选择题

1. 下列不是构成自动喷水灭火系统基本组件的是(　　)。
   A. 报警阀组　　　　　　　　　　B. 水流报警装置
   C. 管道、供水设施　　　　　　　D. 探测器

2. 下列关于湿式自动喷水灭火系统的说法,正确的是(　　)。
   A. 湿式系统管道内只有工作状态时充满有压水
   B. 湿式系统由开式洒水喷头、水流指示器、湿式报警阀组以及管道和供水设施等组成
   C. 湿式系统必须安装在全年不结冰及不会出现过热危险的场所
   D. 该系统在喷头动作后立即喷水,其灭火成功率低于干式系统

3. 下列关于干式自动喷水灭火系统的说法,错误的是(　　)。
   A. 干式系统在准工作状态时配水管道内充有压气体
   B. 与湿式系统的区别在于,干式系统采用干式报警阀组
   C. 设置保持配水管道内气压的充气设施
   D. 干式系统的优点是发生火灾时,配水管道必须经过排气充水过程,因此延迟了开始喷水的时间,对于可能发生蔓延速度较快火灾的场所,不适合采用此种系统

4. 下列属于开式自动喷水灭火系统的是(　　)。
   A. 干式自动喷水灭火系统　　　　B. 预作用喷水灭火系统
   C. 雨淋系统　　　　　　　　　　D. 湿式自动喷水灭火系统

5. 下列选项中,不属于湿式自动喷水灭火系统组件的是(　　)。
   A. 水流指示器　　B. 压力开关　　C. 加速器　　　　D. 闭式喷头

6. 下列关于自动喷水灭火系统的说法,错误的是(　　)。
　　A. 闭式系统是指采用闭式洒水喷头的自动喷水灭火系统
　　B. 湿式系统是闭式系统
　　C. 开式系统是指采用开式洒水喷头的自动喷水灭火系统
　　D. 干式系统是开式系统

7. 下列系统中,不具备直接灭火能力的是(　　)。
　　A. 预作用自动喷水灭火系统　　　B. 水幕系统
　　C. 雨淋系统　　　　　　　　　　D. 干式自动喷水灭火系统

8. 下列有关湿式系统、干式系统的说法,正确的是(　　)。
　　A. 湿式系统在准工作状态下,报警阀后的管道中充满有压气体
　　B. 干式系统在准工作状态下,报警阀前后的管道中都充满水
　　C. 干式系统在准工作状态下,报警阀前后的管道中都充满有压气体
　　D. 干式系统的启动原理与湿式系统相似,只是将传输喷头开放信号的介质由有压水改为有压气体

9. 下列选项中,不属于湿式报警阀组组件的是(　　)。
　　A. 湿式报警阀　　B. 延迟器　　　C. 水力警铃　　　D. 水流指示器

10. 预作用系统在准工作状态时配水管道内不充水,下列不属于构成预作用系统组件的是(　　)。
　　A. 闭式喷头　　　　　　　　　　B. 预作用装置
　　C. 充气设备和供水设施　　　　　D. 湿式报警阀组

11. 下列关于雨淋系统的说法,错误的是(　　)。
　　A. 雨淋系统由开式洒水喷头、雨淋报警阀组等组成
　　B. 雨淋系统属于开式系统
　　C. 雨淋系统通常安装在发生火灾时火势发展迅猛、蔓延迅速的场所,如舞台等
　　D. 雨淋系统通常用于防火卷帘的防护冷却

12. 下列关于水幕系统的说法,错误的是(　　)。
　　A. 系统组成的特点是采用闭式洒水喷头或水幕喷头
　　B. 水幕系统包括防火分隔水幕和防护冷却水幕两种类型
　　C. 水幕系统是一种不直接用于灭火的自动消防系统
　　D. 防火分隔水幕利用密集喷洒形成的水墙或水帘阻火挡烟而起到防火分隔作用,防护冷却水幕则利用水的冷却作用,配合防火卷帘等分隔物进行防火分隔

13. 下列属于自动喷水灭火系统适用场所的是(　　)。
　　A. 存在较多遇水发生爆炸或加速燃烧的物品的场所
　　B. 存在较多遇水发生剧烈化学反应或产生有毒有害物质的物品的场所
　　C. 存在较多洒水将导致喷溅或沸溢的液体的场所
　　D. 存在较多丙类固体可燃物的场所

14. 闭式系统的洒水喷头,其公称动作温度宜高于环境最高温度(　　)℃。
　　A. 30　　　　　　　B. 40　　　　　　　C. 50　　　　　　　D. 20

15. 下列不属于雨淋系统适用场所的是( )。

　　A. 火灾的水平蔓延速度快、闭式洒水喷头的开放不能及时使喷水有效覆盖着火区域的场所

　　B. 设置场所的净空高度超过一定规定,且必须迅速扑救初期火灾的场所

　　C. 火灾危险等级为严重危险级 Ⅱ 级的场所

　　D. 存在较多洒水将导致喷溅或沸溢的液体的场所

16. 自动喷水灭火系统应有备用洒水喷头,其数量不应少于总数的1%,且每种型号均不得少于( )只。

　　A. 12　　　　　　B. 15　　　　　　C. 8　　　　　　D. 10

17. 湿式系统一个报警阀组控制的洒水喷头数不宜超过( )只。

　　A. 700　　　　　B. 600　　　　　C. 1 000　　　　D. 800

18. 预作用系统一个报警阀组控制的洒水喷头数不宜超过( )只。

　　A. 700　　　　　B. 600　　　　　C. 1 000　　　　D. 800

19. 干式系统一个报警阀组控制的洒水喷头数不宜超过( )只。

　　A. 700　　　　　B. 600　　　　　C. 800　　　　　D. 500

20. 每个报警阀组供水的最高与最低位置洒水喷头,其高程差不宜大于( )m。

　　A. 35　　　　　　B. 45　　　　　　C. 40　　　　　　D. 50

21. 报警阀组宜设在安全及易于操作的地点,报警阀距地面的高度宜为( )m。

　　A. 1. 3　　　　　B. 0. 9　　　　　C. 1. 1　　　　　D. 1. 2

22. 下列关于连接报警阀进出口采用的控制阀的说法,错误的是( )。

　　A. 连接报警阀进出口的控制阀应采用信号阀

　　B. 当不采用信号阀时,控制阀应设锁定阀位的锁具

　　C. 采用信号阀的目的是防止因系统检修误操作致使系统供水受影响

　　D. 可以采用不具有信号传输功能的止回阀

23. 水力警铃的工作压力不应小于( )MPa。

　　A. 0. 04　　　　　B. 0. 06　　　　　C. 0. 03　　　　　D. 0. 05

24. 水力警铃应设在有人值班的地点附近或公共通道的外墙上,与报警阀连接的管道,其管径应为 20 mm,总长不宜大于( )m。

　　A. 15　　　　　　B. 18　　　　　　C. 20　　　　　　D. 10

25. 每个报警阀组控制的最不利点洒水喷头处应设末端试水装置,其他防火分区、楼层均应设直径为( )mm 的试水阀。

　　A. 15　　　　　　B. 30　　　　　　C. 20　　　　　　D. 25

26. 以下不是构成末端试水装置组件的是( )。

　　A. 试水阀　　　　B. 压力表　　　　C. 试水接头　　　D. 水流指示器

27. 末端试水装置和试水阀应有标识,距地面的高度宜为 ( )m,并应采取不被他用的措施。

　　A. 1. 2　　　　　B. 1. 3　　　　　C. 1. 4　　　　　D. 1. 5

28. 下列关于湿式系统和干式系统的联动控制的说法,错误的是( )。

A. 联动控制方式,应以湿式报警阀压力开关的动作信号作为触发信号,直接控制启动喷淋消防泵

B. 联动控制不应受消防联动控制器处于自动或手动状态影响

C. 设置在消防控制室内的消防联动控制器的手动控制盘,可以直接手动控制喷淋消防泵的启动、停止

D. 手动控制喷淋消防泵的启动、停止只可以在水泵控制柜处现场操作

29. 下列关于消火栓系统联动控制的说法,正确的是(   )。

A. 采用联动控制时消防联动控制器必须处于自动状态

B. 当设置消火栓按钮时,消火栓按钮动作信号应作为报警及启动消火栓泵的联动触发信号,可以直接控制消火栓泵的启动

C. 采用手动控制方式,应将消火栓泵控制箱(柜)的启动、停止按钮用专用线路直接连接至设置在消防控制室内的消防联动控制器的手动控制盘,并应直接手动控制消火栓泵的启动、停止

D. 消火栓泵的动作信号不必反馈至消防联动控制器

30. 下列关于雨淋系统的联动控制设计说法,错误的是(   )。

A. 应以同一报警区域内两只及以上独立的感温火灾探测器的报警信号,作为雨淋阀组开启的联动触发信号

B. 应以同一报警区域内一只感温火灾探测器与一只手动火灾报警按钮的报警信号作为雨淋阀组开启的联动触发信号

C. 应以同一报警区域内两只及以上独立的感烟火灾探测器的报警信号,作为雨淋阀组开启的联动触发信号

D. 应以消防联动控制器控制雨淋阀组的开启

31. 自动控制的水幕系统用于防火卷帘的保护时,下列可以作为水幕阀组启动的联动触发信号的是(   )。

A. 应由防火卷帘下落到楼板面的动作信号与本报警区域内任意火灾探测器或手动火灾报警按钮的报警信号

B. 应由本报警区域内任意两只手动报警按钮的报警信号

C. 应由本报警区域内任意两只独立的感烟火灾探测器的报警信号

D. 应由本报警区域内任意两只独立的感温火灾探测器的报警信号

32. 下列消防水系统的联动控制受消防联动控制器处于自动或手动状态影响的是(   )。

A. 消火栓系统   B. 湿式自动喷水灭火系统

C. 干式自动喷水灭火系统   D. 雨淋系统

任务 4.2 防火门、防火卷帘系统的联动控制

📖 励志金句摘录

树木在森林中相依偎而生长,星辰在银河中因辉映而璀璨。

人生不就是这样,经历过一次次考验才能成长;人生不就是这样,哪怕雨雪霏霏也要去追寻阳光。

记忆的坐标有多么清晰,前进的脚步就有多么坚定。

新长征路上,有风有雨是常态,风雨无阻是心态,风雨兼程是状态。

在心里种花,人生才不会荒芜。

教学导航	
主要教学内容	4.2.1 防火门系统的联动控制 4.2.2 防火卷帘系统的控制
知识目标	1.了解防火门的分类 2.掌握防火门监控系统的组成、功能及联动控制 3.了解防火卷帘的概念、结构组成 4.掌握防火卷帘的主要控制方式
能力目标	1.具备现场识别判定防火门类型、防火门系统组件的能力 2.具备现场识别判定防火卷帘系统结构组成的能力,通过操作相应结构实现防火卷帘的控制
建议学时	4 学时

4.2.1 防火门系统的联动控制

防火门按照所用的材料可分为钢质防火门、木质防火门和复合材料防火门;按照耐火极限可分为甲级防火门、乙级防火门和丙级防火门;按照日常启闭状态可分为常闭式防火门和常开式防火门。

建筑内经常有人通行处的防火门宜采用常开式防火门,其他位置的防火门应采用常闭式防火门。常开式防火门应能在火灾时自行关闭。常闭式防火门有人通过后,闭门器将门关闭,不需要联动。

为防止因使用、管理不善造成常闭式防火门常开、常开式防火门火灾时不能自行关闭等问题,应对防火门的日常启闭状态实施监管,并在发生火灾时自动控制常开式防火门关闭,以发挥防火门阻火隔烟和保证人员安全疏散的作用。

1）防火门监控系统组成

防火门监控系统用于实时显示并控制防火门打开、关闭及故障状态，与火灾自动报警系统或消防联动控制器通信联动，自动远程控制关闭常开式防火门。它由防火门监控器、防火门电动闭门器、防火门电磁释放器、防火门门磁开关、防火门监控模块等部件组成。

（1）防火门监控器

防火门监控器用于显示并控制防火门打开、关闭状态的控制装置，它上接火灾报警控制器，下接防火门监控模块和电动闭门器、电磁释放器、门磁开关等现场执行部件，是防火门监控系统的重要组件，如图4-16所示。

图4-16　防火门监控器

图4-17　防火门电动闭门器

（2）防火门电动闭门器

防火门电动闭门器是能够在收到指令后将处于打开状态的防火门关闭，并将其状态信息反馈到防火门监控器的电动装置，如图4-17所示。

（3）防火门电磁释放器

防火门电磁释放器是使常开式防火门保持打开状态，收到指令后释放防火门使其关闭，并将本身的状态信息反馈到防火门监控器的电动装置，如图4-18所示。

图4-18　防火门电磁释放器

图4-19　防火门门磁开关

（4）防火门门磁开关

防火门门磁开关是监视防火门的开闭状态，并将其状态信息反馈至防火门监控器的装置，如图4-19所示。

（5）防火门监控模块

防火门监控模块主要用于实时监控和反馈防火门的工作状态,接收控制指令后控制常开式防火门关闭,一般安装在防火门附近,如图 4-20 所示。

图 4-20　防火门监控模块

防火门监控系统组成如图 4-21 所示。

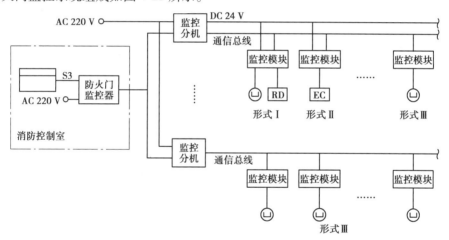

图 4-21　防火门监控系统组成示意图

注:本示意图给出了防火门监控器与防火门之间 3 种常见的接线形式,其中形式 I 适用于设置了电磁释放器与门磁开关的常开式防火门;形式 II 适用于设置了电动闭门器的常开式防火门;形式 III 适用于设置了门磁开关的常闭式防火门。

2）防火门监控器的功能

为及时掌握防火门的开闭状态,确保发生火灾时防火门能够有效发挥作用,防火门监控器应具备以下功能。

（1）显示功能

显示防火门开、闭状态和故障状态,并设有专用状态指示灯。监控器使用文字显示信息时,应采用中文。

（2）控制功能

直接控制与其连接的每个电动闭门器和电磁释放器的工作状态,并设有启动总指示灯。能接收火灾报警信号并在 30 s 内向电动闭门器或电磁释放器发出启动信号。

（3）反馈功能

在电动闭门器、电磁释放器或门磁开关动作后 30 s 内收到反馈信号,且有反馈光指示,能明确指示其名称或部位,反馈光指示应保持至受控设备恢复。发出启动信号 10 s 内未收到要求的反馈信号时,能使启动总指示灯闪亮,并显示相应电动闭门器、电磁释放器或门磁开关的部位,保持至监控器收到反馈信号。

（4）故障报警功能

设有防火门故障状态总指示灯,有故障时,总指示灯点亮并发出声光报警信号。故障声信号每分钟至少提示 1 次,每次持续时间 1～3 s。

有下列故障时,监控器应在 100 s 内发出与报警信号有明显区别的声、光故障信号,故障声信号应能手动消除,再有故障信号输入时应能再启动,故障光信号应保持至故障排除。

①监控器的主电源断电;

②监控器与电动闭门器、电磁释放器、门磁开关间连接线断路、短路;

③电动闭门器、电磁释放器、门磁开关的供电电源故障;

④备用电源与充电器之间的连接线断路、短路;

⑤备用电源发生故障。

（5）信息记录、查询与上传功能

包括防火门地址,开启、关闭故障状态,以及相应的时间等,记录容量不应少于 10 000 条。

（6）自检功能

可对其音响部件及状态指示灯、显示屏进行功能检查。执行自检时,不应使与其相连的外部设备产生动作。

（7）备用电源功能

备用电源的工作状态指示及自动转换功能应正常。

（8）主、备电源转换功能

主、备电源工作状态有指示,主、备电源的转换应不使监控器发生误动作。

3）常开防火门系统的联动控制

依据《火灾自动报警系统设计规范》（GB 50116—2013）的规定,常开式防火门系统的联动控制应符合下列规定。

（1）联动控制

应由常开式防火门所在防火分区内的两只独立的火灾探测器或一只火灾探测器与一只手动火灾报警按钮的报警信号,作为常开式防火门关闭的联动触发信号,联动触发信号应由火灾报警控制器或消防联动控制器发出,并应由消防联动控制器或防火门监控器联动控制防火门关闭。

（2）信号反馈

疏散通道上各防火门的开启、关闭及故障状态信号应反馈至防火门监控器。

📖 **思考题**

1. 简述防火门监控系统组成及组件作用。

2.防火门监控器有哪些功能?

3.常开防火门系统的联动控制,应符合哪些规定?

4.2.2　防火卷帘系统的控制

防火卷帘是在一定时间内,连同其框架,能满足耐火稳定性和完整性要求的卷帘,同防火门一样,也是一种常见的建筑防火分隔措施。

某款防火卷帘结构示意图如图4-22所示。

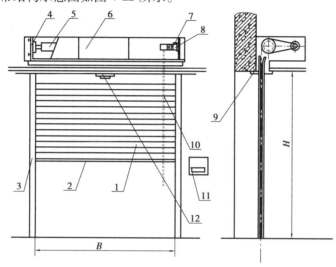

图4-22　防火卷帘结构示例示意图

1—帘面;2—座板;3—导轨;4—支座;5—卷轴;6—箱体;7—限位器;8—卷门机;
9—门楣;10—手动拉链;11—控制箱(按钮盒);12—火灾探测器
注:防火卷帘的结构有多种形式,此图仅是示例。

防火卷帘具有现场手动电控、自动控制、消防控制室远程手动控制、温控释放控制、速放控制、现场机械控制和限位控制等几种主要控制方式。

1)现场手动电控

通过手动操作防火卷帘控制器上的按钮(部分产品具备)或防火卷帘两侧设置的手动控制按钮,以电控方式控制防火卷帘上升、下降、停止。

(1)疏散通道上设置的防火卷帘

应由防火卷帘两侧设置的手动控制按钮控制防火卷帘的升降。

(2)非疏散通道上设置的防火卷帘

应由防火卷帘两侧设置的手动控制按钮控制防火卷帘的升降。

防火卷帘手动控制按钮如图4-23所示。

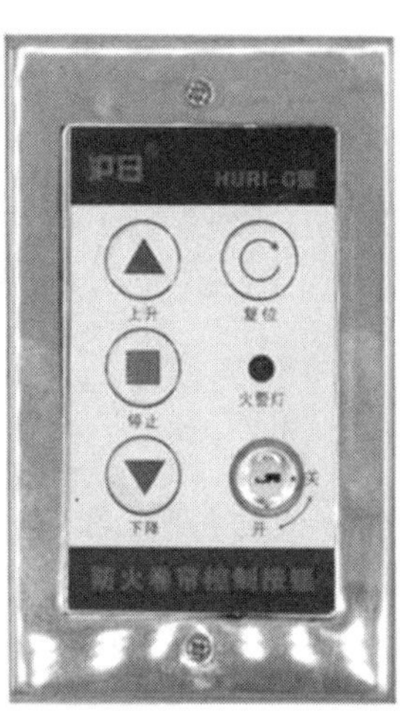

2)自动控制

防火卷帘的升降应由防火卷帘控制器控制,自动控制即为火灾自动报警系统参与的联动控制。

**图4-23　防火卷帘手动控制
按钮示意图**

（1）疏散通道上设置的防火卷帘

依据《火灾自动报警系统设计规范》（GB 50116—2013）的规定，疏散通道上设置的防火卷帘的联动控制，应符合下列规定。

防火分区内任两只独立的感烟火灾探测器，或任一只专门用于联动防火卷帘的感烟火灾探测器的报警信号应联动控制防火卷帘下降至距楼板面 1.8 m 处；任一只专门用于联动防火卷帘的感温火灾探测器的报警信号应联动控制防火卷帘下降到楼板面；在卷帘的任一侧距卷帘纵深 0.5～5 m 内应设置不少于两只专门用于联动防火卷帘的感温火灾探测器。

设置在疏散通道上的防火卷帘，主要用于防烟、人员疏散和防火分隔，因此，需要采用两步降落方式。防火分区内的任两只感烟探测器或任一只专门用于联动防火卷帘的感烟火灾探测器的报警信号联动控制防火卷帘下降至距楼板面 1.8 m 处，既是为确保防火卷帘能及时动作，起到防烟作用，避免烟雾经此扩散，又可保障人员疏散。选择感烟火灾探测器的报警信号作为联动触发信号，主要是利用其报警的及时性特点。感温火灾探测器动作时，表示火势已蔓延到该处，此时人员已无法从此处逃生，因此，防火卷帘下降到底，起到防火分隔作用。

（2）防火卷帘的联动控制

依据《火灾自动报警系统设计规范》（GB 50116—2013）的规定，非疏散通道上设置的防火卷帘的联动控制，应符合下列规定。

联动控制方式，应由防火卷帘所在防火分区内任两只独立的火灾探测器的报警信号，作为防火卷帘下降的联动触发信号，并应联动控制防火卷帘直接下降到楼板面。

非疏散通道上设置的防火卷帘大多仅用于建筑的防火分隔作用，建筑共享大厅、回廊楼层间等处设置的防火卷帘不具有疏散功能，仅用作防火分隔。因此，设置在防火卷帘所在防火分区内的两只独立的火灾探测器的报警信号即可联动控制防火卷帘一步降到楼板面。

防火卷帘下降至距楼板面 1.8 m 处、下降到楼板面的动作信号，以及防火卷帘控制器直接连接的感烟、感温火灾探测器的报警信号，应反馈至消防联动控制器。

3）消防控制室远程手动控制

非疏散通道上设置的防火卷帘，应能在消防控制室内的消防联动控制器上的多线控制盘远程手动控制防火卷帘的降落（仅是降落）。注意：依据现行《火灾自动报警系统设计规范》（GB 50116—2013）的规定，疏散通道上的防火卷帘不可以在消防控制室远程手动控制。

4）温控释放控制

防火卷帘应装配温控释放装置，当感温元件周围温度达到（73±0.5）℃，温控释放装置动作，卷帘靠自重下降关闭。

防火卷帘温控释放装置如图 4-24 所示。

5）速放控制

当卷门机电源发生故障时，可通过控制器速放控制装置启动速放装置，或人工拉动手动速放装置（即图 4-24 中的钢丝绳拉环），使防火卷帘靠自重下降。

图 4-24　防火卷帘温控释放装置

6）现场机械控制

防火卷帘卷门机上设有手动拉链,通过人工拉动拉链控制卷帘升降。

防火卷帘手动拉链如图 4-25 所示。

图 4-25 防火卷帘手动拉链

7）限位控制

当防火卷帘启闭至上、下限位时,卷门机自动停止。

📖 练习题

单项选择题

1. 下列关于防火门系统的联动控制设计说法中,错误的是(　　　　)。

  A. 应由常开式防火门所在防火分区内的两只独立的火灾探测器,或一只火灾探测器与一只手动火灾报警按钮的报警信号,作为常开式防火门关闭的联动触发信号

  B. 防火门所在防火分区内的两只独立的手动报警按钮,或一只火灾探测器与一只手动火灾报警按钮的报警信号,作为常开式防火门关闭的联动触发信号

  C. 联动触发信号应由火灾报警控制器或消防联动控制器发出,并应由消防联动控制器或防火门监控器联动控制防火门关闭

  D. 疏散通道上各防火门的开启、关闭及故障状态信号应反馈至防火门监控器

2. 下列关于疏散通道上设置的防火卷帘的联动控制设计说法中,符合规范要求的是(　　　　)。

  A. 采用联动控制方式,防火分区内任两只独立的感烟火灾探测器的报警信号应联动控制防火卷帘下降至距楼板面 1.8 m 处

  B. 采用联动控制方式,防火分区内任两只独立的感温火灾探测器的报警信号应联动控制防火卷帘下降至距楼板面 1.8 m 处

  C. 采用联动控制方式,任一只专门用于联动防火卷帘的感烟火灾探测器的报警信号应联动控制防火卷帘下降至楼板面

D. 任一只专门用于联动防火卷帘的感温火灾探测器的报警信号应联动控制防火卷帘下降至距楼板面 1.8 m 处

3. 下列不可作为非疏散通道上设置的防火卷帘下降的联动触发信号的是( )。
   A. 应由防火卷帘所在防火分区内任 1 只感烟+1 只感温火灾探测器的报警信号
   B. 应由防火卷帘所在防火分区内任 1 只探测器+1 只手动报警按钮的报警信号
   C. 应由防火卷帘所在防火分区内任 2 只感烟火灾探测器的报警信号
   D. 应由防火卷帘所在防火分区内任 2 只感温火灾探测器的报警信号

任务 4.3　火灾警报和消防应急广播系统的联动控制

📖 励志金句摘录

生活是活给自己看的,你有多大成色,世界才会给你多大脸色。

每次归程,都是为了更好出发;每次停歇,都是为了积攒力量。慢慢来,好戏都在烟火里。

那些所谓的遗憾,可能是一种成长;那些曾受过的伤,终会化作照亮前路的光。

追风赶月莫停留,平芜尽处是春山。

教学导航	
主要教学内容	4.3 火灾警报和消防应急广播系统的联动控制
知识目标	掌握火灾警报和消防应急广播系统的联动控制要求
能力目标	具备判定火灾警报和消防应急广播系统的联动控制是否正确的能力
建议学时	1 学时

　　不同形式的火灾自动报警系统均应设置火灾声光警报器,并在发生火灾时由火灾报警控制器或消防联动控制器经"与"逻辑识别判断,确认火灾后发出联动控制信号控制其动作,其主要目的是在发生火灾时对人员发出警示,提醒现场人员及时疏散。消防应急广播系统是火灾情况下用于通告火灾报警信息、发出人员疏散语音指示,以及发生其他灾害与突发事件时发布有关指令的广播设备,也是消防联动控制设备的相关设备之一。

　　依据《火灾自动报警系统设计规范》(GB 50116—2013)的规定,火灾警报和消防应急广播系统的联动控制,应符合以下规定。

　　在确认火灾后启动建筑内的所有火灾声光警报器。

　　未设置消防联动控制器的火灾自动报警系统,火灾声光警报器应由火灾报警控制器控制;设置消防联动控制器的火灾自动报警系统,火灾声光警报器应由火灾报警控制器或消防联动控制器控制。

公共场所宜设置具有同一种火灾变调声的火灾声警报器;具有多个报警区域的保护对象,宜选用带有语音提示的火灾声警报器;学校、工厂等各类日常使用电铃的场所,不应使用警铃作为火灾声警报器。

火灾声警报器设置带有语音提示功能时,应同时设置语音同步器。

同一建筑内设置多个火灾声警报器时,火灾自动报警系统应能同时启动和停止所有火灾声警报器工作。

火灾声警报器单次发出火灾警报时间宜为 8 ~ 20 s,同时设有消防应急广播时,火灾声警报应与消防应急广播交替循环播放。

采用集中报警系统和控制中心报警系统的保护对象多为高层建筑或大型公共建筑,这些建筑内人员集中且较多,火灾时影响面大,为了便于统一指挥人员有效疏散,要求在集中报警系统和控制中心报警系统中设置消防应急广播。

消防应急广播系统的联动控制信号应由消防联动控制器发出。当确认火灾后,应同时向全楼进行广播。

消防应急广播的单次语音播放时间宜为 10 ~ 30 s,应与火灾声警报器分时交替工作,可采取 1 次火灾声警报器播放、1 次或 2 次消防应急广播播放的交替工作方式循环播放。

在消防控制室应能手动或按预设控制逻辑联动控制选择广播分区、启动或停止应急广播系统,并应能监听消防应急广播。在通过传声器进行应急广播时,应自动对广播内容进行录音。

消防控制室内应能显示消防应急广播的广播分区的工作状态。

消防应急广播与普通广播或背景音乐广播合用时,应具有强制切入消防应急广播的功能。

📖 练习题

一、单项选择题

1. 火灾自动报警系统应设置火灾声光警报器,下列关于火灾声光警报器启动程序的表述中,正确的是(　　)。

　　A. 应在确认火灾后启动建筑内着火层火灾声光警报器

　　B. 应在确认火灾后启动建筑内着火层及相邻上一层火灾声光警报器

　　C. 应在确认火灾后启动建筑内着火层及相邻下一层火灾声光警报器

　　D. 应在确认火灾后启动建筑内的所有火灾声光警报器

2. 下列关于火灾警报和消防应急广播系统联动控制设计的说法中,不符合规范要求的有(　　)。

　　A. 火灾确认后应启动建筑内所有火灾声光警报器

　　B. 消防控制室应能手动控制选择广播分区、启动和停止应急广播系统

　　C. 集中报警系统和控制中心报警系统应设置消防应急广播

  D. 当火灾确认后,消防联动控制器应联动启动消防应急广播向火灾发生区域及相邻防火分区广播

 3. 消防应急广播的单次语音播放时间宜为( ),并应与火灾声警报器分时交替工作。

  A. 8 ~ 20 s   B. 10 ~ 30 s   C. 8 ~ 30 s   D. 10 ~ 20 s

 4. 火灾声警报器单次发出火灾警报时间宜为( ),同时设有消防应急广播时,火灾声警报应与消防应急广播交替循环播放。

  A. 8 ~ 20 s   B. 10 ~ 30 s   C. 8 ~ 30 s   D. 10 ~ 20 s

二、多项选择题

下列关于火灾警报与消防应急广播的说法中,正确的是( )。

A. 公共场所宜设置具有不同种类火灾变调声的火灾声警报器

B. 某建筑采用普通广播替代消防应急广播,可手动强制切入消防应急广播

C. 在通过传声器进行应急广播时,应自动对广播内容进行录音

D. 集中报警系统和控制中心报警系统中设置消防应急广播

E. 某学校为增强火灾警报效果,采用警铃作为火灾声警报器

任务 4.4　切非联动控制

📖 励志金句摘录

  做人就应该学习松树的坚定性、坚韧性,无论遇到什么样的考验,都要心存定力、站稳脚跟,风吹不转向,浪打不迷航;无论遇到什么样的困难,都要无所畏惧、勇往直前,"明知山有虎,偏向虎山行",像挺拔的松树那样,巍然屹立天地间。

教学导航	
主要教学内容	4.4 切非联动控制
知识目标	1. 了解切非的目的 2. 了解切非的时序要求 3. 掌握火灾时可立即切断的非消防电源、不应立即切掉的非消防电源
能力目标	具备利用切非时序及控制规定要求解决实际问题的能力
建议学时	1 学时

  所谓消防切非,是指火灾时切断非消防负荷的配电线路(即非消防电源),是火灾时确保消防安全的重要措施。

4.4.1　切非的目的

火灾时切断非消防电源,可以有效防止电气火灾扩大,防止触电事故,保障消防设备的

正常运行。

1) 防止电气火灾扩大

当建筑物发生火灾时,火灾极有可能破坏电气线路,导致线路短路,产生电火花、电弧等,从而引起更大范围的火灾。切断非消防电源可以消除这种潜在的火灾风险,防止火灾进一步蔓延扩大。

2) 防止触电事故

在火灾扑救过程中,消火栓系统、自动喷水灭火系统均以水为灭火剂,消防救援人员可能会直接或间接地接触到带电的电气设备和线路,从而引发触电事故。切断非消防电源可以降低这种触电风险,保障消防救援人员的安全。

3) 保障消防设备的正常运行

切断非消防电源可以确保消防设备的电源供应不受干扰,保障消防设备的正常运行。这对于火灾扑救和人员疏散至关重要。

因此,消防切非是防止火灾蔓延扩大、防范触电事故和保障消防安全的重要措施。在建筑消防设计和日常消防安全管理中,应充分考虑消防切非的需求和实施方案,确保在火灾发生时能够及时、有效地切断非消防电源。

4.4.2　切非的联动控制

依据《火灾自动报警系统设计规范》(GB 50116—2013)的规定,消防联动控制器应具有切断火灾区域及相关区域的非消防电源的功能,当需要切断正常照明时,宜在自动喷淋系统、消火栓系统动作前切断,并应符合下列规定。

1) 火灾时可立即切断的非消防电源

火灾时可立即切断的非消防电源有普通动力负荷、自动扶梯、排污泵、空调用电、康乐设施、厨房设施等。

2) 火灾时不应立即切掉的非消防电源

火灾时不应立即切掉的非消防电源有:正常照明、生活给水泵、安全防范系统设施、地下室排水泵、客梯和Ⅰ～Ⅲ类汽车库作为车辆疏散口的提升机。

对于正常照明:在火灾发生时,如果立即切断正常照明电源,可能会导致恐慌和混乱,影响人员疏散和消防救援工作。因此,正常照明电源应保留,以便人员有序疏散和消防人员开展工作。

对于生活给水泵:生活给水泵对于建筑物的正常运转至关重要,尤其是在火灾发生时,它能够保证人员的正常用水需求。如果立即切断生活给水泵的电源,可能会影响人员的正常用水,甚至会延误消防救援工作。

对于安全防范系统设施:安全防范系统设施是建筑物安全的重要保障,它能够监测和预防火灾等安全事件。在火灾发生时,这些设施能够帮助消防人员快速定位火源、了解建筑物的结构等信息,以便更好地开展救援工作。因此,安全防范系统设施的电源不应立即切断。

对于地下室排水泵:地下室排水泵是地下室排水的重要设备,如果地下室发生火灾,排水泵能够及时排除积水,避免造成更大的损失。因此,在火灾发生时,地下室排水泵的电源也不应立即切断。

对于客梯:客梯是建筑物内人员垂直疏散的重要工具,在火灾发生时,客梯能够快速将人员从危险区域撤离到安全区域。因此,客梯的电源也不应立即切断。

对于消防电梯:消防电梯不属于消防切非对象。在火灾发生时,消防联动控制器应具有发出联动控制信号强制所有电梯停于首层或电梯转换层的功能;但并不是一发生火灾就使所有的电梯均回到首层或转换层,应根据建筑特点,先使发生火灾及相关危险部位的电梯回到首层或转换层,在没有危险部位的电梯,应先保持使用。为防止电梯供电电源被火烧断,电梯宜增加 EPS 备用电源。消防电梯运行状态信息和停于首层或转换层的反馈信号,应传送给消防控制室显示,轿厢内应设置能直接与消防控制室通话的专用电话。

需要注意的是,在火灾发生时,应根据实际情况来判断是否需要切断非消防电源。在某些情况下,如果非消防电源的切断不会影响消防救援工作,或者能够减小火势的蔓延等,那么可以考虑适当切断一些非消防电源。此外,在设计建筑物时,应该充分考虑电气火灾的预防和安全用电的措施,以确保建筑物和人员的安全。

📖 练习题

单项选择题

1. 消防联动控制器应具有切断火灾区域及相关区域的非消防电源的功能,当需要切断正常照明时,下列表述正确的是(   )。
   A. 宜在自动喷淋系统、消火栓系统动作前切断
   B. 宜在自动喷淋系统、消火栓系统动作后切断
   C. 任意时间点均可切断
   D. 为保证正常照明,不应切断

2. 火灾时不应立即切断的非消防电源有(   )。
   A. 普通动力负荷、自动扶梯
   B. 排污泵、空调用电
   C. 康乐设施、厨房设施等
   D. 正常照明、生活给水泵、安全防范系统设施、地下室排水泵、客梯

任务 4.5 气体灭火系统联动控制

📖 励志金句摘录

没有一朵花,从一开始就是花。

每一朵花的绽放必然要从种子开始,种植、发芽、生根、浇水、成长、开花……一路顽强生长,经风雨洗礼,也像极了我们的一生。

每个人所达到的高度都是靠自己努力去争取的,背后付出很多不为人知的努力。

磨砺让生命由幼稚走向成熟。

教学导航		
主要教学内容	4.5.1 气体灭火系统的分类 4.5.2 气体灭火系统的组成 4.5.3 气体灭火系统设置要求 4.5.4 气体灭火系统安全要求 4.5.5 气体灭火系统操作与控制 4.5.6 气体灭火系统的联动控制	
知识目标	1.了解气体灭火系统的分类、组成以及安全要求 2.掌握气体灭火系统操作与控制规定	
能力目标	1.具备现场识别判定气体灭火系统类型的能力 2.具备识别判定气体灭火系统组件及其功能的能力 3.具备通过手动控制和机械应急操作的方式启动气体灭火系统的能力	
建议学时	4 学时	

气体灭火系统是指以一种或多种气体作为灭火介质,通过这些气体在整个防护区内或保护对象周围的局部区域建立起灭火浓度,从而实现灭火的消防设施。气体灭火系统具有灭火效率高、灭火速度快、对被保护对象无污损等优点。

气体灭火系统适用于扑救电气火灾、固体表面火灾、液体火灾、灭火前能切断气源的气体火灾。气体灭火系统不适用于扑救下列火灾:硝化纤维、硝酸钠等氧化剂或含氧化剂的化学制品火灾;钾、镁、钠、钛、锆、铀等活泼金属火灾;氢化钾、氢化钠等金属氢化物火灾;过氧化氢、联胺等能自行分解的化学物质火灾;可燃固体物质的深位火灾。

4.5.1　气体灭火系统的分类

1)按使用的灭火剂分类

气体灭火系统按使用的灭火剂可分为二氧化碳灭火系统、七氟丙烷灭火系统和惰性气体灭火系统。

(1)二氧化碳灭火系统

二氧化碳灭火系统是以二氧化碳作为灭火介质的气体灭火系统。二氧化碳是一种惰性气体,对燃烧具有良好的窒息和冷却作用。缺点是具有温室效应,可能给环境带来危害。

二氧化碳灭火系统按灭火剂储存压力不同可分为高压系统(指灭火剂在常温下储存的系统)和低压系统(指将灭火剂在$-20 \sim -18$ ℃低温下储存的系统)两种应用形式。

(2)七氟丙烷灭火系统

七氟丙烷灭火系统是以七氟丙烷作为灭火介质的气体灭火系统。七氟丙烷灭火剂属于卤代烷灭火剂系列,具有灭火能力强、灭火剂性能稳定的特点。七氟丙烷灭火系统无温室效应,但七氟丙烷灭火剂分解产物对人体有伤害,一旦使用人要立即撤离。其灭火机理主要是气化冷却和化学抑制。

(3)惰性气体灭火系统

惰性气体灭火系统包括 IG-01(氩气)灭火系统、IG-100(氮气)灭火系统、IG-55(50% 氮气、50% 氩气)灭火系统、IG-541(52% 氮气、40% 氩气、8% 二氧化碳)灭火系统。由于惰性气体纯粹来源于自然,是一种无毒、无色、无味、惰性及不导电的纯"绿色"压缩气体,故又称为洁净气体灭火系统。其灭火机理是窒息作用。

2)按系统的结构特点分类

气体灭火系统按系统的结构特点可分为无管网灭火系统和管网灭火系统。

(1)无管网灭火系统

无管网灭火系统是指按一定的应用条件,将灭火剂储存装置和喷放组件等预先设计、组装成套且具有联动控制功能的灭火系统,又称为预制灭火系统。该系统可分为柜式气体灭火装置和悬挂式气体灭火装置两种类型,适用于较小的、无特殊要求的防护区。柜式预制气体灭火系统示意图如图4-26所示。

采用预制灭火系统时,同一防护区内的预制灭火系统装置多于一台时,必须能同时启动,其动作响应时差不得大于2 s。一个防护区设置的预制灭火系统,其装置数量不宜超过10台。

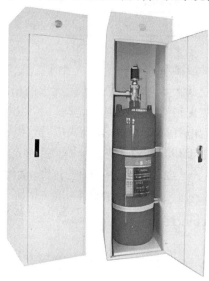

图4-26 柜式预制气体灭火系统示意图

(2)管网灭火系统

管网灭火系统是指按一定的应用条件进行设计计算,将灭火剂从储存装置经干管、支管输送至喷放组件实施喷放的灭火系统。同一防护区,当设计两套或三套管网时,集流管可分别设置,系统启动装置必须共用。各管网上喷头流量均应按同一灭火设计浓度、同一喷放时间进行设计。

管网灭火系统可分为单元独立系统和组合分配系统:

①单元独立系统是指用一套灭火剂储存装置保护一个防护区的灭火系统。

②组合分配系统是指用一套灭火剂储存装置通过管网的选择分配,保护两个或两个以上防护区的灭火系统。组合分配系统的灭火剂设计用量是按最大的一个防护区或保护对象来确定的。两个或两个以上的防护区采用组合分配系统时,一个组合分配系统所保护的防护区不应超过8个。这种灭火系统的优点是储存容器数和灭火剂用量可以大幅度减少,有较高的应用价值。

单元独立式管网灭火系统示意图如图4-27所示。

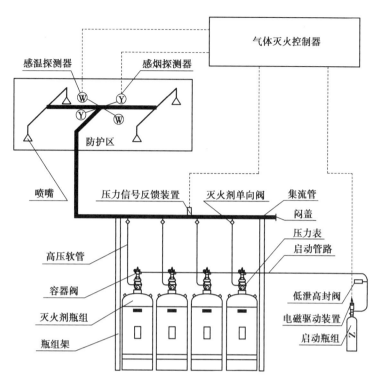

图 4-27　单元独立式管网灭火系统示意图

3）按防护对象的保护形式分类

气体灭火系统按防护对象的保护形式可分为全淹没灭火系统和局部应用灭火系统。

（1）全淹没灭火系统

全淹没灭火系统是指在规定的时间内，向防护区喷放设计规定用量的灭火剂，并使其均匀地充满整个防护区的灭火系统，如图 4-28 所示。全淹没灭火系统的喷头均匀布置在防护区的顶部，当发生火灾时，喷射的灭火剂与空气混合，迅速在此空间内建立有效扑灭火灾的浓度，并将灭火剂浓度保持一段时间，即通过灭火剂气体将封闭空间淹没以实施灭火。

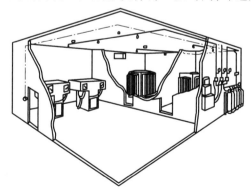

图 4-28　全淹没气体灭火系统示意图

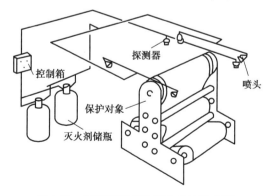

图 4-29　局部应用气体灭火系统示意图

（2）局部应用灭火系统

局部应用灭火系统是指在规定时间内向保护对象以设计喷射率直接喷射气体,在保护对象周围形成局部高浓度,并持续一定时间的灭火系统,如图 4-29 所示。局部应用灭火系统的喷头均匀布置在保护对象的四周,当发生火灾时,将灭火剂直接而集中地喷射到保护对象上,使其笼罩整个保护对象外表面,即在保护对象周围局部范围内达到较高的灭火剂气体浓度以实施灭火。

4.5.2 气体灭火系统的组成

气体灭火系统一般由灭火剂瓶组、启动瓶组、气流单向阀、选择阀等部件构成,如图 4-30 所示。不同的系统,其结构形式和组成部件的数量也不完全相同。

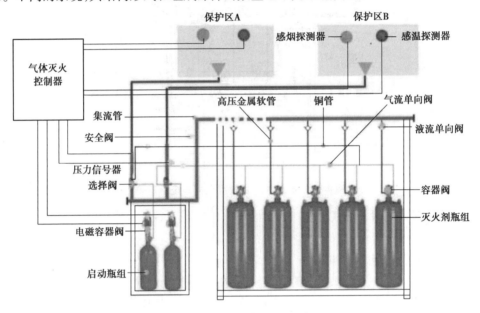

图 4-30 气体灭火系统（组合分配系统）组成

1）瓶组

瓶组一般由容器、容器阀、安全泄放装置、虹吸管、取样口、检漏装置和充装介质等组成,用于储存灭火剂和控制灭火剂的释放。

2）容器

容器是用来储存灭火剂和启动气体的重要组件,分为钢质无缝容器和钢质焊接容器。

3）容器阀

容器阀又称为瓶头阀,安装在容器上,具有封存、释放、充装、监控压力、超压泄放等功能。容器阀按用途可分为灭火剂瓶组上容器阀和启动气体瓶组上容器阀两类。

4）选择阀

选择阀是在组合分配系统中,用于控制灭火剂经管网释放到预定防护区或保护对象的阀门,选择阀和防护区一一对应。选择阀可分为活塞式、球阀式、气动启动型、电磁启动型、电爆启动型和组合启动型等类型。

5）喷嘴

喷嘴是用于控制灭火剂的流速和喷射方向的组件,是气体灭火系统的一个关键部件。喷嘴可分为全淹没灭火方式用喷嘴和局部应用灭火方式用喷嘴。

6）单向阀

单向阀按安装在管路中的位置可分为灭火剂流通管路单向阀和启动气体控制管路单向阀。

灭火剂流通管路单向阀安装于连接管与集流管之间,防止灭火剂从集流管向灭火剂瓶组反流。启动气体控制管路单向阀安装于启动气体管路上,用来控制启动气体流动方向,启动特定的阀门。

7）集流管

集流管是将多个灭火剂瓶组的灭火剂汇集在一起,再分配到各防护区的汇流管路。

8）连接管

连接管可分为容器阀与集流管之间的连接管和控制管路连接管。容器阀与集流管之间的连接管按材料不同可分为高压不锈钢连接管和高压橡胶连接管。

9）安全泄放装置

安全泄放装置安装于瓶组和集流管上,以防止瓶组和灭火剂管道在非正常受压时爆炸。瓶组上的安全泄放装置可安装在容器上或容器阀上。

安全泄放装置可分为灭火剂瓶组安全泄放装置、启动气体瓶组安全泄放装置和集流管安全泄放装置。

10）驱动装置

驱动装置用于驱动容器阀和选择阀。可分为气动型驱动器、引爆型驱动器、电磁型驱动器、机械型驱动器和燃气型驱动器等类型。

11）检漏装置

检漏装置用于监测瓶组内介质的压力或质量损失。包括压力显示器、称重装置和液位测量装置等。

12）信号反馈装置

信号反馈装置也称为压力信号器,是安装在灭火剂释放管路或选择阀上,将灭火剂释放的压力或流量信号转换为电信号,并反馈到控制中心的装置。常见的是把压力信号转换为电信号的信号反馈装置,一般也称为压力开关。

13）低泄高封阀

低泄高封阀是为了防止因启动气体泄漏的累积而引发系统误动作而在管路中设置的阀门。它安装在系统启动管路上,正常情况下处于开启状态,仅当进口压力达到设定压力时才关闭,主要用于排除气源泄漏后积聚在启动管路内的气体。

4.5.3　气体灭火系统设置要求

1）气体灭火系统防护区划分

气体灭火系统防护区划分应符合下列规定:防护区宜以单个封闭空间划分;同一区间的吊顶层和地板下需同时保护时,可合为一个防护区;采用管网灭火系统时,一个防护区的面积不宜大于 800 m^2,且容积不宜大于 3 600 m^3;采用预制灭火系统时,一个防护区的面积不宜大于 500 m^2,且容积不宜大于 1 600 m^3。

2）防护区围护结构及门窗

防护区围护结构及门窗的耐火极限均不宜低于 0.5 h;吊顶的耐火极限不宜低于 0.25 h。防护区围护结构承受内压的允许压强不宜低于 1 200 Pa。

3）防护区泄压口

防护区应设置泄压口,七氟丙烷灭火系统的泄压口应位于防护区净高的 2/3 以上。防护区设置的泄压口,宜设在外墙上。喷放灭火剂前,防护区内除泄压口外的开口应能自行关闭。

4）防护区的环境温度

防护区的最低环境温度不应低于-10 ℃。

4.5.4　气体灭火系统安全要求

1）安全疏散

防护区应有保证人员在 30 s 内疏散完毕的通道和出口。防护区的门应向疏散方向开启,并能自行关闭;用于疏散的门必须能从防护区内打开。

2）通风换气

灭火后的防护区应通风换气,对于地下防护区以及无窗或设有固定窗扇的地上防护区,应设置机械排风装置,排风口宜设在防护区的下部并应直通室外。通信机房、电子计算机房等场所的通风换气次数应不少于 5 次/h。

3）防静电接地

经过有爆炸危险和变电、配电场所的管网,以及布设在这些场所的金属箱体等,应设防静电接地。

4）灭火设计浓度或实际使用浓度

有人工作的防护区的灭火设计浓度或实际使用浓度,不应大于有毒性反应浓度。

5）预制灭火系统的充压压力

防护区内设置的预制灭火系统的充压压力不应大于 2.5 MPa。

6）警示显示与措施

灭火系统的手动控制与应急操作应有防止误操作的警示显示与措施。

7）人员防护保障

设有气体灭火系统的场所,宜配置空气呼吸器。

4.5.5　气体灭火系统操作与控制

1）管网灭火系统启动方式

管网灭火系统应设自动控制、手动控制和机械应急操作 3 种启动方式。

2）预制灭火系统启动方式

预制灭火系统应设自动控制和手动控制两种启动方式。

3）延迟喷射

采用自动控制启动方式时,根据人员安全撤离防护区的需要,应设置不大于 30 s 的可控延迟喷射;对于平时无人工作的防护区,可设置为无延迟的喷射。

4）操作装置

手动控制装置和手动与自动转换装置应设在防护区疏散出口的门外便于操作的地方,安装高度为中心点距地面 1.5 m 处。

机械应急操作装置应设在储瓶间内或防护区疏散出口门外便于操作的地方。

5）气体灭火系统的操作与控制事项

气体灭火系统的操作与控制,应包括对开口封闭装置、通风机械和防火阀等设备的联动操作与控制。

6）选择阀与容器阀启动时序

组合分配系统启动时,选择阀应在容器阀开启前或同时打开。

7）信息反馈

设有消防控制室的场所,各防护区灭火控制系统的有关信息应传送给消防控制室。

4.5.6　气体灭火系统的联动控制

气体灭火系统应由专用的气体灭火控制器控制。

1）气体灭火控制器直接连接火灾探测器的自动控制方式

气体灭火控制器直接连接火灾探测器时,气体灭火系统的自动控制方式应符合以下规定。

（1）联动触发信号

应由同一防护区域内两只独立的火灾探测器的报警信号、一只火灾探测器与一只手动火灾报警按钮的报警信号或防护区外的紧急启动信号,作为系统的联动触发信号,探测器的组合宜采用感烟火灾探测器和感温火灾探测器。

（2）联动控制流程

任一防护区域内设置的感烟火灾探测器、其他类型火灾探测器或手动火灾报警按钮的报警信号作为首个联动触发信号,气体灭火控制器在接收到满足联动逻辑关系的首个联动触发信号后,应启动设置在该防护区内的火灾声光警报器;在接收到第二个联动触发信号后,应发出联动控制信号,且联动触发信号应为同一防护区域内与首次报警的火灾探测器或手动火灾报警按钮相邻的感温火灾探测器、火焰探测器或手动火灾报警按钮的报警信号。

（3）联动控制信号

联动控制信号应包括以下内容。

①关闭防护区域的送（排）风机及送（排）风阀门。

②停止通风和空气调节系统及关闭设置在该防护区域的电动防火阀。

③联动控制防护区域开口封闭装置的启动,包括关闭防护区域的门、窗。

④启动气体灭火装置,可设定不大于30 s的延迟喷射时间。

⑤平时无人工作的防护区,可设置为无延迟的喷射,应在接收到满足联动逻辑关系的首个联动触发信号后,关闭防护区域的送（排）风机及送（排）风阀门、停止通风和空气调节系统及关闭设置在该防护区域的电动防火阀、联动控制防护区域开口封闭装置的启动（包括关闭防护区域的门、窗）;在接收到第二个联动触发信号后,应启动气体灭火装置。

⑥气体灭火防护区出口外上方应设置表示气体喷洒的火灾声光警报器,指示气体释放的声信号应与该保护对象中设置的火灾声警报器的声信号有明显区别。启动气体灭火装置的同时,应启动设置在防护区入口处表示气体喷洒的火灾声光警报器;组合分配系统应首先开启相应防护区域的选择阀,然后启动气体灭火装置。

2）气体灭火控制器不直接连接火灾探测器的自动控制方式

气体灭火控制器不直接连接火灾探测器时,气体灭火系统的自动控制方式应符合下列规定:气体灭火系统的联动触发信号应由火灾报警控制器或消防联动控制器发出;气体灭火系统的联动触发信号和联动控制流程均应符合前述1）的规定。

3）气体灭火系统的手动控制方式

气体灭火系统的手动控制方式应符合以下规定。

（1）防护区门外气体灭火装置的手动启动和停止按钮操作

在防护区疏散出口的门外应设置气体灭火装置的手动启动和停止按钮,手动启动按钮按下时,气体灭火控制器应执行以下联动操作。

①启动设置在该防护区内的火灾声光警报器。

②关闭防护区域的送（排）风机及送（排）风阀门。

③停止通风和空气调节系统,并关闭设置在该防护区域的电动防火阀。

④联动控制防护区域开口封闭装置的启动,包括关闭防护区域的门、窗。

⑤启动气体灭火装置,可设定不大于30 s的延迟喷射时间。

⑥手动停止按钮按下时,气体灭火控制器应停止正在执行的联动操作。

（2）气体灭火控制器上手动启动和停止按钮操作

气体灭火控制器上应设置对应于不同防护区的手动启动和停止按钮,手动启动按钮按下时,气体灭火控制器应执行以下操作。

①启动设置在该防护区内的火灾声光警报器。

②关闭防护区域的送（排）风机及送（排）风阀门。

③停止通风和空气调节系统及关闭设置在该防护区域的电动防火阀。

④联动控制防护区域开口封闭装置的启动,包括关闭防护区域的门、窗。

⑤启动气体灭火装置,可设定不大于30 s的延迟喷射时间。

⑥手动停止按钮按下时,气体灭火控制器应停止正在执行的联动操作。

4)机械应急启动控制方式

在气体灭火控制器失效且经人工判断确认发生火灾时,应立即通知现场所有人员撤离,在确定所有人员撤离现场后,实施机械应急启动:首先手动关闭联动设备并切断电源,然后打开对应防护区选择阀,成组或逐个打开对应保护区储瓶组上的瓶头阀,即刻实施灭火。

5)紧急启动/停止控制方式适用

该方式一般用于以下两种场景的紧急情况。场景一:当现场人员发现火情而气体灭火控制器未能正常启动时,立即通知现场所有人员撤离,在确定所有人员撤离现场后,按下紧急启动/停止按钮,系统立即实施灭火操作;场景二:当气体灭火装置发出声光报警信号并正处于 30 s 延时阶段,如发现为误报火警或火势甚小已经被人工扑灭时,可立即按下紧急启动/停止按钮,系统停止实施灭火操作,避免不必要的损失。

6)信号反馈

气体灭火装置启动及喷放各阶段的联动控制及系统的反馈信号,应反馈至消防联动控制器。系统的联动反馈信号应包括以下内容。

①气体灭火控制器直接连接的火灾探测器的报警信号。

②选择阀的动作信号。

③压力开关的动作信号。

7)手动和自动控制状态显示

在防护区域内设有手动与自动控制转换装置的系统,其手动或自动控制方式的工作状态应在防护区内、外的手动和自动控制状态显示装置上显示,该状态信号应反馈至消防联动控制器。

📖 练习题

单项选择题

1.气体灭火系统采用管网灭火系统时,一个防护区的面积不宜大于( )m^2,且容积不宜大于( )m^3。

　　A.800　3 600　　B.500　1 600　　C.800　2 600　　D.1 000　3 600

2.气体灭火系统采用预制灭火系统时,一个防护区的面积不宜大于( )m^2,且容积不宜大于( )m^3。

　　A.500　1 600　　B.800　1 600　　C.800　1 500　　D.500　1 000

3.气体灭火系统防护区围护结构及门窗的耐火极限均不宜低于( )h;吊顶的耐火极限不宜低于( )h。

　　A.0.5　0.25　　B.0.5　0.5　　C.0.8　0.5　　D.0.75　0.5

4.气体灭火系统防护区围护结构承受内压的允许压强,不宜低于( )Pa。

　　A.800　　　　　B.1 000　　　　C.1 200　　　　D.2 000

5.气体灭火系统防护区应设置泄压口,七氟丙烷灭火系统的泄压口应位于防护区净高的( )以上。

A.1/3　　　　　B.2/3　　　　　C.2/5　　　　　D.3/4

6.气体灭火系统防护区的最低环境温度不应低于(　　)℃。

A.10　　　　　B.15　　　　　C.−20　　　　　D.−10

7.气体灭火系统防护区应有保证人员在(　　)s内疏散完毕的通道和出口。

A.25　　　　　B.15　　　　　C.20　　　　　D.30

8.采用气体灭火系统的通信机房、电子计算机房等场所的通风换气次数应不少于每小时(　　)次。

A.3　　　　　B.5　　　　　C.8　　　　　D.10

9.气体灭火控制器在接收到第二个联动触发信号后,应发出联动控制信号,下列不属于联动控制信号的是(　　)。

A.关闭防护区域的送(排)风机及送(排)风阀门

B.停止通风和空气调节系统及关闭设置在该防护区域的电动防火阀

C.联动控制防护区域开口封闭装置的启动,包括关闭防护区域的门、窗

D.启动气体灭火装置,气体灭火控制器,可设定不小于30 s的延迟喷射时间

任务4.6　防排烟系统联动控制

📖 励志金句摘录

历史车轮滚滚向前,时代潮流浩浩荡荡。

历史只会眷顾坚定者、奋进者、搏击者,而不会等待犹豫者、懈怠者、畏难者。

教学导航	
主要教学内容	4.6.1 防排烟系统的工作原理及系统构成 4.6.2 防排烟系统的控制方式 4.6.3 防排烟系统组件的操作与控制
知识目标	1.了解防排烟系统的工作原理及系统构成 2.掌握防排烟系统的控制方式 3.掌握防排烟系统的操作与控制
能力目标	1.具备现场识别判定防排烟系统组件的能力 2.具备对加压送风机、排烟风机、常闭排烟口(阀)等系统组件现场手动操作控制的能力
建议学时	4学时

4.6.1　防排烟系统工作原理及系统构成

防排烟系统是防烟系统和排烟系统的总称,是建筑消防设施的重要组成部分。

烟气是造成建筑火灾人员伤亡的主要因素。烟气中携带有较高温度的有毒气体和微粒,对人的生命构成极大的威胁。相关实验表明,人在浓烟中停留 1~2 min 就会晕倒,接触 4~5 min 就有生命危险。2000 年 12 月,洛阳某特大火灾,导致 309 人死亡,几乎全部为火灾中的有毒烟气所致。防烟、排烟的目的是要及时排除火灾产生的大量烟气,阻止烟气向防烟分区外扩散,确保建筑物内人员的顺利疏散和安全避难,并为消防救援创造有利条件。建筑内的防排烟系统是保证建筑内人员安全疏散的重要设施。

当建筑物发生火灾时,疏散楼梯间是建筑物内部人员疏散的通道,同时,前室、合用前室是消防救援人员进行火灾扑救的起始场所,避难层(间)是建筑内用于人员暂时躲避火灾及其烟气危害的楼层(房间)。因此,在火灾发生时,最首要的任务就是控制火灾烟气进入上述安全区域。防烟系统是指通过采用自然通风方式,防止火灾烟气在楼梯间、前室、避难层(间)等空间内积聚,或通过采用机械加压送风方式阻止火灾烟气侵入楼梯间、前室、避难层(间)等空间的系统,防烟系统分为自然通风系统和机械加压送风系统。

自然通风系统是指通过数量、位置、面积等指标均符合特定条件的可开启外窗(开口),并利用热压和自然风压的作用进行通风。

机械加压送风系统是指通过送风机送风,使需要加压送风的部位(如防烟楼梯间、前室等)压力大于周围环境的压力,以阻止火灾烟气侵入楼梯间、前室、避难层(间)等空间。为保证疏散通道不受烟气侵害,使人员能够安全疏散,发生火灾时,加压送风应做到:防烟楼梯间压力>前室压力>走道压力>房间压力。

对于高度较高的建筑,其自然通风效果受建筑本身的密闭性,以及自然环境中风向、风压的影响较大,难以保证防烟效果,因此,需要采用机械加压来保证防烟效果。建筑高度大于 50 m 的公共建筑、工业建筑和建筑高度大于 100 m 的住宅建筑,其防烟楼梯间、独立前室、共用前室、合用前室及消防电梯前室应采用机械加压送风系统。

建筑高度小于或等于 50 m 的公共建筑、工业建筑和建筑高度小于或等于 100 m 的住宅建筑,其防烟楼梯间、独立前室、共用前室、合用前室(除共用前室与消防电梯前室合用外)及消防电梯前室应采用自然通风系统。当不能设置自然通风系统时,应采用机械加压送风系统。当独立前室或合用前室采用全敞开的阳台(或凹廊)或设有两个及以上不同朝向的可开启外窗,且独立前室两个外窗面积分别不小于 2 m²、合用前室两个外窗面积分别不小于 3 m² 时,楼梯间可不设置防烟系统。

地下、半地下建筑(室)中自然采光和自然通风条件差,加之地下空间对流条件差,火灾燃烧过程中缺乏充足的空气补充,可燃物燃烧慢、烟气多、温升快、能见度降低很快,大大增加了人员的恐慌心理,对安全疏散十分不利。为此,对于建筑地下部分的防烟楼梯间前室及消防电梯前室,当无自然通风条件或自然通风不符合要求时,应采用机械加压送风系统。

避难层的防烟系统可根据建筑构造、设备布置等因素选择自然通风系统或机械加压送风系统。

一般情况下,采用机械加压送风系统的防烟楼梯间及其前室应分别设置送风井(管)道,送风口(阀)和送风机。由于不同楼层的防烟楼梯间与前室之间的门、前室与走道之间的门同时开启或部分开启时,气流的走向和风量的分配十分复杂,而且防烟楼梯间与前室要维持的正压值不同。因此,防烟楼梯间和前室的机械加压送风系统应分别独立设置。

机械加压送风风机的设置应符合下列规定:机械加压送风风机宜采用轴流风机或中、低压离心风机,如图 4-31 所示;送风机的进风口应直通室外,且应采取防止烟气被吸入的措施;送风机的进风口宜设在机械加压送风系统的下部;送风机的进风口不应与排烟风机的出风口设在同一面上,以保证加压送风机的进风是来自室外且不受火灾和烟气污染的空气。一般应将进风口设在排烟口下方,并保持一定的高度差;必须设在同一层面时,应保持两风口边缘间的相对距离,或设在不同朝向的墙面上。送风机宜设置在系统的下部,且应采取保证各层送风量均匀性的措施。送风机应设置在专用机房内。

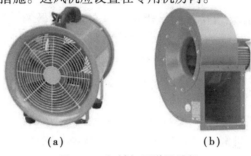

图 4-31　机械加压送风风机
(a)轴流风机;(b)离心风机

　　加压送风口的设置应符合下列规定:一般情况下楼梯间宜每隔 2～3 层设一个常开式百叶送风口,既可方便整个防烟楼梯间压力值达到均衡,又可避免在需要一定正压送风量的前提下,因正压送风口数量少而导致风口断面太大。前室应每层设一个常闭式加压送风口,并应设手动开启装置。

　　机械加压送风系统应采用管道送风,且不应采用土建风道。送风管道应采用不燃材料制作且内壁应光滑。机械加压送风管道的风速、设置和耐火极限应符合特定规定。

　　机械加压送风系统示意图如图 4-32 所示。

　　排烟系统是指采用自然排烟或机械排烟的方式,将房间、走道等空间的火灾烟气排至建筑物外的系统,分为自然排烟系统和机械排烟系统。燃烧时的高温会使气体膨胀产生浮力,火焰上方的高温气体与环绕火的冷空气流之间的密度不同将产生压力不均匀分布,从而使建筑内的空气和烟气产生流动。自然排烟就是利用建筑内气体流动的上述特性,采用靠外墙上的可开启外窗或高侧窗、天窗、敞开阳台与凹廊或专用排烟口、竖井等将烟气排除。此种排烟方式结构简单、经济,不需要电源及专用设备,且烟气温度升高时排烟效果也不下降,具有可靠性高、投资少、管理维护简便等优点。机械排烟是通过排烟风机抽吸,使排烟口附近压力下降,形成负压,进而将烟气通过排烟口、排烟管道、排烟风机等排至室外。

　　建筑排烟系统的设计应根据建筑的使用性质、平面布局等因素,优先采用自然排烟系统。同一个防烟分区应采用同一种排烟方式。多层建筑比较简单,受外部条件影响较少,一般采用自然通风方式较多。高层建筑主要受自然条件(如室外风速、风压、风向等)的影响较大,一般采用机械方式较多。在同一个防烟分区内不应同时采用自然排烟方式和机械排烟方式,主要是考虑到两种方式相互之间对气流的干扰,影响排烟效果。尤其是在排烟时,自然排烟口还可能会在机械排烟系统动作后变成进风口,使其失去排烟作用。

　　设置排烟系统的场所或部位应采用挡烟垂壁、结构梁及隔墙等划分防烟分区。公共建筑、工业建筑防烟分区的最大允许面积及其长边最大允许长度应符合表 4-1 的规定,当工业建筑采用自然排烟系统时,其防烟分区的长边长度尚不应大于建筑内空间净高的 8 倍。

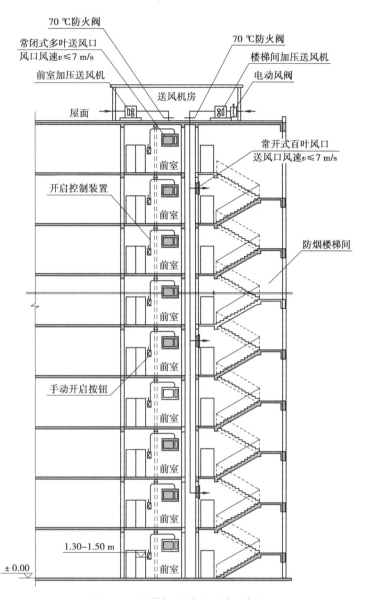

图 4-32 机械加压送风系统示意图

表 4-1 公共建筑、工业建筑防烟分区的最大允许面积及其长边最大允许长度

空间净高 H/m	最大允许面积/m²	长边最大允许长度/m
$H \leqslant 3.0$	500	24
$3.0 < H \leqslant 6.0$	1 000	36
$H > 6.0$	2 000	60;具有自然对流条件时,不应大于 75

注:①当公共建筑、工业建筑中的走道宽度不大于 2.5 m 时,其防烟分区的长边长度不应大于 60 m。

②当空间净高大于 9 m 时,防烟分区之间可不设置挡烟设施。

③汽车库防烟分区的划分及其排烟量应符合现行国家规范《汽车库、修车库、停车场设计防火规范》(GB 50067—2014)的相关规定。

火灾中产生的烟气在遇到顶棚后将形成顶棚射流向周围扩散,没有防烟分区将导致烟气的横向迅速扩散,甚至引燃其他部位;如果烟气温度不是很高,则其在横向扩散过程中将与冷空气混合而变得较冷、较薄并下降,从而降低排烟效果。设置防烟分区可使烟气比较集中、温度较高,烟层增厚,并形成一定的压力差,有利于提高排烟效果,并将烟气控制在着火区域所在的空间范围内,限制烟气从储烟仓内向其他区域蔓延。烟气层高度需控制在储烟仓下沿以上一定高度内,以保证人员安全疏散及消防救援。防烟分区过大时(包括长边过长),烟气水平射流的扩散中,会卷吸大量冷空气而沉降,不利于烟气的及时排出;而防烟分区的面积过小,又会使储烟能力减弱,使烟气过早沉降或蔓延到相邻的防烟分区。防烟分区不应跨越防火分区。防火分区是控制建筑物内火灾蔓延的基本空间单元。机械排烟系统按防火分区设置就是要避免管道穿越防火分区,从根本上保证防火分区的完整性。

采用自然排烟系统的场所应设置自然排烟窗(口)。防烟分区内自然排烟窗(口)的面积、数量、位置应经计算确定,且防烟分区内任一点与最近的自然排烟窗(口)之间的水平距离应符合《建筑防烟排烟系统技术标准》(GB 51251—2017)的规定。

自然排烟窗、挡烟垂壁以及储烟仓设置如图 4-33 所示。

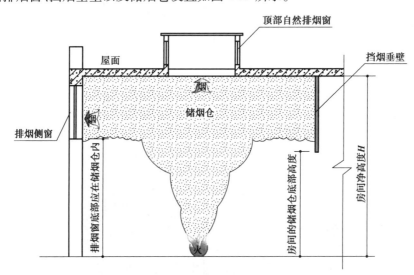

图 4-33　自然排烟窗、挡烟垂壁以及储烟仓设置示意图

室内任一点至最近的自然排烟窗(口)之间的水平距离,如图 4-34 所示。

机械排烟系统由排烟风机、排烟井(管)道、排烟口(排烟窗、排烟阀)等构成,如图 4-35 所示。

排烟风机宜设置在排烟系统的最高处,烟气出口宜朝上,并应高于加压送风机和补风机的进风口,两者垂直距离或水平距离应确保火灾时排烟系统的效能,并保证加压送风机和补风机的吸风口不受到烟气的威胁,排烟风机应设置在专用机房内,如图 4-36 所示。排烟风机应满足 280 ℃时连续工作 30 min 的要求,排烟风机应与风机入口处的排烟防火阀连锁,当该阀关闭时,排烟风机应能停止运转。

机械排烟系统应采用管道排烟,且不应采用土建风道。排烟管道应采用不燃材料制作且内壁应光滑。排烟管道的风速、设置和耐火极限应符合特定规定。为防止火灾通过排烟管道蔓延到其他区域,排烟管道下列部位应设置排烟防火阀:垂直风管与每层水平风管交接处的水平管段上;一个排烟系统负担多个防烟分区的排烟支管上;排烟风机入口处;穿越防火分区处。

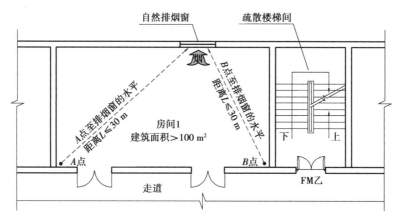

图 4-34　室内任一点至最近的自然排烟窗(口)之间的水平距离示意图

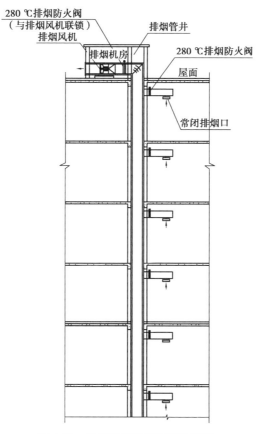

图 4-35　机械排烟系统构成示意图

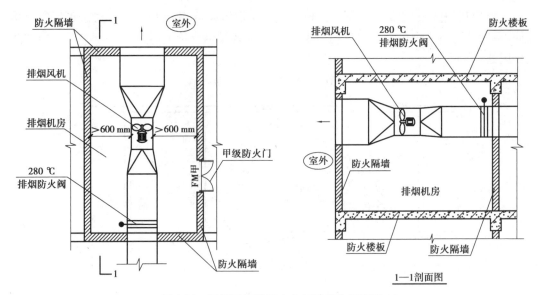

图 4-36 排烟风机设置在专用机房内示意图

排烟口的设置应按《建筑防烟排烟系统技术标准》(GB 51251—2017)的规定经计算确定,且防烟分区内任一点与最近的排烟口之间的水平距离不应大于 30 m。排烟口宜设置在顶棚或靠近顶棚的墙面上。排烟口应设在储烟仓内(但走道、室内空间净高不大于 3 m 的区域,其排烟口可设置在其净空高度的 1/2 以上;当设置在侧墙时,吊顶与其最近边缘的距离不应大于 0.5 m),排烟口设置在储烟仓内或高位,能将起火区域产生的烟气最有效、快速地排出,以利于安全疏散。

排烟口由阀体、叶片、执行机构组成,可分为板式和多叶式两种,如图 4-37 所示。

(a) (b)

图 4-37 排烟口

(a)板式;(b)多叶式

设置排烟系统的场所应设置补风系统。排烟系统排烟时,补风主要是为了形成理想的气流组织,迅速排除烟气,有利于人员的安全疏散和消防救援人员的进入。对于地上建筑的走道或建筑面积<500 m² 的房间,由于这些场所的面积较小,排烟量也较小,可以利用建筑的各种缝隙,满足排烟系统所需的补风需求。

4.6.2 防排烟系统的控制方式

依据《火灾自动报警系统设计规范》(GB 50116—2013)的规定,防排烟系统的控制方式应符合以下规定。

1）防烟系统的联动控制方式

（1）送风口开启和加压送风机启动的联动控制

送风口开启和加压送风机启动的联动控制应由加压送风口所在防火分区内的两只独立的火灾探测器，或一只火灾探测器与一只手动火灾报警按钮的报警信号作为触发信号，并应由消防联动控制器联动控制相关层前室等需要加压送风场所的加压送风口开启和加压送风机启动。

（2）电动挡烟垂壁降落的联动控制

电动挡烟垂壁降落的联动控制应由同一防烟分区内且位于电动挡烟垂壁附近的两只独立的感烟火灾探测器的报警信号作为触发信号，并应由消防联动控制器联动控制电动挡烟垂壁的降落。

2）排烟系统的联动控制方式

（1）排烟口、排烟窗或排烟阀开启的联动控制

排烟口、排烟窗或排烟阀开启的联动控制应由同一防烟分区内的两只独立的火灾探测器的报警信号作为触发信号，并应由消防联动控制器联动控制排烟口、排烟窗或排烟阀的开启，同时停止该防烟分区的空气调节系统。

（2）排烟风机启动的联动控制

排烟风机启动的联动控制应由排烟口、排烟窗或排烟阀开启的动作信号作为触发信号，并应由消防联动控制器联动控制排烟风机的启动。

3）防烟系统、排烟系统的手动控制方式

防烟系统、排烟系统的手动控制方式，应能在消防控制室内的消防联动控制器上手动控制送风口、电动挡烟垂壁、排烟口、排烟窗、排烟阀的开启或关闭，以及防烟风机、排烟风机等设备的启动或停止。防烟、排烟风机的启动和停止按钮应采用专用线路直接连接至设置在消防控制室内的消防联动控制器的手动控制盘，并应手动控制防烟、排烟风机的启动和停止。

4）信号反馈

送风口、排烟口、排烟窗或排烟阀开启和关闭的动作信号，防烟、排烟风机启动和停止及电动防火阀关闭的动作信号，均应反馈至消防联动控制器。

排烟风机入口处的总管上设置的 280 ℃排烟防火阀在关闭后应直接联动控制风机停止，排烟防火阀及风机的动作信号应反馈至消防联动控制器。

防排烟系统的联动控制示意图如图 4-38 所示。

4.6.3　防排烟系统组件的操作与控制

依据《建筑防烟排烟系统技术标准》（GB 51251—2017），防排烟系统组件的操作与控制应符合以下规定。

1）加压送风机的启动

加压送风机的启动应符合以下规定：

①现场手动启动；

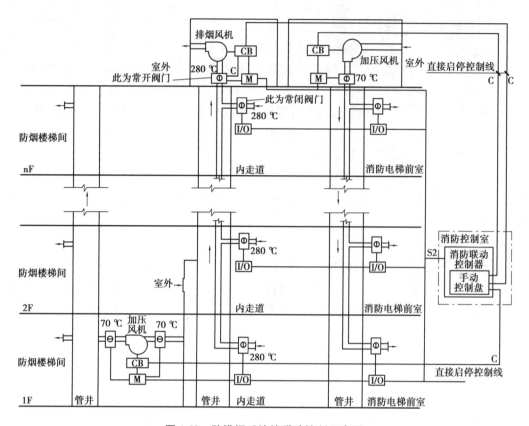

图 4-38　防排烟系统的联动控制示意图

②通过火灾自动报警系统自动启动；

③消防控制室手动启动；

④系统中任一常闭加压送风口开启时，加压送风机应能自动启动。

2）常闭加压送风口和加压送风机开启

当防火分区内火灾确认后，应能在 15 s 内联动开启常闭加压送风口和加压送风机，并应符合以下规定：

①应开启该防火分区楼梯间的全部加压送风机；

②应开启该防火分区内着火层及其相邻上下层前室及合用前室的常闭送风口，同时开启加压送风机。

3）排烟风机、补风机的控制方式

排烟风机、补风机的控制方式应符合以下规定：

①现场手动启动；

②火灾自动报警系统自动启动；

③消防控制室手动启动；

④系统中任一排烟阀或排烟口开启时，排烟风机、补风机自动启动；

⑤排烟防火阀在 280 ℃时应自行关闭，并应连锁关闭排烟风机和补风机。

4)常闭排烟阀或排烟口开启方式

机械排烟系统中的常闭排烟阀或排烟口应具有火灾自动报警系统自动开启、消防控制室手动开启和现场手动开启功能,其开启信号应与排烟风机联动。当火灾确认后,火灾自动报警系统应在 15 s 内联动开启相应防烟分区的全部排烟阀、排烟口、排烟风机和补风设施,并应在 30 s 内自动关闭与排烟无关的通风、空调系统。

5)担负两个及以上防烟分区的排烟系统排烟阀或排烟口

当火灾确认后,担负两个及以上防烟分区的排烟系统,应仅打开着火防烟分区的排烟阀或排烟口,其他防烟分区的排烟阀或排烟口应呈关闭状态。

6)活动挡烟垂壁

活动挡烟垂壁应具有火灾自动报警系统自动启动和现场手动启动功能,当火灾确认后,火灾自动报警系统应在 15 s 内联动相应防烟分区的全部活动挡烟垂壁,挡烟垂壁应在 60 s 内开启到位。

7)自动排烟窗控制方式

自动排烟窗可采用与火灾自动报警系统联动和温度释放装置联动的控制方式。当采用火灾自动报警系统自动启动时,自动排烟窗应在 60 s 内或小于烟气充满储烟仓时间内开启完毕。带有温控功能自动排烟窗,其温控释放温度应大于环境温度 30 ℃且小于 100 ℃。

📖 练习题

单项选择题

1. 下列关于防烟系统的表述,不正确的是(   )。
   A. 防烟系统可以通过采用自然通风的方式,防止火灾烟气在楼梯间、前室、避难层(间)等空间内积聚
   B. 防烟系统可以通过采用机械加压送风的方式,阻止火灾烟气侵入楼梯间、前室、避难层(间)等空间
   C. 防烟系统分为自然通风系统和机械加压送风系统
   D. 重要房间、走道应设置有效的防烟系统

2. 下列关于排烟系统的表述,不正确的是(   )。
   A. 排烟系统是指采用自然排烟或机械排烟的方式,将房间、走道等空间的火灾烟气排至建筑物外,分为自然排烟系统和机械排烟系统
   B. 自然排烟是指通过建筑开口将建筑内的烟气直接排至室外的排烟方式
   C. 自然排烟窗(口)是指具有排烟作用的不可开启外窗或开口,可通过自动、手动、温控释放等方式开启
   D. 排烟口是指机械排烟系统中烟气的入口

3. 下列关于排烟防火阀的表述,正确的是(   )。
   A. 安装在自然排烟系统的管道上

B. 平时呈关闭状态

C. 火灾时当排烟管道内烟气温度达到 280 ℃时,需手动关闭

D. 在一定时间内能满足漏烟量和耐火完整性要求,起隔烟阻火作用

4. 机械排烟系统沿水平方向布置时,下列说法正确的是(　　　　)。

A. 每个防火分区的机械排烟系统应独立设置风机、风口,相邻防火分区可共用一套风管

B. 排烟风机宜设置在排烟系统的最低处,烟气出口宜朝上,排烟风机应设置在专用机房内

C. 排烟口宜设置在顶棚或靠近顶棚的墙面上

D. 机械排烟系统应采用管道排烟,宜采用土建风道。排烟管道应采用不燃材料制作且内壁应光滑

5. 下列不属于机械加压送风系统组成部分的是(　　　　)。

A. 送风井(管)道　　　　　　　　B. 送风口(阀)

C. 送风机　　　　　　　　　　　D. 排风机

6. 机械加压送风系统风机不宜采用的类型是(　　　　)。

A. 轴流风机　　　　　　　　　　B. 中压离心风机

C. 低压离心风机　　　　　　　　D. 高压离心风机

7. 下列关于机械加压送风系统的表述,错误的是(　　　　)。

A. 送风机的进风口宜设在机械加压送风系统的下部

B. 送风机宜设置在系统的下部,送风机应设置在专用机房内

C. 楼梯间宜每隔 2～3 层设一个常开式百叶送风口,前室应每层设一个常闭式加压送风口

D. 机械加压送风系统应采用管道送风,且不应采用土建风道。送风管道应采用不燃材料制作且内壁应粗糙

8. 下列关于加压送风机启动方式的表述,不正确的是(　　　　)。

A. 现场手动启动

B. 通过火灾自动报警系统自动启动

C. 消防控制室手动启动

D. 系统中任一常闭加压排烟口开启时,加压风机应能自动启动

9. 当防火分区内火灾确认后,应能在(　　　　)s 内联动开启常闭加压送风口和加压送风机。

A. 15　　　　　B. 20　　　　　C. 30　　　　　D. 60

10. 当防火分区内火灾确认后,下列关于加压送风机、送风口的开启不符合规定的是(　　　　)。

A. 应开启该防火分区楼梯间的全部加压送风机

B. 应开启该防火分区内着火层及其相邻上下层前室和合用前室的常闭送风口,同时开启加压送风机

C. 应开启该防火分区内全部楼层前室及合用前室的常闭送风口,同时开启加压送风机

D. 以上都选

11. 下列关于排烟风机、补风机的控制方式不符合规定的是(　　)。

　A. 在消防控制室手动启动,但现场不能手动启动

　B. 火灾自动报警系统自动启动

　C. 排烟防火阀280 ℃时自行关闭,并连锁关闭排烟风机和补风机

　D. 系统中任一排烟阀或排烟口开启时,排烟风机、补风机自动启动

12. 下列关于活动挡烟垂壁的说法,不正确的是(　　)。

　A. 应具有火灾自动报警系统自动启动功能

　B. 应具有现场手动启动功能

　C. 当火灾确认后,火灾自动报警系统应在15 s内联动相应防烟分区的全部活动挡烟垂壁,60 s以内挡烟垂壁应开启到位

　D. 当火灾确认后,火灾自动报警系统应在30 s内联动相应防烟分区的全部活动挡烟垂壁,60 s以内挡烟垂壁应开启到位

任务 4.7　应急照明及疏散指示系统联动控制

📖 励志金句摘录

"玉不琢,不成器;人不学,不知义。"学习是增长知识见闻、完善个性品德、提高能力素质的必由之路,学会学习是个体发展的关键素养。

学习要有积极的态度、清晰的目标、适宜的动机、浓厚的兴趣和灵活多样的形式;还要注重运用科学的方法,合理规划时间,巧妙利用记忆规律并学以致用。

学习是贯穿我们一生的事情,永无止境。

教学导航	
主要教学内容	4.7.1 系统设计的基本要求 4.7.2 系统的控制设计要求
知识目标	1. 掌握灯具的分类 2. 了解系统的类型及选择要求 3. 了解灯具的选择规定 4. 掌握系统的控制设计要求
能力目标	1. 具备根据现场设备识别判定灯具类型及系统类型的能力 2. 具备根据现场条件选择灯具类型的能力
建议学时	4 学时

4.7.1 系统设计的基本要求

消防应急照明和疏散指示系统是指在发生火灾时,为人员疏散和消防作业提供应急照明和疏散指示的建筑消防系统。系统类型和系统部件的正确选择、系统部件的合理设置和安装、灯具供配电的合理设计及有效的系统维护管理,都极为重要。在发生火灾时,这些环节能确保系统为建筑物中的人员在疏散路径上提供必要的照度条件、提供准确的疏散导引信息,从而有效保障人员的安全疏散。

1)消防应急灯具的分类

(1)按电源电压等级分类

消防应急灯具分为 A 型消防应急灯具和 B 型消防应急灯具。A 型消防应急灯具的主电源和蓄电池电源额定工作电压均不大于 DC36 V;B 型消防应急灯具的主电源或蓄电池电源额定工作电压大于 DC36 V 或 AC36 V。

(2)按蓄电池电源供电方式分类

消防应急灯具分为自带电源型消防应急灯具和集中电源型消防应急灯具。自带电源型灯具,顾名思义就是灯具内部自带蓄电池,由应急照明配电箱为其分配电;平时由主电源供电,当主电源切断后由自带的蓄电池为其供电。集中电源型灯具内部没有蓄电池,灯具平时由主电源供电,当主电源切断后由一个大的蓄电池——集中电源为灯具集中供电。

(3)按适用系统类型分类

消防应急灯具分为集中控制型消防应急灯具和非集中控制型消防应急灯具。集中控制型消防应急灯具是组成集中控制型系统的主要部件,由应急照明控制器集中控制并显示其工作状态;非集中控制型消防应急灯具是组成非集中控制型系统的主要部件,由应急照明集中电源或应急照明配电箱控制其应急启动。

(4)按工作方式分类

消防应急灯具分为持续型消防应急灯具和非持续型消防应急灯具。持续型消防应急灯具在正常工作状态下光源处于节电点亮模式,在火灾或其他紧急状态下控制光源转入应急点亮模式;非持续型消防应急灯具在正常工作状态下光源处于熄灭模式,在火灾或其他紧急状态下控制光源转入应急点亮模式。

(5)按用途分类

消防应急灯具分为消防应急照明灯具和消防应急标志灯具。消防应急照明灯具为人员疏散、消防作业提供照明;消防应急标志灯具用图形或文字标示疏散导引信息。

2)系统的类型及选择

(1)系统的类型

消防应急照明和疏散指示系统按消防应急灯具的控制方式可分为集中控制型系统和非集中控制型系统。集中控制型系统由应急照明控制器、集中控制型灯具、应急照明集中电源或应急照明配电箱等系统部件组成,由应急照明控制器按预设逻辑和时序控制并显示其配接的灯具、应急照明集中电源或应急照明配电箱的工作状态。非集中控制型系统由非集中控制型灯具、应急照明集中电源或应急照明配电箱等系统部件组成,系统中灯具的光源由灯具蓄电池电源的转换信号控制应急点亮,或由红外、声音等信号感应点亮。

两种系统最主要的区别就是集中控制型系统有应急照明控制器。应急照明控制器通过集中电源或应急照明配电箱控制灯具的应急启动、蓄电池电源的转换。而非集中控制系统只能由应急照明配电箱或集中电源直接控制其配接灯具的工作状态。

集中控制型系统和非集中控制型系统按照蓄电池电源供电方式,两两组合,形成四种系统类型,即自带电源集中控制型、自带电源非集中控制型、集中电源集中控制型、集中电源非集中控制型,分别如图 4-39、图 4-40、图 4-41、图 4-42 所示。

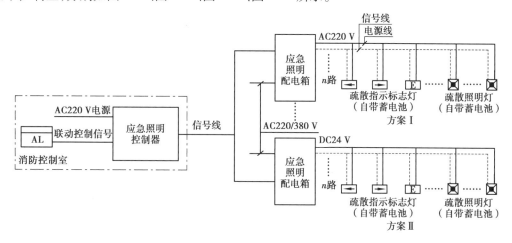

图 4-39　自带电源集中控制型系统

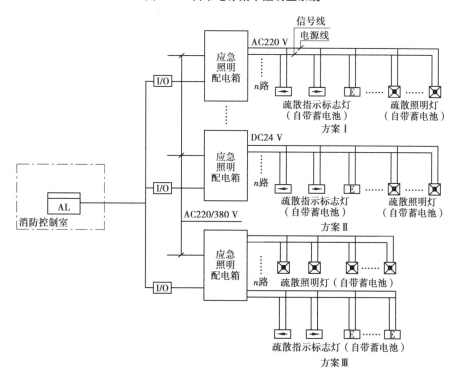

图 4-40　自带电源非集中控制型系统

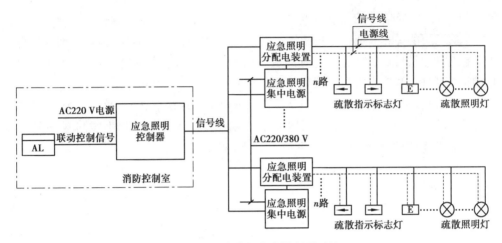

图 4-41　集中电源集中控制型系统

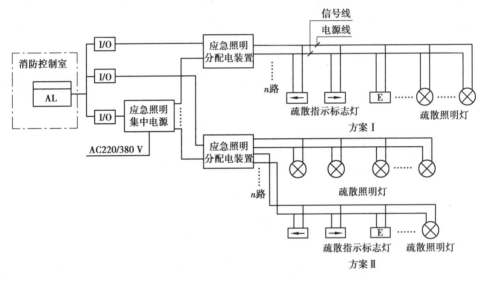

图 4-42　集中电源非集中控制型系统

（2）系统的选择

系统类型的选择应根据建（构）筑物的规模、使用性质及日常管理和维护难易程度等因素确定,并应符合以下规定。

①设置消防控制室的场所应选择集中控制型系统。设置消防控制室的场所一般为人员密集的公共场所,或设置了自动灭火系统、机械防排烟系统的建筑物,这些场所普遍具有建筑规模大、使用性质复杂、火灾危险性高、疏散路径复杂等特点,发生火灾时人员安全疏散的难度较大。设置集中控制型系统时,应急照明控制器可以根据火灾发生、发展及蔓延情况按预设逻辑和时序控制其所配接灯具的光源应急点亮,为人员安全疏散及灭火救援提供必要的照度条件和正确的指示导引信息,从而有效保障人员的快速、安全疏散。同时,应急照明控制器能够实时监测其所配接灯具、应急照明集中电源或应急照明配电箱的工作状态,及时提醒消防控制室的消防安全管理人员对存在故障的系统部件进行维修、更换,以确保系统在火灾等紧急情况下能够可靠动作,从而发挥系统应有的消防功能。因此,在设有消防控制室

的场所应选择集中控制型系统。

②为了便于系统的日常维护,设置了火灾自动报警系统,但未设置消防控制室的场所应选择集中控制型系统。

③其他场所可选择非集中控制型系统。

3)灯具的选择

灯具的选择应符合以下规定。

(1)节能要求

应采用节能光源的灯具,消防应急照明灯具(以下简称照明灯)的光源色温不应低于2 700 K。光源的色温与人体视觉功效密切相关,高色温的光源可以加快人对周围事件的反应速度,提高应急疏散的速度和效率。

(2)限制使用蓄光型指示标志

不应采用蓄光型指示标志替代消防应急标志灯具。蓄光型标志牌是利用储能物质吸收环境照度发光的产品,表面亮度较低且亮度的衰减较快。由于很难保证设置场所的日常照度始终达到蓄光型标志牌储能所需的照度条件,因此,在火灾条件下,其标志的亮度往往无法引起疏散人员的视觉反应,从而无法有效发挥其疏散、指示、引导的作用。

(3)灯具的蓄电池电源选择

灯具的蓄电池电源宜优先选择安全性高、不含重金属等对环境有害物质的蓄电池。含重金属物质的蓄电池在超过工作年限报废时,如果处置不当会对环境造成污染。同时,有些类别的蓄电池自身也存在一定的安全隐患,在充放电环节容易引发火灾。

(4)设置在距地面8 m及以下的灯具的电压等级及供电方式

设置在距地面8 m及以下的灯具的电压等级及供电方式,应符合以下规定。

①应选择A型灯具。

②地面上设置的标志灯应选择集中电源A型灯具。

距地面2.5 m及以下的高度为正常情况下人体可能直接接触到的高度范围,火灾发生时,自动喷水灭火系统、消火栓系统等水灭火系统产生的水灭火介质很容易导致灯具的外壳发生导电现象,为了避免人员在疏散过程中触及灯具外壳而发生电击事故,要求设置在此高度范围内的灯具采用电压等级为安全电压的A型灯具。火灾扑救过程中,灭火救援人员一般使用消火栓实施灭火,由于灭火用的水介质均具有一定的导电性,会通过消火栓及其水柱形成导电通路,为了避免在火灾扑救过程中发生电击事故,综合考虑现有系统产品的技术水平和工程应用情况等因素,要求距地面高度2.5~8 m设置的灯具也应采用电压等级为安全电压的A型灯具。当地面上设置的灯具的防护结构因安装或维护不当造成破损时,地面上因管线跑冒滴漏、卫生清扫等原因产生的积水很容易侵蚀灯具内的蓄电池(大多采用镍镉、镍氢或者铅酸电池),从而释放出可燃性气体在灯具腔体内聚集,灯具腔体内聚集的可燃气体在达到一定浓度时容易引发爆炸事故。因此,地面上设置的灯具不应采用自带电源型灯具。

③未设置消防控制室的住宅建筑,疏散走道、楼梯间等场所可选择自带电源的B型灯具。在采用自带电源型灯具的非集中控制型系统中,当发生火灾时,需要切断自带电源型灯具的主电源,灯具自动转入自带蓄电池供电,而灯具自带蓄电池的工作电压均低于DC36 V,

属于安全电压范畴,不会对人体产生电击危险。因此,未设置消防控制室的住宅建筑的疏散走道、楼梯间等场所可选择自带电源的 B 型灯具。

(5)灯具面板或灯罩的材质

灯具面板或灯罩的材质应符合以下规定。

①除地面上设置的标志灯的面板可以采用厚度 4 mm 及以上的钢化玻璃外,设置在距地面 1 m 及以下的标志灯的面板或灯罩不应采用易碎材料或玻璃材质。

灯具在疏散走道、通道两侧距离地面 1 m 及以下墙面或柱面上设置时,如果灯具的面板或灯罩采用易碎材质,很容易造成人员尤其是儿童的触电事故;地面设置的灯具除考虑面板的通透性外,还要考虑面板材质的机械强度,目前钢化玻璃是较为适用的材质之一。

②在顶棚、疏散路径上方设置的灯具的面板或灯罩不应采用玻璃材质。

如果顶棚或疏散路径上方设置的灯具的面板或灯罩采用玻璃材质,一旦灯具因安装不当发生脱落现象时,玻璃破损时产生的碎片极易对人体造成伤害。玻璃属于高能耗、高污染的产品,从节能环保的角度也应限制选用。

(6)标志灯的规格

标志灯的规格分为特大型、大型、中型和小型 4 种类型,为了有效保证人员对标志灯指示信息的清晰识别,应根据不同的设置高度选择适宜规格的标志灯。标志灯的规格应符合以下规定。

①室内高度>4.5 m 的场所,应选择特大型或大型标志灯。

②室内高度为 3.5～4.5 m 的场所,应选择大型或中型标志灯。

③室内高度<3.5 m 的场所,应选择中型或小型标志灯。

(7)灯具防护等级

应根据不同设置场所的环境特点选择适宜防护等级的灯具。灯具及其连接附件的防护等级应符合以下规定。

①在室外或地面上设置时,防护等级不应低于 IP67。

②在隧道场所、潮湿场所内设置时,防护等级不应低于 IP65。

③B 型灯具的防护等级不应低于 IP34。

(8)标志灯的工作方式

标志灯应选择持续型灯具,有利于人员对疏散路径的熟悉。

4)灯具光源应急响应时间

火灾状态下,灯具光源应急点亮、熄灭的响应时间应符合以下规定。

①自动滚梯上方等高危险场所灯具光源应急点亮的响应时间不应大于 0.25 s。

②其他场所灯具光源应急点亮的响应时间不应大于 5 s。

③具有两种及以上疏散指示方案的场所,标志灯光源应急点亮、熄灭的响应时间不应大于 5 s。

5)蓄电池电源供电持续工作时间

应急启动后,在蓄电池电源供电时的持续工作时间应满足以下要求。

①建筑高度大于 100 m 的民用建筑,不应小于 1.5 h。

②医疗建筑、老年人照料设施、总建筑面积大于 100 000 m² 的公共建筑和总建筑面积大于 20 000 m² 的地下、半地下建筑,不应少于 1 h。

③其他建筑,不应少于 0.5 h。

蓄电池(组)在正常使用过程中要不断地进行充、放电,蓄电池(组)的容量会随着充、放电的次数成比例衰减,不同类别蓄电池(组),其使用寿命、使用寿命周期内允许的充放电次数以及衰减曲线均存在差异。在系统设计时,应按照选用蓄电池(组)的衰减曲线确定集中电源的蓄电池组或灯具自带蓄电池的初装容量,并应保证在达到使用寿命周期时蓄电池(组)标称的剩余容量的放电时间仍能满足设置场所所需的持续应急工作时间要求。

6)照明灯布置方式

照明灯应采用多点、均匀布置方式,设置照明灯的部位或场所疏散路径地面应满足水平最低照度的规定。

📖 思考题

1.简述消防应急照明和疏散指示系统的分类和组成。

2.设置在距地面 8 m 及以下的灯具的电压等级及供电方式应符合哪些规定?

3.灯具及其连接附件的防护等级应符合哪些规定?

4.简述火灾状态下,灯具光源应急点亮、熄灭的响应时间应符合哪些规定。

5.简述系统应急启动后,在蓄电池电源供电时的持续工作时间要求。

4.7.2　系统的控制设计要求

1)集中控制型系统的控制设计

(1)在非火灾状态下系统正常工作模式设计要求

①应保持主电源为灯具供电。

②系统内所有非持续型照明灯宜保持熄灭状态,持续型照明灯的光源应保持节电点亮模式。

③具有一种疏散指示方案的区域,区域内所有标志灯应按该区域疏散指示方案保持节电点亮模式。需要借用相邻防火分区疏散的防火分区,区域内相关标志灯应按该区域可借用相邻防火分区疏散工况条件对应的疏散指示方案保持节电点亮模式。

(2)在非火灾状态下系统主电源断电后,系统的控制设计要求

①集中电源或应急照明配电箱应联锁控制其配接的非持续型照明灯的光源应急点亮,持续型灯具的光源由节电点亮模式转入应急点亮模式;灯具持续应急点亮时间应符合相关规定,且不应超过 0.5 h。

②系统主电源恢复后,集中电源或应急照明配电箱应联锁控制其配接灯具的光源恢复原工作状态;或灯具持续点亮时间达到设计文件规定的时间,且系统主电源仍未恢复供电时,集中电源或应急照明配电箱应联锁控制其配接灯具的光源熄灭。

(3)在非火灾状态下任一防火分区、楼层的正常照明电源断电后,系统的控制设计要求

①集中电源或应急照明配电箱应在主电源供电状态下,联锁控制其配接的非持续型照

明灯的光源应急点亮,持续型灯具的光源由节电点亮模式转入应急点亮模式。

②该区域正常照明电源恢复供电后,集中电源或应急照明配电箱应联锁控制其配接的灯具恢复原工作状态。

(4)系统自动应急启动控制设计要求

①应由火灾报警控制器或火灾报警控制器(联动型)的火灾报警输出信号作为系统自动应急启动的触发信号。

②应急照明控制器接收到火灾报警控制器的火灾报警输出信号后,应自动执行下列控制操作。

a.控制系统所有非持续型照明灯的光源应急点亮,持续型灯具的光源由节电点亮模式转入应急点亮模式。

b.控制 B 型集中电源转入蓄电池电源输出,B 型应急照明配电箱切断主电源输出。

c.A 型集中电源应保持主电源输出,待接收到其主电源断电信号后,自动转入蓄电池电源输出;A 型应急照明配电箱应保持主电源输出,待接收到其主电源断电信号后,自动切断主电源输出。

(5)系统手动应急启动控制设计要求

①控制系统所有非持续型照明灯的光源应急点亮,持续型灯具的光源由节电点亮模式转入应急点亮模式。

②控制集中电源转入蓄电池电源输出,应急照明配电箱切断主电源输出。

2)非集中控制型系统的控制设计

(1)在非火灾状态下系统的正常工作模式设计要求

①应保持主电源为灯具供电。

②系统内非持续型照明灯的光源应保持熄灭状态。

③系统内持续型灯具的光源应保持节电点亮状态。

(2)在非火灾状态下非持续型照明灯感应点亮设计要求

在非火灾状态下,非持续型照明灯在主电源供电时可由人体感应、声控感应等方式点亮,但灯具的感应点亮不应影响灯具的应急启动功能。

(3)系统手动应急启动控制设计要求

①灯具采用集中电源供电时,应能手动操作集中电源,控制集中电源转入蓄电池电源输出,同时控制其配接的所有非持续型照明灯的光源应急点亮,持续型灯具的光源由节电点亮模式转入应急点亮模式。

②灯具采用自带蓄电池供电时,应能手动操作切断应急照明配电箱的主电源输出,同时控制其配接的所有非持续型照明灯的光源应急点亮,持续型灯具的光源由节电点亮模式转入应急点亮模式。

(4)在设置区域火灾报警系统的场所,系统自动应急启动控制设计要求

①灯具采用集中电源供电时,集中电源接收到火灾报警控制器的火灾报警输出信号后,应自动转入蓄电池电源输出,并控制其配接的所有非持续型照明灯的光源应急点亮,持续型灯具的光源由节电点亮模式转入应急点亮模式。

②灯具采用自带蓄电池供电时,应急照明配电箱接收到火灾报警控制器的火灾报警输

出信号后,应自动切断主电源输出,并控制其配接的所有非持续型照明灯的光源应急点亮,持续型灯具的光源应由节电点亮模式转入应急点亮模式。

3)备用照明设计

避难间(层)及配电室、消防控制室、消防水泵房、自备发电机房等发生火灾时仍需工作、值守的区域,应同时设置备用照明、疏散照明和疏散指示标志。系统备用照明的设计要求:备用照明灯具可采用正常照明灯具,在火灾时应保持正常的照度;备用照明灯具应由正常照明电源和消防电源专用应急回路互投后供电。

📖 练习题

一、单项选择题

1. 下列符合 A 型消防应急灯具的主电源和蓄电池电源额定工作电压规定的是(   )。
   A. 均不大于 DC36 V   B. 均不小于 DC36 V
   C. 均不大于 AC36 V   D. 均不小于 AC36 V

2. 下列关于消防应急灯具按蓄电池电源供电方式分类说法正确的是(   )。
   A. 分为持续型消防应急灯具和非持续型消防应急灯具
   B. 分为集中控制型消防应急灯具和非集中控制型消防应急灯具
   C. 分为 A 型消防应急灯具和 B 型消防应急灯具
   D. 分为自带电源型消防应急灯具和集中电源型消防应急灯具

3. 下列设置在距地面 8 m 及以下的灯具的电压等级及供电方式符合规定的是(   )。
   A. 地面上设置的标志灯应选择集中电源 B 型灯具
   B. 地面上设置的标志灯应选择集中电源 A 型灯具
   C. 地面上设置的标志灯应选择非集中电源 B 型灯具
   D. 地面上设置的标志灯应选择非集中电源 A 型灯具

4. 标志灯的规格应根据不同的设置高度选择适宜规格的标志灯。下列标志灯的规格选择符合规定的是(   )。
   A. 室内高度>4.5 m 的场所,应选择大型或中型标志灯
   B. 室内高度为 3.5~4.5 m 的场所,应选择中型或小型标志灯
   C. 室内高度<3.5 m 的场所,应选择中型或小型标志灯
   D. 无特殊要求

5. 下列属于应急照明系统应急启动后,在蓄电池电源供电时的持续工作时间应满足不小于 1.5 h 的建筑或场所的是(   )。
   A. 建筑高度大于 100 m 的民用建筑
   B. 医疗建筑
   C. 老年人照料设施
   D. 总建筑面积大于 100 000 m² 的公共建筑和总建筑面积大于 20 000 m² 的地下、半地下建筑

6. 下列关于消防应急照明灯具的选择符合规定的是(   )。

A. 应选择色温不低于 2 700 K 的节能光源灯具

B. 可以采用蓄光型指示标志替代消防应急标志灯具

C. 灯具的蓄电池电源宜优先选择性能稳定、含重金属的传统型蓄电池

D. 距地面 8 m 及以下的灯具应选择 B 型灯具

7. 下列符合灯具光源应急点亮的响应时间不应大于 0.25 s 的高危险场所是(　　)。

A. 大型歌舞厅　　　　　　　　　B. 自动滚梯上方

C. 自动滚梯下方　　　　　　　　D. 医院重症病房

二、多项选择题

1. 下列属于消防应急灯具的分类方式的是(　　)。

A. 按电源电压等级分类　　　　　B. 按蓄电池电源供电方式分类

C. 按适用系统类型分类　　　　　D. 按工作方式分类

E. 按灯具防护等级分类

2. 下列属于集中控制型应急照明系统组成部件的是(　　)。

A. 非集中控制型灯具　　　　　　B. 应急照明控制器

C. 集中控制型灯具　　　　　　　D. 应急照明集中电源或应急照明配电箱

E. 声光警报器

3. 下列属于非集中控制型应急照明系统组成部件的是(　　)。

A. 非集中控制型灯具　　　　　　B. 应急照明控制器

C. 集中控制型灯具　　　　　　　D. 应急照明集中电源或应急照明配电箱

E. 声光警报器

4. 下列发生火灾时仍需工作、值守的区域,应同时设置备用照明、疏散照明和疏散指示标志的是(　　)。

A. 避难间(层)及配电室　　　　　B. 消防控制室

C. 消防水泵房　　　　　　　　　D. 自备发电机房

E. 总经理办公室

学生项目认知实践评价反馈工单

项目名称		消防联动控制			
学生姓名			所在班级		
认知实践评价日期			指导教师		
序号	组件名称	认知实践目标及分值权重			自我评价 （总分 100 分）
		识组件 （40 分,占比 40%）	知原理 （30 分,占比 30%）	会设置 （30 分,占比 30%）	
1	湿式报警阀组	□√　　□×			
2	干式报警阀组	□√　　□×			
3	预作用报警装置	□√　　□×			
4	雨淋报警阀组	□√　　□×			
5	喷头 （闭式、开式）	□√　　□×			
6	延迟器、压力开关、水力警铃、过滤器、节流孔板、补偿器	□√　　□×			
7	水流指示器	□√　　□×			
8	末端试水装置	□√　　□×			
9	防火门监控器	□√　　□×			
10	防火门电动闭门器	□√　　□×			
11	防火门电磁释放器	□√　　□×			
12	防火门门磁开关	□√　　□×			
13	防火门监控模块	□√　　□×			

续表

项目名称	消防联动控制			
14	防火卷帘手动控制按钮	□√ □×			
15	防火卷帘温控释放装置	□√ □×			
16	防火卷帘手动拉链	□√ □×			
17	灭火剂瓶组、启动气体瓶组、喷嘴	□√ □×			
18	单向阀、选择阀、集流管、容器阀	□√ □×			
19	防(排)烟风机	□√ □×			
20	排烟井(管)道	□√ □×			
21	排烟口(排烟窗、排烟阀)	□√ □×			
22	送风井(管)道	□√ □×			
23	送风口(阀)	□√ □×			
24	应急照明灯具	□√ □×			
25	应急标志灯具	□√ □×			
项目总评	优(90~100分)□　　　　良(80~90分)□　　　　中(70~80分)□　　　　合格(60~70分)□ 不合格(小于60分)□				

项目 5　火灾预警系统

📖 励志金句摘录

"珍视亲情，学会感恩。"亲情是真诚的陪伴，给予我们无比的温馨和安慰；亲情是持久的动力，给予我们无私的帮助和依靠。

教学导航	
主要教学内容	5.1 可燃气体探测报警系统 5.2 电气火灾监控系统
知识目标	1. 了解可燃气体的爆炸机理 2. 掌握可燃气体探测报警系统的组成、工作原理、适用场所以及系统设置规定 3. 了解可燃气体探测器报警值的设定 4. 了解引发电气火灾的原因 5. 掌握电气火灾监控系统的分类、组成、适用场所、工作原理以及系统监控设计规定 6. 了解电气火灾监控系统的特点
能力目标	1. 具备分析判断可燃气体探测报警系统的选择及设置是否正确的能力 2. 具备分析判断电气火灾监控系统的选择及设置是否正确的能力
建议学时	4 学时

任务 5.1　可燃气体探测报警系统

📖 典型火灾案例

案例一：2021 年 6 月 13 日 6 时 42 分许，位于湖北省十堰市张湾区××社区的集贸市场发生重大燃气爆炸事故，造成 26 人死亡，138 人受伤，其中重伤 37 人，直接经济损失约 5 395.41 万元。事故原因为天然气中压钢管严重锈蚀破裂，泄漏的天然气在建筑物下方河道内密闭空间聚集，遇餐饮商户排油烟管道排出的火星发生爆炸。

案例二：2021 年 10 月 21 日上午 8 时 20 分，辽宁省沈阳市太原南街南七马路××饭店发生燃气爆炸事故，致 5 人死亡。

案例三：2023 年 6 月 21 日 20 时 37 分许，宁夏回族自治区银川市兴庆区××烧烤民族街店发生一起特别重大燃气爆炸事故，造成 31 人死亡，7 人受伤，直接经济损失 5 114.5 万元。

经国务院事故调查组查明,事故直接原因是液化石油气配送企业违规向烧烤店配送有气相阀和液相阀的"双嘴瓶",店员误将气相阀调压器接到液相阀上,使用发现异常后擅自拆卸安装调压器造成液化石油气泄漏,处置时又误将阀门反向开大,导致液化石油气大量泄漏喷出,与空气混合达到爆炸极限,遇厨房内明火发生爆炸,进而起火。

5.1.1　可燃气体爆炸机理分析

上述爆炸火灾事故共有的特点是,均属于可燃气体的爆炸事故。可燃气体的爆炸大致可分为两种:一种是物理爆炸。这是一种纯物理过程,只发生物态变化,不发生化学反应。这类爆炸是因容器内的气相或液相压力升高超过容器所能承受的极限压力,造成容器破裂所致,如蒸汽锅炉爆炸、轮胎爆炸、液化石油气钢瓶爆炸等。另一种是化学爆炸。可燃气体在化学爆炸时发生高速放热化学反应(主要是氧化反应及分解反应),产生大量气体,大量气体急剧膨胀做功而产生爆炸。可燃气体与空气混合形成爆炸性混合气体遇点火源后发生的爆炸均属化学爆炸。储存可燃气体的容器一旦因容器本身存在耐压薄弱点或充装压力超过容器设计耐压极限值时就会发生物理爆炸,因物理爆炸迅速扩散到空气中的可燃气体在一定条件下又可发生化学爆炸。

1)可燃气体发生化学爆炸的条件

可燃气体发生化学爆炸必须同时具备 3 个条件:①有可燃气体;②有空气,且可燃气体与空气的混合比例必须在一定范围内,即预混可燃气体浓度处在爆炸极限范围内;③有足够能量的点火源。这 3 个条件缺少任何一个,都不能发生爆炸。

由此可见,防止可燃气体和空气形成爆炸性混合气体是预防可燃气体爆炸的重要举措。

对可燃气体与空气的混合物,并不是在任何浓度下,遇到火源都有爆炸危险,而必须处于合适的浓度范围内,遇火源才能发生爆炸。例如,实验表明,对氢气和空气的混合气体,只有当氢气的浓度[①]在 4.1% ~75%时,混合气体遇火源才会发生爆炸。氢气浓度低于 4.1%或者高于 75%时,混合气体遇火源都不会发生爆炸。

可燃气体与空气混合后,遇火源能发生爆炸的最低浓度和最高浓度范围,称为可燃气体的爆炸浓度极限范围。对应的最低浓度称为爆炸浓度下限,最高浓度称为爆炸浓度上限。气体、蒸气的爆炸浓度极限,通常用体积百分比(%)表示。

不同的可燃气体和液体蒸气,因理化性质不同而具有不同的爆炸极限;即便是同一种可燃气体(蒸气),其爆炸极限也会因外界条件的变化而变化。

2)影响可燃气体爆炸极限的因素

影响可燃气体爆炸极限的主要因素有:初始温度、初始压力、混合物中的含氧量、惰性气体含量及杂质、容器的直径和材质以及最低引爆能量等。

(1)初始温度

爆炸性混合气体在遇到点火源之前的初始温度升高,会使爆炸极限范围增大,即爆炸下限降低,上限增高,爆炸危险性增加。这是因为温度升高,会使反应物分子活性增大,因而反应速率加快,反应时间缩短,导致反应放热速率增加,散热减少,使爆炸容易发生。

---

①　本书所指气体浓度均为气体体积分数。

（2）初始压力

多数爆炸性混合气体的初始压力增加时，爆炸极限范围变宽，爆炸危险性增加。因为初始压力高，分子间距缩短，碰撞概率增高，使爆炸反应容易进行。压力降低，爆炸范围缩小，降至一定值时，其下限与上限重合，此时的压力称为爆炸的临界压力。

（3）混合物中的含氧量

可燃气体混合物中氧含量增加，一般对爆炸浓度下限影响不大，因为在下限浓度时氧气相对可燃气体是过量的，而在上限浓度时氧含量相对不足。因此，增加氧含量会使爆炸浓度上限显著增高。

（4）惰性气体含量及杂质

若在混合气体中加入惰性气体（氮气、二氧化碳等），将使其爆炸极限范围缩小，通常对上限的影响比对下限的影响显著，当惰性气体含量逐渐增大达到一定程度时，可使混合气体不再发生爆炸。

（5）容器的直径和材质

充装混合物的容器直径越小，火焰在其中的传播速度越小，爆炸极限的范围就越小。当容器直径小到一定程度时（即临界直径），火焰会因不能通过而熄灭，气体混合物便不会出现爆炸危险。

（6）最低引爆能量

各种爆炸性混合气体都有一个最低引爆能量，也称为最小点火能量。爆炸性混合物的点火能量越小，其燃爆危险性就越大，低于该能量时，混合物就不会发生爆炸。

可燃气体爆炸引起的破坏作用主要表现为爆炸冲击波、震荡作用、爆炸碎片以及次生事故。

综上所述，可燃气体的爆炸具有很大的危害，并具有一定的复杂性。为防止可燃气体爆炸火灾事故的发生，必须通过一定的技术手段，及时发现可燃气体泄漏，进而防止其形成爆炸极限浓度范围内的混合气体，以此来有效避免可燃气体爆炸火灾事故的发生。

📖 思考题

1. 举例说明可燃气体爆炸的分类。

2. 简述可燃气体发生化学爆炸必须同时具备的条件。

3. 举例说明爆炸极限的概念。

5.1.2　可燃气体探测报警系统综述

1）可燃气体探测报警系统的组成及工作原理

（1）可燃气体探测报警系统的组成

可燃气体探测报警系统由可燃气体报警控制器、可燃气体探测器、图形显示装置和火灾声光警报器等组成。当保护区域内可燃气体发生泄漏时能够发出报警信号，从而预防因燃气泄漏而引发的火灾和爆炸事故的发生，是火灾自动报警系统的独立子系统，属于火灾预警系统。

①可燃气体报警控制器。这是可燃气体探测报警系统的核心控制单元,能为所连接的可燃气体探测器供电、显示可燃气体浓度及接收可燃气体探测器发出的报警信号,并经过转换和处理发出声光报警信号,同时监测可燃气体探测器的状态、电源供电情况、连接线路情况,记录并保存报警信息的装置。

②可燃气体探测器。这是能对泄漏可燃气体响应,自动产生报警信号并向可燃气体报警控制器传输报警信号及泄漏可燃气体浓度信息的器件,实物如图 5-1 所示。

可燃气体探测器是一种用于检测空气中是否存在可燃气体的设备。它通过特定的传感器对空气中的可燃气体进行检测,并将检测结果转换为电信号输出,从而实现对可燃气体浓度的实时监测。

图 5-1 可燃气体探测器

传感器工作原理:传感器是可燃气体探测器中的核心部件,能够感知空气中可燃气体的存在。常见的传感器类型包括催化燃烧型、电化学型、红外型等。这些传感器的工作原理各不相同,但都是通过化学或物理反应将可燃气体浓度转换为电信号输出。

信号处理与输出:传感器输出的电信号经过放大、滤波等处理后,被送入微处理器进行进一步处理。微处理器根据预设的浓度阈值和算法,对电信号进行分析和判断,从而确定空气中可燃气体的浓度。当浓度超过预设阈值时,微处理器会触发报警电路,发出报警信号。同时,微处理器还会将检测结果以数字或模拟信号的形式输出,以便与控制系统或其他设备进行连接和交互。

可燃气体探测器按照检测原理可分为催化燃烧型传感器、电化学型传感器和红外型传感器 3 种类型。

催化燃烧型传感器检测原理:催化燃烧型传感器利用催化燃烧原理进行气体检测。当空气中的可燃气体接触到传感器表面的催化剂时,会发生燃烧反应,产生热量。通过测量传感器表面的温度变化,可以确定可燃气体浓度。催化燃烧型传感器具有响应速度快、抗干扰能力强等优点,适用于对低浓度可燃气体的检测。

电化学型传感器检测原理:电化学型传感器利用电化学反应原理进行气体检测。当空气中的可燃气体接触到传感器电极时,会发生电化学反应,产生电流或电压变化。通过测量电极之间的电流或电压变化,可以确定可燃气体浓度。电化学型传感器具有灵敏度高、稳定性好等优点,适用于对高浓度可燃气体的检测。

红外型传感器检测原理:红外型传感器利用红外吸收原理进行气体检测。当空气中的可燃气体吸收特定波长的红外光时,会导致红外光强度减弱。通过测量红外光强度的变化,可以确定可燃气体浓度。红外型传感器具有抗干扰能力强、测量范围广等优点,适用于对多种可燃气体的检测。

可燃气体探测报警系统组成,如图 5-2 所示。

(2)可燃气体探测报警系统工作原理

可燃气体报警控制器在接收到探测器的可燃气体浓度参数信息或报警信息后,经确认判断,显示泄漏报警探测器的部位和泄漏可燃气体浓度信息,记录探测器报警的时间,同时驱动安装在保护区域现场的声光警报装置,发出声光警报、警示人员采取相应的处置措施。必要时可以联锁控制关断燃气阀门、开启通风机等措施,防止燃气的进一步泄漏和聚集。

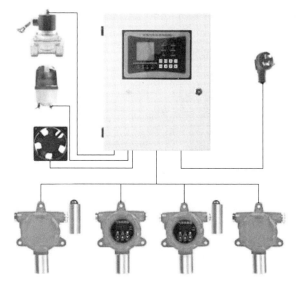

图 5-2　可燃气体探测报警系统组成

2)可燃气体探测器和可燃气体报警控制器的分类

(1)可燃气体探测器按产品使用环境、使用方式等进行分类

①按防爆要求分类。分为防爆型可燃气体探测器和非防爆型可燃气体探测器。

②按使用方式分类。分为固定式可燃气体探测器和便携式可燃气体探测器。

③按探测器的分布特点分类。分为点型可燃气体探测器和线型可燃气体探测器。

④按探测气体特征分类。分为探测爆炸气体的可燃气体探测器和探测有毒气体的可燃气体探测器。

(2)可燃气体报警控制器按系统连线方式分类

①多线制可燃气体报警控制器,即采用多线制方式与可燃气体探测器连接。

②总线制可燃气体报警控制器,即采用总线(一般为 2～4 根)方式与可燃气体探测器连接。

3)可燃气体探测报警系统适用场所

可燃气体探测报警系统适用于使用、生产或聚集可燃气体或可燃液体蒸气场所的可燃气体浓度探测,在泄漏或聚集可燃气体浓度达到爆炸下限前发出报警信号,提醒专业人员排除火灾、爆炸隐患,实现火灾的早期预防,避免火灾、爆炸事故的发生。

4)可燃气体探测报警系统设置规定

(1)一般规定

依据《火灾自动报警系统设计规范》(GB 50116—2013)的规定,可燃气体探测报警系统的设置应符合以下一般规定。

①可燃气体探测报警系统应由可燃气体报警控制器、可燃气体探测器和火灾声光警报

器等组成。

②可燃气体探测报警系统应独立组成,可燃气体探测器不应接入火灾报警控制器的探测器回路;当可燃气体的报警信号确需接入火灾自动报警系统时,应由可燃气体报警控制器接入。

③可燃气体报警控制器的报警信息和故障信息,应在消防控制室图形显示装置或起集中控制功能的火灾报警控制器上显示,但该类信息与火灾报警信息的显示应有区别。

④可燃气体报警控制器发出报警信号时,应能启动保护区域的火灾声光警报器。

⑤可燃气体探测报警系统保护区域内有联动和警报要求时,应由可燃气体报警控制器或消防联动控制器联动实现。

⑥可燃气体探测报警系统设置在有防爆要求的场所时,应符合有关防爆要求。

(2)可燃气体探测器的设置

根据《火灾自动报警系统设计规范》(GB 50116—2013)的规定,可燃气体探测器的设置应符合以下规定。

①探测气体密度小于空气密度的可燃气体探测器应设置在被保护空间的顶部,探测气体密度大于空气密度的可燃气体探测器应设置在被保护空间的下部,探测气体密度与空气密度相同时,可燃气体探测器可设置在被保护空间的中间部位或顶部。

②可燃气体探测器宜设置在可能产生可燃气体的部位附近。由于可燃气体探测器是探测可燃气体的泄漏,因此,越靠近可能产生可燃气体泄漏的部位,则探测器的灵敏度越高。

③点型可燃气体探测器的保护半径,应符合现行国家标准《石油化工可燃气体和有毒气体检测报警设计标准》(GB/T 50493—2019)的有关规定。可燃气体探测器的保护半径不宜过大,否则由于泄漏可燃气体扩散的不规律性,可能会降低探测器的灵敏度。

④线型可燃气体探测器主要用于大空间开放环境泄漏可燃气体的探测,为保证探测器的探测灵敏度,探测区域长度不宜大于60 m。

(3)可燃气体报警控制器的设置

根据《火灾自动报警系统设计规范》(GB 50116—2013)的规定,可燃气体报警控制器的设置应符合以下规定。

①当设有消防控制室时,可燃气体报警控制器可设置在保护区域附近;当无消防控制室时,可燃气体报警控制器应设置在有人值班的场所。

②可燃气体报警控制器的设置应符合火灾报警控制器的安装设置要求。当控制器安装在墙上时,其主显示屏高度宜为1.5~1.8 m,其靠近门轴的侧面距墙不应小于0.5 m,正面操作距离不应小于1.2 m。

5)可燃气体探测器报警值的设定

可燃气体报警系统能够实现可燃气体爆炸、火灾事故的早期预防、避免事故的发生,是因为可燃气体探测器发挥着至关重要的作用。它能够及时检测出可燃气体的泄漏浓度值,并在达到一定数值时触发报警,以保障人们的生命财产安全。而对于可燃气体探测器来说,报警值的设置是至关重要的。

报警值应根据具体的使用环境和可燃气体的种类来进行设置。不同的可燃气体在空气中的浓度标准有所不同,因此,需要根据探测器的规格和使用说明,结合实际情况来确定合适的报警值范围。比如,对于天然气、液化石油气等家用燃气,一般建议设置在可燃气体浓度达到爆炸浓度下限的20%时触发报警。

报警值的设置还应考虑到误报和漏报的情况。过低的报警值可能导致误报,对生活和工作造成干扰,而过高的报警值则可能导致漏报,错失及时预警的时机。因此,在设置报警值时需要综合考虑可燃气体的特性、周围环境和使用需求,以实现最佳的预警效果。

定期检查和维护可燃气体探测器非常重要。即使设置了合适的报警值,长时间的使用也可能导致探测器性能的下降或故障,影响预警效果。因此,定期对探测器进行检测和维护,保证其正常工作,是确保报警值设置有效的重要环节。

可燃气体探测器报警值的合理设置对于预防可燃气体爆炸、火灾事故至关重要。通过科学合理地设置报警值,并且定期检查和维护探测器,可以更好地保障保护对象的安全,避免因可燃气体泄漏而导致的意外伤害和财产损失。

📖 练习题

单项选择题

1. 可燃气体探测报警系统适用于(　　)可燃气体或可燃液体蒸气场所的可燃气体浓度探测。

　　A. 仅使用　　　　B. 仅生产　　　　C. 仅聚集　　　　D. 生产、使用或聚集

2. 可燃气体探测报警系统在泄漏或聚集可燃气体浓度达到(　　)前发出报警信号,提醒专业人员排除火灾、爆炸隐患,实现火灾的早期预防,避免火灾、爆炸事故的发生。

　　A. 流量极限　　　B. 爆炸下限　　　C. 爆炸上限　　　D. 饱和极限

3. 可燃气体探测器按分布特点分类,可分为点型可燃气体探测器和(　　)可燃气体探测器。

　　A. 固定式　　　　B. 便携式　　　　C. 防爆型　　　　D. 线型

4. 下列不属于可燃气体探测报警系统组成的是(　　)。

　　A. 消防联动控制器　　　　　　　B. 火灾声光警报器
　　C. 可燃气体探测器　　　　　　　D. 可燃气体报警控制器

5. 下列关于可燃气体探测报警系统的说法正确的是(　　)。

　　A. 可燃气体探测报警系统不应独立组成,可燃气体探测器应接入火灾报警控制器的探测器回路

　　B. 当可燃气体的报警信号需接入火灾自动报警系统时,可以直接接入

　　C. 可燃气体报警控制器的报警信息和故障信息,应在消防控制室图形显示装置或起集中控制功能的火灾报警控制器上显示,但故障信息与火灾报警信息的显示应有区别

　　D. 可燃气体报警控制器发出报警信号时,应能启动保护区域的火灾声光警报器

6. 线型可燃气体探测器的保护区域长度不宜大于(　　)m。

　　A. 30　　　　　　B. 40　　　　　　C. 50　　　　　　D. 60

7. 下列关于可燃气体探测器的设置说法错误的是(　　)。

A. 探测气体密度小于空气密度的可燃气体探测器应设置在被保护空间的顶部

B. 探测气体密度大于空气密度的可燃气体探测器应设置在被保护空间的下部

C. 探测气体密度与空气密度相当时,可燃气体探测器可设置在被保护空间的中间部位或底部

D. 可燃气体探测器宜设置在可能产生可燃气体部位附近

任务5.2　电气火灾监控系统

📖 典型火灾案例

案例一:2017年2月5日,浙江省台州市天台县××堂足浴中心发生重大火灾事故,造成18人死亡,18人受伤。事故原因:××堂2号汗蒸房西北角墙面的电热膜导电部分出现故障,产生局部过热,电热膜被聚苯乙烯保温层、铝箔反射膜及木质装修材料包覆,导致散热不良,热量积聚,温度持续升高,引燃周围可燃物蔓延成灾。

案例二:2018年8月25日凌晨,哈尔滨市松北区××温泉酒店发生火灾,造成20人死亡,23人受伤。事故原因:起火部位为温泉区二层平台靠近西墙北侧顶棚悬挂的风机盘管机组处,起火原因是风机盘管机组电气线路短路形成高温电弧,引燃周围塑料绿植装饰材料并蔓延成灾。

案例三:2021年2月19日13时40分许,山西省黎城县黎侯古城××洗浴有限公司发生火灾事故,造成5人死亡,1人受伤,过火面积300余平方米,直接经济损失5 671 964元。事故原因:汗蒸房内的发热电缆电源线接线方式不规范,造成接触不良发热,引燃周围可燃物,火势迅速蔓延,现场工作人员处置不当,未组织人员疏散,导致事故的发生。

案例四:2021年7月24日15时40分许,吉林省长春市净月高新技术产业开发区××婚纱梦想城发生火灾事故,造成15人死亡,25人受伤,过火面积6 200 m²,直接经济损失超3 700万元。事故原因:××婚纱梦想城二层"婚礼现场"摄影棚上部照明线路漏电,击穿其穿线蛇皮金属管,引燃周围可燃仿真植物装饰材料所致。

5.2.1　引发电气火灾的原因分析

电气火灾一般是指由于电气线路、用电设备、器具以及供配电设备出现故障性释放热能,如高温、电弧、电火花以及非故障性释放的热能,在具备燃烧条件下引燃本体或其他可燃物而造成的火灾,也包括由雷电和静电引起的火灾。

电气系统分布广泛,长时间持续运行,尤其是当电气线路敷设在电缆隧道、竖井、夹层、桥架、地下管沟等隐蔽处时,火灾隐患不易被发现。另外,电气火灾的危险性还与用电情况密切相关,当用电负荷增大时,容易导致电流增大,造成电气火灾。电气火灾主要发生在建筑物内,加之建筑物内人员密集、疏散困难、排烟不畅,极易造成触电、窒息等群死群伤的恶性事故。

1)引发电气火灾的主要原因

引发电气火灾的主要原因包括故障电弧、短路、漏电、电气线路接触电阻过大以及过负

荷等。

（1）故障电弧

当电气线路或设备出现绝缘老化破损、电气连接松动、空气潮湿、电压电流急剧升高等故障时，绝缘体被电压击穿，就会产生电弧，即我们常说的"打火"和"电火花"。电火花是电极间瞬间放电的结果。电弧是由大量密集的电火花构成的。电弧的温度可达 3 000 ℃ 以上，电火花和电弧产生的能量足以引起可燃物燃烧或爆炸性可燃气体、可燃粉尘的爆炸。

在日常生产和生活中，电弧总是存在的，如日光灯和电气开关的分断，也会产生电弧。为区分人为制造（如日光灯）或正常操作（如电气开关）而产生的电弧，我们把这种由于电气线路或设备中因绝缘老化破损、电气连接松动、空气潮湿、电压电流急剧升高等原因引起空气击穿所导致的不正常的气体游离放电现象称为故障电弧。

（2）短路

短路是指电流不经过用电器直接构成通路，短路电流示意图如图5-3所示。

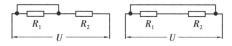

图 5-3　短路电流示意图

当电气设备绝缘老化变质或受到高温、潮湿或腐蚀的作用而失去绝缘能力，就可能引起短路事故。电气线路发生短路的主要原因有：线路年久失修使线芯暴露；绝缘受到破坏；安装、修理人员接错线路，或带电作业时造成人为碰线短路；不按规程要求私接乱拉，管理不善，维护不当等。

短路时，电流不经过用电器而直接从导线上通过。电阻是导体对电流的阻碍作用，用电器总是有一定电阻，而连接的导线电阻可以近似看作零，用导线把用电器两端连接起来后，电流就从无电阻的导线上经过，而不会经过有电阻的用电器。电流从电源正极不经过用电器，直接流回电源负极，电路中的电流极大。根据欧姆定律：$I = U/R$ 可知，当电源电压 U 一定，R 很小时，电路中电流将瞬间大幅度增加，为正常时的几倍甚至几十倍；由焦耳定律：$Q = I^2Rt$，时间 t 一定，线路中的电流增加，而产生的热量又与电流的平方成正比，会导致导线急剧发热升温，如果温度达到可燃物的引燃温度，就会引起附近与之接触的可燃物燃烧，从而引发火灾。

（3）漏电

线路绝缘破损或老化，电流从绝缘结构中泄漏出来，这部分泄漏电流不经过原定电路形成回路，而是通过建筑物与大地形成回路或在相线、中性线之间构成局部回路。

发生漏电的原因：一是施工中损伤了导线及用电设备、器具附件的绝缘结构；二是导线及用电设备、器具附件年久失修，绝缘老化；三是违规安装，如导线直埋在建筑物的粉刷层内。

漏电主要存在以下危害：人员接触漏电部位后，会导致触电，造成人身伤害；对地或对其他线路漏电，漏电的位置因为漏电电流的原因会发热，导致该位置绝缘进一步损坏，易短路，进而引发火灾。

（4）电气线路接触电阻过大

在电气线路与母线或电源线的连接处，电源线与电气设备连接的地方，出于连接不牢或者其他原因，使接头接触不良，造成局部电阻过大，称为接触电阻过大。

造成电气线路接触电阻过大的主要原因:一是安装质量差,导致导线与导线、导线与电气设备衔接点连接不牢;二是连接点因为长时间震动或冷热变化,使接头松动;三是导线连接处沾有杂质,如泥土、氧化层等;四是铜导线直接与铝导线相接,接头处理不当,电腐蚀作用下产生较大的接触电阻。

电气线路接触电阻过大会产生极大的热量,使金属变色甚至熔化,并能引起绝缘材料、可燃物质及积落的可燃灰尘燃烧。另外,因接触不良,接触电阻过大,接触处除局部产生高温外,还会伴随产生电火花、电弧,足以引燃附近的可燃物。

(5)过负荷

一定材料和一定大小横截面积的电线有一定的安全载流量。如果通过电线的电流超过它的安全载流量,电线就会发热。超过越多,发热量越大。当热量使导线温度超过 250 ℃时,导线的橡胶或塑料绝缘层就会着火燃烧。如果导线绝缘层损坏,还会造成短路,火灾的危险性更大。设计或选择导线截面不当,实际负载超过了导线的安全载流量;在线路中接入过多或功率过大的电气设备,超过了电气线路的负载能力等问题是造成电气线路发生过负荷的主要原因。另外,如果同时又选用了不合规格的保险丝,甚至直接用铜、铝导线代替保险丝,电路的超负荷不能及时发现,势必引发电气火灾。

2)电气火灾的主要特征

电气火灾具有隐蔽性强、随机性大、燃烧速度快,以及扑救困难、损失程度大等主要特征。

(1)隐蔽性强

由于漏电与短路通常都发生在电气设备内部及电线的交叉部位,因此,电气火灾最初的起火点是不易被发现的,只有当火灾已经形成并发展到一定规模时才能被发现,但此时火势已大,甚至已经造成一定的危害后果,扑救已经很困难。

(2)随机性大

电气设备布置分散,起火的位置很难预测,并且起火的时间和概率都很难定量化。正是这种突发性和意外性使电气火灾的管理和预防都产生一定难度,并且事故一旦发生很容易酿成恶性事故。

(3)燃烧速度快

电缆着火时,由于短路或过流时的电线温度特别高,导致火焰沿着线路燃烧,并且燃烧速度非常快。另外,再借助电缆设置场所空间狭长的气流条件及其他诸如沼气等可燃气体的存在,使燃烧速度也大大加快。

(4)扑救困难,损失程度大

电缆或电气设备着火时一般是在其内部,看不到起火点,并且不能用水灭火,因此,带电的线路着火时不易扑救。电气线路错综复杂,给灭火技战术的操作实施也带来难度。电气火灾的发生,不仅会导致电气设备的损坏,还将危害人身安全,造成人员伤亡及财产损失。

📖 思考题

1. 阐述引发电气火灾的主要原因。

2. 简述电气火灾具有哪些主要特征。

5.2.2　电气火灾监控系统综述

统计数字表明,引发火灾的 3 个主要原因分别是电气故障、违章作业和用火不慎,因电气故障引发的火灾每年以 30% 的比例高居各类火灾原因的首位,更有 50% ~80% 比例的重特大火灾是由电气故障引起的。电气火灾一般初起于电气柜、电缆隧道等内部,当火蔓延到设备及电缆表面时,已形成较大火势,此时火势往往难以控制。通过合理设置电气火灾监控系统,可以有效探测供电线路及供电设备故障,以便及时处理,避免电气火灾发生。

1)电气火灾监控系统分类

(1)电气火灾监控探测器的分类

①电气火灾监控探测器按工作方式可分为独立式电气火灾监控探测器和非独立式电气火灾监控探测器。独立式电气火灾监控探测器,即可以自成系统,不需要配接电气火灾监控设备。非独立式电气火灾监控探测器,即自身不具有报警功能,需要配接电气火灾监控设备组成系统。

②电气火灾监控探测器按工作原理可分为剩余电流保护式电气火灾监控探测器、测温式电气火灾监控探测器和故障电弧式电气火灾监控探测器。剩余电流保护式电气火灾监控探测器主要监测由于不完全接地故障(即当被保护线路的相线直接对大地接通或通过非预期负载对大地接通)导致的剩余电流,当该电流大于预定数值时即自动报警。测温式电气火灾监控探测器主要监测低压配电系统中电缆接头、端子及重点发热部件的异常升温。故障电弧式电气火灾监控探测器主要监测由于线缆或设备老化、破损、接触不良等引发的电弧故障,不仅可以监测导体之间的并联电弧,还可以监测一根导体断裂产生的串联电弧,补充了过电流、过电压、剩余电流防护器等不能监测的防护空白。

(2)电气火灾监控器的分类

按系统连线方式可分为多线制电气火灾监控器和总线制电气火灾监控器。多线制电气火灾监控器是采用多线制方式与电气火灾监控探测器连接。总线制电气火灾监控器是采用总线制方式与电气火灾监控探测器连接。

2)电气火灾监控系统适用场所

电气火灾监控系统适用于具有电气火灾危险的场所,尤其是变电站、石油石化、冶金等不能中断供电的重要供电场所的电气故障探测,在产生一定电气火灾隐患时发出报警信号,提醒专业人员排除电气火灾隐患,实现电气火灾的早期预防,避免电气火灾的发生。

3)电气火灾监控系统组成

电气火灾监控系统是火灾自动报警系统的独立子系统,属于火灾预警系统。电气火灾监控系统由电气火灾监控器、电气火灾监控探测器、火灾声光警报器和图形显示装置等组成。电气火灾监控系统能在电气线路及该线路中的配电设备或用电设备发生电气故障并产生一定电气火灾隐患的条件下发出报警信号,提醒专业人员排除电气火灾隐患,实现电气火灾的早期预防,避免电气火灾的发生。

(1)电气火灾监控器

电气火灾监控器是电气火灾监控系统的核心单元,用于为所连接的电气火灾监控探测器供电,集中处理并显示各探测器监测到的各种状态信息、报警信息以及故障报警信息,指示报警部位及类型,储存历史数据、状态与事件等内容,上传给图形显示装置,同时具有对电气火灾监控探测器的状态、电源供电情况、连接线路情况进行监测的功能。

（2）电气火灾监控探测器

电气火灾监控探测器能够对保护线路中的剩余电流、温度、故障电弧等电气故障参数进行响应,自动产生报警信号并向电气火灾监控器传输报警信号。

电气火灾监控系统的组成如图5-4所示。

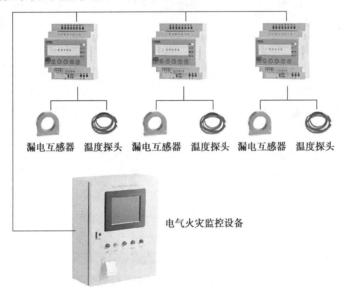

漏电互感器　温度探头　　漏电互感器　温度探头　　漏电互感器　温度探头

电气火灾监控设备

图5-4　电气火灾监控系统的组成

4）电气火灾监控系统的工作原理

电气火灾监控系统的工作原理主要是通过传感器和监控探测器实现对电气设备及其周边环境的实时监测,利用电磁场感应原理和温度效应的变化对该信息进行采集,当电气设备中的电流、温度等参数发生异常或突变时,电气火灾监控探测器将保护线路中的剩余电流、温度、故障电弧等电气故障参数转变为电信号,经数据处理后,探测器做出报警判断,将报警信息传输到电气火灾监控器。电气火灾监控器在接收到探测器的报警信息后,经确认和判断,显示电气故障报警探测器的部位信息,记录探测器报警的时间,同时驱动安装在保护区域现场的声光警报装置,发出声光警报。

5）电气火灾监控系统设计

电气火灾监控系统是一个独立的子系统,属于火灾预警系统,应独立组成。电气火灾监控探测器应接入电气火灾监控器,不应直接接入火灾报警控制器的探测器回路。电气火灾监控系统设备应选择符合现行国家相关标准规定的定型产品。

当电气火灾监控系统接入火灾自动报警系统时,应由电气火灾监控器将报警信号传输至消防控制室图形显示装置或集中火灾报警控制器,但其显示应与火灾报警信息有所区别。当无消防控制室且电气火灾监控探测器设置数量不超过8个时,可采用独立式电气火灾监控探测器。

（1）剩余电流式电气火灾监控探测器的设置

剩余电流式电气火灾监控探测器以设置在低压配电系统首端为基本原则,宜设置在第一级配电柜(箱)的出线端。当供电线路泄漏电流大于 500 mA 时,可在其下一级配电柜(箱)的出线端设置。

剩余电流式电气火灾监控探测器不宜设置在 IT 系统的配电线路和消防配电线路中。剩余电流式电气火灾监控探测器在无地线的供电线路中不能正确探测,不适合使用;而消防供电线路由于其本身要求较高且平时不用,因此,无须设置剩余电流式电气火灾监控探测器。

选择剩余电流式电气火灾监控探测器时,应考虑供电系统自然漏流的影响,根据泄漏电流达到 300 mA 就可能引起电气火灾的特性,考虑到每个供电系统通常存在自然漏流现象,而且自然泄漏电流根据线路上负载的不同会有很大差别,一般可达 100 ～ 200 mA。因此,应选择参数合适的探测器,国家规范规定剩余电流式电气火灾监控探测器报警值宜为 300 ～ 500 mA。

（2）测温式电气火灾监控探测器的设置

测温式电气火灾监控探测器的探测原理是根据监测保护对象的温度变化,因此,探测器应采用接触或贴近保护对象的电缆接头、端子、重点发热部件等部位设置。根据对供电线路发生的火灾统计,在供电线路本身发生过载时,接头部位反应最强烈。因此,保护供电线路过载时,应重点监控其接头部位的温度变化。

保护对象为 1 000 V 及以下的配电线路,测温式电气火灾监控探测器应采用接触式设置。保护对象为 1 000 V 以上的供电线路,测温式电气火灾监控探测器宜选择光栅光纤测温式或红外测温式电气火灾监控探测器,光栅光纤测温式电气火灾监控探测器应直接设置在保护对象表面。

（3）故障电弧式电气火灾监控探测器的设置

具有线路故障电弧探测功能的电气火灾监控探测器,其保护线路的长度不宜大于 100 m。线路长度太长则不能确保探测器可靠探测到故障电弧。

（4）独立式电气火灾监控探测器的设置

独立式电气火灾监控探测器,是一款具备检测低压配电线路中剩余电流和线路温度功能且能够独立使用的电气火灾监控探测器,自成一个小系统,可带地址编码且能独立使用,具有储存功能及较强的显示操作功能,报警精度高、可靠性强,能够有效防止误报、漏报。

独立式电气火灾监控探测器的设置应符合电气火灾监控探测器的设置要求。设有火灾自动报警系统时,独立式电气火灾监控探测器的报警信息和故障信息应在消防控制室图形显示装置或集中火灾报警控制器上显示,但该类信息与火灾报警信息的显示应有所区别。未设火灾自动报警系统时,独立式电气火灾监控探测器应将报警信号传至有人员值班的场所。

（5）电气火灾监控器的设置

电气火灾监控器是发出报警信号并对报警信息进行统一管理的设备,因此,该设备应设置在有人值班的场所。

一般情况下,可设置在保护区域附近或消防控制室内。在有消防控制室的场所,电气火灾监控器发出的报警信息和故障信息应能在消防控制室内的火灾报警控制器或图形显示装置上显示,但应与火灾报警信息和可燃气体报警信息有明显区别,这样有利于整个消防系统的管理和应急预案的实施。未设消防控制室时,电气火灾监控器应设置在有人员值班的场所。

6) 电气火灾监控系统的特点

电气火灾监控系统具有预防性、实时性、可靠性、灵活性和可维护性等主要特点。

(1)预防性

电气火灾监控系统是一种预防性的火灾监控系统,可以在电气火灾发生前进行预警,及时发现并处理潜在的火灾隐患,从而有效预防电气火灾的发生。

(2)实时性

电气火灾监控系统可以实时监测电气设备的运行状态和周边环境的变化,及时发出报警信号,使相关人员能够迅速采取措施,防止电气火灾发生。

(3)可靠性

电气火灾监控系统采用的传感器和监控设备都是经过严格测试和检验的,具有高可靠性和稳定性,能够保证监测数据的准确性和可靠性。

(4)灵活性

电气火灾监控系统具有灵活的连接方式和组网能力,可以根据不同需求进行定制和扩展,适应不同的应用场景和需求。

(5)可维护性

电气火灾监控系统具有完善的自检和故障诊断功能,能够及时发现并处理系统故障,保证系统的正常运行和维护的便利性。

📖 练习题

一、单项选择题

1. 电气火灾监控系统能在电气线路及该线路中的配电设备或用电设备发生( )的条件下发出报警信号,提醒专业人员排除电气火灾隐患,实现电气火灾的早期预防,避免电气火灾的发生。

    A. 机械故障   B. 电气故障

    C. 电气火灾   D. 电气故障并产生一定电气火灾隐患

2. 下列关于电气火灾监控系统的说法,不正确的是( )。

    A. 电气火灾监控系统是一个独立的子系统,属于火灾预警系统,应独立组成

    B. 当有消防控制室且电气火灾监控探测器设置数量不超过8个时,可采用独立式电气火灾监控探测器

    C. 当电气火灾监控系统接入火灾自动报警系统时,应由电气火灾监控器将报警信号传输至消防控制室图形显示装置或集中火灾报警控制器上,但其显示应与火灾报警信息有所区别

    D. 电气火灾监控探测器应接入电气火灾监控器,不应直接接入火灾报警控制器的探

测器回路

3.剩余电流式电气火灾监控探测器应以设置在(   )为基本原则,宜设置在第一级配电柜(箱)的出线端。在供电线路泄漏电流大于 500 mA 时,可在其下一级配电柜(箱)设置。

  A.低压配电系统首端   B.高压配电系统首端

  C.低压配电系统末端   D.高压配电系统末端

4.剩余电流式电气火灾监控探测器应以设置在低压配电系统首端为基本原则,宜设置在(   )。

  A.第一级配电柜(箱)的出线端 B.第二级配电柜(箱)的出线端

  C.第一级配电柜(箱)的进线端 D.第二级配电柜(箱)的进线端

5.剩余电流式电气火灾监控探测器在供电线路泄漏电流大于(   )mA 时,可在其下一级配电柜(箱)设置。

  A.300   B.400   C.500   D.600

6.具有探测线路故障电弧功能的电气火灾监控探测器,其保护线路的长度不宜大于(   )m。

  A.60   B.80   C.100   D.120

7.保护对象为(   )V 以上的供电线路,测温式电气火灾监控探测器宜选择光栅光纤测温式或红外测温式电气火灾监控探测器,光栅光纤测温式电气火灾监控探测器应直接设置在保护对象的(   )。

  A.1 000;表面 B.1 200;表面 C.1 000;上部 D.1 200;上部

8.选择剩余电流式电气火灾监控探测器时,应考虑供电系统自然漏流的影响,并选择参数合适的探测器,探测器报警值宜为(   )mA。

  A.200 ~ 400 B.300 ~ 500 C.400 ~ 600 D.600 ~ 800

二、多项选择题

1.电气火灾监控探测器按工作方式分类,可分为(   )电气火灾监控探测器。

  A.剩余电流保护式   B.测温式

  C.非独立式   D.独立式

  E.故障电弧式

2.电气火灾监控探测器按工作原理分类,可分为(   )电气火灾监控探测器。

  A.剩余电流保护式   B.测温式

  C.非独立式   D.独立式

  E.故障电弧式

学生项目认知实践评价反馈工单

项目名称		火灾预警系统			
学生姓名			所在班级		
认知实践评价日期			指导教师		
序号	组件名称	认知实践目标及分值权重			自我评价 （总分100分）
		识组件 （40分,占比40%）	知原理 （30分,占比30%）	会设置 （30分,占比30%）	
1	可燃气体报警控制器	□√ □×			
2	可燃气体探测器	□√ □×			
3	电气火灾监控器	□√ □×			
4	剩余电流式电气火灾监控探测器	□√ □×			
5	测温式电气火灾监控探测器	□√ □×			
6	故障电弧式电气火灾监控探测器	□√ □×			
项目总评	优（90~100分）□ 良（80~90分）□ 中（70~80分）□ 合格（60~70分）□ 不合格（小于60分）□				

项目 6　消防控制室

太阳落山,明天仍会升起;春天过去,来年还会再来。然而,生命一旦失去,却无法重生。

生命如此宝贵,需要每个人好好珍惜。

我们要提升自身抗逆力,成为热爱生活、敬畏生命的人。

人的一生难免会遇到挫折,而挫折恰恰是成长的催化剂。学会应对挫折,学会在挫折中成长,是让生命焕发光彩的必修课。

教学导航	
主要教学内容	6.1 消防控制室建筑防火要求 6.2 消防控制室内设备的布置规定 6.3 消防控制室管理要求
知识目标	1.了解消防控制室建筑防火要求 2.掌握消防控制室内保存的档案资料要求 3.掌握消防控制室值班时间和人员要求
能力目标	1.具备合理布置消防控制室内设备的能力 2.具备正确管理消防控制室的能力 3.熟练掌握消防控制室的值班应急程序
建议学时	2 学时

📖 **典型火灾案例**

2013 年 10 月 11 日,北京石景山××商场一楼的某餐厅发生火灾并蔓延至整座大楼,大火共扑救 9 小时,致 2 名消防员牺牲。

事件起因:本次火灾因商场一楼某餐厅内电动自行车蓄电池充电过程中发生故障引起,火情发生后,店长及店员第一时间自行逃离,商场消防控制室值班员在听到消防报警铃响后摁掉报警声,继续打游戏,导致发现火情时手足无措,临时翻看说明书,使喷淋系统没有启动,错过了最佳灭火时机,最终酿成大祸。

此外,××商场擅自将按规定应设置为自动启动状态的"消防自动报警、自动喷淋设施"等系统改成了手动状态,对消防设施未能起到作用也有因果关系。

原因一:店长和店员失职

监控画面显示:2013 年 10 月 11 日凌晨 2 点 49 分 36 秒,餐厅一角发生险情,一名女员工从里面惊慌跑出,自行离去。随着烟雾越来越大,留在餐厅里的顾客们才开始陆续逃离餐厅。不到两分钟时间,整个餐厅已经完全被浓烟笼罩。2 点 51 分 30 秒,画面呈雪花状,很快全屏转黑监控探头已经被火烧到。

最先发现火情的是餐厅的值班店长,当时店内有多个灭火器,但这位店长并没有第一时间组织扑救,而是第一个逃离。另一名店员在看到冒烟后,既没有处置火情,也没有提醒顾客疏散,如果店长在第一时间组织扑救,很可能在明火没起来之前就可扑灭。店长和店员的失职,错失了最佳的灭火时机。

原因二:值班人员玩忽职守

在最早发现起火之后的十多分钟里,商场消防控制室值班人员两次将报警器消音,继续玩游戏。直到大火烧起,又手足无措。从发现大面积火警开始,整整四分钟时间,值班人员始终在翻看说明书,现场没有采取任何灭火措施,放任大火从餐厅烧到商场外立面,再沿着整个外立面的广告牌,迅速蔓延到整座大楼。

原因三:电动自行车质量隐患

本次事故起火原因是电动自行车充电时发生电器故障。电动自行车安全隐患最高的部件是电池组。有业内人士称,"质量差的电动自行车电池组,本身就是'定时炸弹'",而目前国内对电动自行车生产的质量标准要求并不严格。有报道称,电动自行车电池引发的火灾数量逐年上升。

消防控制室是建筑消防系统的信息中心、控制中心、日常运行管理中心和自动消防系统运行状态监视中心,也是建筑发生火灾和日常消防演练时的应急指挥中心。在有城市远程监控系统的地区,消防控制室也是建筑与监控中心的接口,可见其地位是十分重要的。每个建筑使用性质和功能各不相同,其包括的消防控制设备也不尽相同。作为消防控制室,应对建筑内的所有消防设施,包括火灾报警和其他联动控制装置的状态信息,进行集中控制、显示和管理,并能将状态信息通过网络或电话传输到城市建筑消防设施远程监控中心。

基于消防控制室对消防设施运行的安全性、稳定性和可靠性的重要保障作用,消防控制室要满足一些特殊的要求。

任务 6.1　消防控制室建筑防火要求

消防控制室按照设置地点的不同,可分为单独建造的消防控制室和设置在建筑内的消防控制室两种形式。无论采用哪种形式,都需确保在该建筑发生火灾时,消防控制室不会受到火灾的威胁,确保消防设施正常工作。

单独建造的消防控制室,其耐火等级不应低于二级;设置在建筑内的消防控制室要与其他部位进行防火分隔,应采用耐火极限不低于 2 h 的防火隔墙和 1.5 h 的楼板与其他部位分隔;消防控制室开向建筑内的门应采用乙级防火门。

通风、空调系统的通风管道是火势蔓延的主要途径之一,为防止在火灾发生后,烟、火通过空调系统的送风管和排风管扩大蔓延,确保消防控制室在火灾时不受火灾影响,通风空调系统的风管在穿过消防控制室的隔墙和楼板处要设置防火阀。

为保证消防控制设备安全运行,便于检查维修,其他与消防设施无关的电气线路和管网不得穿过消防控制室,以免互相干扰,造成混乱或事故。电磁场干扰对火灾自动报警系统设备正常工作的影响较大,要求控制室周围不得布置干扰场强超过消防控制室设备承受能力的其他设备用房。

消防控制室设置位置应便于安全进出。疏散门应直通室外或安全出口,要求进出人员不需要经过其他房间或使用空间而可以直接到达建筑外,开设在建筑首层门厅大门附近的疏散门可以视为直通室外;或要求消防控制室的门通过疏散走道直接连通到疏散楼梯(间)或直通室外的门,不需要经过其他空间。附设在建筑内时,宜设置在建筑内首层或地下一层,并宜布置在靠外墙部位。

消防控制室应设置备用照明,其作业面的最低照度不应低于正常照明的照度标准。

消防控制室的消防用电设备,应在其配电线路的最末一级配电箱处设置自动切换装置。

消防控制室应采取防水淹的技术措施。

任务 6.2 消防控制室内设备的布置规定

建筑内消防控制设备的布置及操作、维修所必需的空间应满足消防控制室值班人员及设备维修人员工作的需要,使消防控制室的设计既满足工作需要,又避免面积浪费。消防控制室内设备的布置应符合以下规定:设备面盘前的操作距离,单列布置时不应小于 1.5 m;双列布置时不应小于 2 m。在值班人员经常工作的一面,设备面盘至墙的距离不应小于 3 m。设备面盘后的维修距离不宜小于 1 m。设备面盘的排列长度大于 4 m 时,其两端应设置宽度不小于 1 m 的通道。与建筑其他弱电系统合用的消防控制室内,消防设备应集中设置,并应与其他设备之间有明显间隔。

消防控制室设备面盘单列布置、双列布置和与安防监控室合用布置分别如图 6-1、图 6-2、图 6-3 所示。

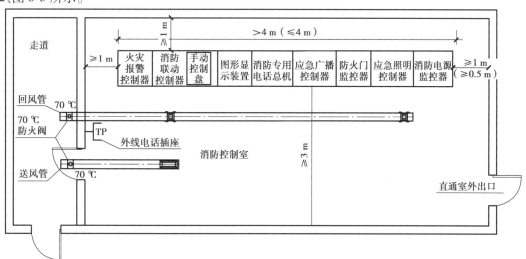

图 6-1 设备面盘单列布置的消防控制室布置图

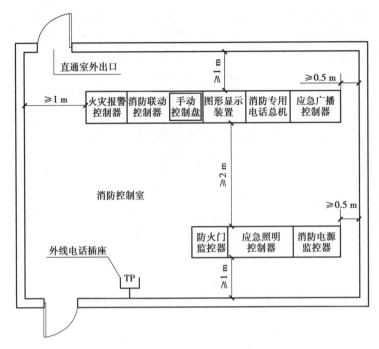

图 6-2　设备面盘双列布置的消防控制室布置图

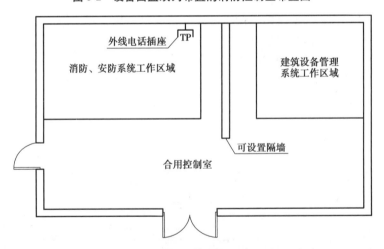

图 6-3　消防控制室与安防监控室合用布置图

任务 6.3　消防控制室管理要求

消防控制室管理应符合以下要求：

①应实行每日 24 h 专人值班制度，每班不应少于 2 人，值班人员应持有消防控制室操作职业资格证书。

②应确保火灾自动报警系统、灭火系统和其他联动控制设备处于正常工作状态,不得将应处于自动状态的设为手动状态。

③应确保高位消防水箱、消防水池、气压水罐等消防储水设施水量充足,确保消防泵出水管阀门、自动喷水灭火系统管道上的阀门常开;确保消防水泵、防排烟风机、防火卷帘等消防用电设备的配电柜启动开关处于自动位置(通电状态)。

6.3.1 消防控制室内保存的档案资料要求

依据《消防控制室通用技术要求》(GB 25506—2010)的相关规定,消防控制室内应保存以下纸质和电子档案资料:

①建(构)筑物竣工后的总平面布局图、建筑消防设施平面布置图、建筑消防设施系统图、安全出口布置图、重点部位位置图等。

②消防安全管理规章制度文件、应急灭火预案、应急疏散预案等。

③消防安全组织结构图,包括消防安全责任人、管理人、专职消防人员、义务消防人员等内容。

④消防安全培训记录、灭火和应急疏散预案的演练记录。

⑤值班情况、消防安全检查情况及巡查情况的记录。

⑥消防设施一览表,包括消防设施的类型、数量、状态等内容。

⑦消防系统控制逻辑关系说明、设备使用说明书、系统操作规程、系统和设备维护保养制度等资料。

⑧设备运行状况、接报警记录、火灾处理情况、设备检修检测报告等资料,这些资料应定期保存和归档。

6.3.2 消防控制室应急程序

依据《消防控制室通用技术要求》(GB 25506—2010)的相关规定,消防控制室应急程序应符合以下要求:

①接到火灾警报后,值班人员应立即以最快方式确认。

②火灾确认后,值班人员应立即确认火灾报警联动控制开关处于自动状态,同时拨打"119"报警,报警时应说明着火单位地点、起火部位、着火物种类、火势大小、报警人姓名和联系电话。

③值班人员应立即启动单位内部应急疏散和灭火预案,并及时报告单位负责人。

6.3.3 消防控制室值班时间和人员要求

依据《建筑消防设施的维护管理》(GB 25201—2010)的规定,消防控制室的值班时间和人员应符合以下要求:

①实行每日 24 h 值班制度。值班人员应通过消防行业特有工种职业技能鉴定,持有初级技能以上等级的职业资格证书。

②每班工作时间不应超过 8 h,每班人员不应少于 2 人,值班人员对火灾报警控制器进行日检查、接班、交班时,应填写《消防控制室值班记录表》的相关内容。值班期间每 2 h 记录一次消防控制室内消防设备的运行情况,及时记录消防控制室内消防设备的火警或故障情况。

③正常工作状态下,不应将自动喷水灭火系统、防烟排烟系统和联动控制的防火卷帘等防火分隔设施设置为手动控制状态。其他消防设施及相关设备如设置为手动状态时,应有在火灾情况下迅速将手动控制转换为自动控制的可靠措施。

📖 练习题

一、单项选择题

1. 消防控制室应实行每日( )h 专人值班制度,每班不应少于( )人,值班人员应持有消防控制室操作职业资格证书。

 A. 24 2   B. 8 2   C. 24 1   D. 8 1

2. 依据《建筑设计防火规范》(GB 50016—2014) (2018 年版),消防控制室的设置在下列说法中,不符合规定的是( )。

 A. 单独建造的消防控制室,其耐火等级不应低于二级

 B. 附设在建筑内的消防控制室,宜设置在建筑内首层或地下一层,并不应布置在靠外墙部位

 C. 不应设置在电磁场干扰较强及其他可能影响消防控制设备正常工作的房间附近

 D. 疏散门应直通室外或安全出口

3. 消防控制室内设备的布置时,设备面盘前的操作距离,单列布置时不应小于( )m;双列布置时不应小于( )m。

 A. 1.5 2   B. 1.2 2   C. 1.2 1.5 D. 1.5 1.5

4. 消防控制室内设备的布置时,在值班人员经常工作的一面,设备面盘至墙的距离不应小于( )m。

 A. 1.5   B. 2   C. 2.5   D. 3

5. 消防控制室内设备的布置时,设备面盘后的维修距离不宜小于( )m。

 A. 0.5   B. 0.6   C. 1   D. 1.2

6. 消防控制室内设备的布置时,设备面盘的排列长度大于 4 m 时,其两端应设置宽度不小于( )m 的通道。

 A. 0.5   B. 0.6   C. 1   D. 1.2

7. 消防控制室人员值班期间每( )记录一次消防控制室内消防设备的运行情况,及时记录消防控制室内消防设备的火警或故障情况。

 A. 1 h   B. 2 h   C. 2.5 h   D. 3 h

8. 消防控制室值班人员应通过消防行业特有工种职业技能( ),持有初级技能以上等级的职业资格证书。

 A. 培训   B. 考试   C. 鉴定   D 竞赛

9. 消防控制室值班人员对火灾报警控制器进行( )时,应填写《消防控制室值班记录表》的相关内容。

 A. 日检查   B. 接班   C. 交班   D. 以上都对

二、多项选择题

1. 依据《消防控制室通用技术要求》(GB 25506—2010)的相关规定,消防安全组织结构

图,应包括(　　)等内容。

    A. 消防安全责任人   B. 消防安全管理人

    C. 专职消防人员   D. 义务消防人员

    E. 专业应急救援人员

2. 依据《消防控制室通用技术要求》(GB 25506—2010)的相关规定,下列应能定期保存和归档的资料是(　　)。

    A. 设备运行状况   B. 接报警记录

    C. 火灾处理情况   D. 设备检修检测报告

    E. 系统操作规程

三、思考题

1. 简述消防控制室管理应符合哪些要求。

2. 简述消防控制室的值班应急程序。

3. 简述消防控制室值班时间和人员有哪些要求。

学生项目认知实践评价反馈工单

项目名称		消防控制室		
学生姓名		所在班级		
认知实践评价日期		指导教师		
序号	评价任务	认知实践目标及分值权重			自我评价 （总分100分）
		建筑防火档案及值班要求（10分、10分、20分，总占比40%）	设备布置 （30分，占比30%）	应急处置 （30分，占比30%）	
1	建筑防火要求		—	—	
2	档案资料保存		—	—	
3	值班时间和人员		—	—	
4	室内设备布置	—		—	
5	值班应急程序	—	—		
项目总评	优（90~100分）□　　　良（80~90分）□　　　中（70~80分）□　　　合格（60~70分）□ 不合格（小于60分）□				

项目 7 建筑消防系统安装使用维护管理基础

📖 **励志金句摘录**

"劳动是财富的源泉,也是幸福的源泉。"劳动精神、劳模精神、工匠精神是民族精神和时代精神的生动体现,代表了崇高的职业追求,是鼓舞中华民族砥砺前行的强大精神动力。

教学导航	
主要教学内容	7.1 消防系统检测、调试、验收与维护的通用要求 7.2 消防系统调试的要求与方法 7.3 火灾自动报警系统的故障及处理方法 7.4 火灾自动报警系统组件的安装及使用示例 7.5 火灾自动报警系统保养、维修、检测技能操作
知识目标	1. 了解消防系统检测、调试、验收与维护的通用要求 2. 了解消防系统调试的要求与方法
能力目标	1. 了解火灾自动报警系统的故障分析及处理方法 2. 初步具备点型火灾探测器、线型感温火灾探测器、线型感烟火灾探测器、模块、手动火灾报警按钮的正确安装及使用能力 3. 初步具备火灾自动报警系统保养、维修、检测操作的能力 4. 了解常用消防检测实验仪器的使用
建议学时	14 学时

任务 7.1 消防系统检测、调试、验收与维护的通用要求

7.1.1 消防设施现场检查

建筑消防系统的种类很多,常见的有火灾自动报警系统、自动喷水灭火系统、防烟排烟系统、室内外消防给水及消火栓系统、气体灭火系统、应急照明及疏散指示系统、泡沫灭火系统等,每个系统按照相关规范都有符合自己系统特点的检测、调试、验收与维护规定,但也都有一些共性要求。我们把不同消防系统检测、调试、验收与维护的共性要求称为通用要求。

消防设施现场检查包括产品合法性检查、一致性检查及产品质量检查。

1) 合法性检查

目前,按照国家有关规定,应将火灾报警产品、灭火器、避难逃生产品纳入强制性产品认证,这类产品到达施工现场后,施工单位应组织查验其强制认证证书。有关具体产品分别如表 7-1、表 7-2、表 7-3 所示。

表 7-1　实行强制性产品认证的火灾报警产品

类别	产品名称	依据标准号
火灾报警产品(强制)	点型感烟火灾探测器	GB 4715
	点型感温火灾探测器	GB 4716
	独立式感烟火灾探测报警器	GB 20517
	手动火灾报警按钮	GB 19880
	点型紫外火焰探测器	GB 12791
	点型红外火焰探测器	GB 15631
	吸气式感烟火灾探测器	
	图像型火灾探测器	
	点型一氧化碳火灾探测器	
	线型光束感烟火灾探测器	GB 14003
	火灾显示盘	GB 17429
	火灾声和/或光警报器	GB 26851
	火灾报警控制器	GB 4717
	家用火灾报警控制器	GB 22370
	点型家用感烟火灾探测器	
	点型家用感温火灾探测器	
	燃气管道专用电动阀	
	手动报警开关	
	控制中心监控设备	

表 7-2　实行强制性产品认证的灭火器

类别	产品名称	依据标准号
灭火器(强制)	手提式灭火器	GB 4351.1
		GB 4351.2
	推车式灭火器	GB 8109
	简易式灭火器	XF 86

表 7-3　实行强制性产品认证的避难逃生产品

类别	产品名称	依据标准号
避难逃生产品（强制）	逃生缓降器	GB 21976.2
	逃生梯	GB 21976.3
	逃生滑道	GB 21976.4
	应急逃生器	GB 21976.5
	逃生绳	GB 21976.6
	过滤式消防自救呼吸器	GB 21976.7
	化学氧消防自救呼吸器	XF 411
	消防应急标志灯具	GB 17945
	消防应急照明灯具	
	应急照明控制器	
	应急照明集中电源	
	应急照明配电箱	
	应急照明分配电装置	
	常规消防安全标志	XF 480.1
		XF 480.2
	蓄光消防安全标志	XF 480.1
		XF 480.3
	逆向反射消防安全标志	XF 480.1
		XF 480.4
	荧光消防安全标志	XF 480.1
		XF 480.5
	其他消防安全标志	XF 480.1

新研制的尚未制定国家或行业标准的产品，应查验其技术鉴定证书。

为贯彻落实党中央、国务院关于深化消防执法改革的决策部署，市场监管总局会同应急管理部对消防产品强制性认证目录作出调整，由强制性产品认证转为自愿性产品认证的，应核查自愿性产品认证证书信息，并检查自愿性产品认证标志的加贴情况。这些被取消认证的消防产品包括消防水带、喷水灭火产品、消防车、灭火剂、建筑耐火构件、泡沫灭火设备、消防装备产品、火灾防护产品、消防给水设备、气体灭火设备、干粉灭火设备、消防防烟排烟设备和消防通信产品，具体产品目录见中国消防产品信息网。

目前,尚未纳入强制性产品认证的非新产品类的消防产品,查验其经国家法定消防产品检验机构检验合格的型式检验报告。非消防产品类的管材、管件以及其他设备查验其法定质量保证文件。

2)一致性检查

消防产品到场后,根据消防设计文件、产品型式检验报告等,查验到场消防产品的铭牌标志、产品关键件和材料、产品特性等的一致性程度,以此防止使用假冒伪劣的消防产品施工、降低消防设施施工安装质量。

3)产品质量检查

消防设施的设备及其组件、材料等产品质量检查主要包括外观检查、组件装配及其结构检查、基本功能试验以及灭火剂质量检测等。

7.1.2 消防设施系统调试

1)调试准备

(1)调试工作内容

调试工作包括各类消防设施的单机设备调试、组件调试和系统联动调试等。

(2)消防设施调试需要具备的条件

①系统供电正常,火灾自动报警系统具备与系统联动调试的条件。

②水源、动力源和灭火剂储存等满足设计要求和系统调试要求,各类管网、管道、阀门等密封严密,无泄漏。

③调试使用的测试仪器、仪表等性能稳定可靠。

2)调试要求

①消防设施调试负责人由专业技术人员担任。

②调试前,调试单位按照各消防设施的调试需求,编制相应的调试方案,确定调试程序,并按照程序开展调试工作。

③调试结束后,调试单位提供完整的调试资料和调试报告。

④消防设施调试合格后,填写调试检查记录,并将各消防设施恢复至正常工作状态。

7.1.3 消防设施技术检测

消防设施技术检测是对消防设施检查、测试等技术服务工作的统称。这里的技术检测是指消防设施施工结束后,建设单位委托具有相应资质等级的消防技术检测服务机构对消防设施施工质量进行的检查和测试工作。

按照各类消防设施施工及验收规范规定的内容,对各类消防设施的设置场所、设备及其组件、材料(管道、管件、电线、电缆等)进行设置场所安全性检查、消防设施施工质量检查和功能性试验。对于有数据测试要求的项目,采用规定的仪器、仪表、量具等进行测试。

7.1.4 消防设施竣工验收

消防设施施工结束后,由建设单位组织设计、施工、监理等单位进行包括消防设施在内的建设工程竣工验收。消防设施竣工验收分为资料检查、施工质量现场检查和质量验收判定3个环节。

各项检查项目中有不合格项时,对设备及其组件、材料(管道、管件、电线、电缆等)进行返修或者更换后,应进行复验。复验时,对有抽验比例要求的项目,应加倍抽样检查。

竣工验收质量判定应符合以下规定:

①系统工程施工质量缺陷分为严重缺陷项(A)、重缺陷项(B)和轻缺陷项(C)。

②自动喷水灭火系统、防烟排烟系统、泡沫灭火系统、消防给水及消火栓系统的工程施工质量缺陷,当 $A=0,B\leqslant2$,且 $B+C\leqslant6$ 时,竣工验收判定为合格,否则,竣工验收判定为不合格。

③火灾自动报警系统、应急照明和疏散指示系统的工程施工质量缺陷,当 $A=0,B\leqslant2$,且 $B+C\leqslant$ 检查项的 5% 时,竣工验收判定为合格;否则,竣工验收判定为不合格。

④气体灭火系统验收项目有 1 项为不合格时,系统验收判定为不合格。

7.1.5　消防设施维护管理

消防设施维护管理由建筑物的使用管理单位依法自行管理或者委托具有相应资质的消防技术服务机构实施管理。消防设施维护管理包括值班、巡查、检测、维修、保养、建档等工作。

1)年度检测

消防设施年度检测主要是对国家标准规定的各类消防设施的功能性要求进行的检查、测试。

(1)检测频次

消防设施每年至少检测 1 次。重大节日或者重大活动,根据活动要求安排消防设施检测。

设有自动消防设施的宾馆、饭店、商场、市场、公共娱乐场所等人员密集场所、易燃易爆单位以及其他一类高层公共建筑等消防安全重点单位,自消防设施投入运行后的每年年底,将年度检测记录报当地消防救援机构备案。

(2)检测对象

检测对象包括全部系统设备、组件等。

2)维修

值班、巡查、检测、灭火演练中发现的消防设施存在问题和故障,相关人员按照规定填写《建筑消防设施故障维修记录表》,向建筑使用管理单位消防安全管理人报告。消防安全管理人对相关人员上报的消防设施存在的问题和故障,要立即通知维修人员或者委托具有资质的消防设施维保单位进行维修。

维修期间,建筑使用管理单位要采取确保消防安全的有效措施。故障排除后,消防安全管理人组织相关人员进行相应功能试验,检查确认合格的消防设施,并将其恢复至正常工作状态,维修情况在《建筑消防设施故障维修记录表》中全面、准确记录。

3)档案建立与管理

档案按照内容分为消防设施基本情况和消防设施动态管理情况两大类别。

(1)消防设施基本情况

消防设施基本情况主要包括消防设施的验收意见和产品、系统使用说明书、系统调试记录、消防设施平面布置图、系统图等原始技术资料。要求长期保存。

（2）消防设施动态管理情况

消防设施动态管理情况主要包括两个方面：一方面是消防设施的值班记录、巡查记录，保存期限不少于1年；另一方面是检测记录、故障维修记录以及维护保养计划表、维护保养记录、消防控制室值班人员基本情况档案及培训记录等，保存期限不少于5年。

📖 **练习题**

一、单项选择题

1. 消防设施现场检查时，对于已经纳入强制性产品认证的产品，应查验其（　　）。
   A. 强制认证证书　　　　　　　　　B. 技术鉴定证书
   C. 自愿性产品认证标志　　　　　　D. 检验合格的型式检验报告

2. 消防设施现场检查时，对于新研制的尚未制定国家标准或者行业标准的产品，应查验其（　　）。
   A. 强制认证证书　　　　　　　　　B. 技术鉴定证书
   C. 自愿性产品认证标志　　　　　　D. 检验合格的型式检验报告

3. 消防设施现场检查时，对于由强制性产品认证转为自愿性产品认证的产品，应核查其（　　），并检查自愿性产品认证标志的加持情况。
   A. 强制认证证书　　　　　　　　　B. 自愿性产品认证证书信息
   C. 技术鉴定证书　　　　　　　　　D. 检验合格的型式检验报告

4. 消防设施系统调试工作包括各类消防设施的单机设备、组件调试和（　　）等内容。
   A. 系统装配调试　　　　　　　　　B. 系统联动调试
   C. 系统结构调试　　　　　　　　　D. 系统制动性能调试

5. 消防设施每年至少检测（　　）次。重大节日或者重大活动，根据活动要求安排消防设施检测。
   A. 1　　　　　　B. 2　　　　　　C. 3　　　　　　D. 4

6. 消防设施检测记录、故障维修记录以及维护保养计划表、维护保养记录、消防控制室值班人员基本情况档案及培训记录等，保存期限不少于（　　）年。
   A. 1　　　　　　B. 3　　　　　　C. 5　　　　　　D. 7

7. 消防救援机构对某大型商业综合体开展消防监督检查，该综合体使用的下列消防产品，不需要获得强制性认证证书的是（　　）。
   A. 手提式干粉灭火器　　　　　　　B. 湿式报警阀组
   C. 点型感烟火灾探测器　　　　　　D. 消防应急标志灯具

二、多项选择题

1. 下列检查事项中，属于消防设施现场检查内容的是（　　）。
   A. 产品节能性检查　　　　　　　　B. 产品环保性检查
   C. 产品质量检查　　　　　　　　　D. 产品一致性检查
   E. 产品合法性检查

2. 消防产品到场后,应根据消防设计文件、产品型式检验报告等,查验到场消防产品的( )一致性程度。

　　A. 铭牌标志　　　　　　　　　B. 产品关键件和材料

　　C. 组件装配及其结构　　　　　D. 产品特性

　　E. 基本功能试验

3. 消防设施的设备及其组件、材料等产品质量检查主要包括( )以及灭火剂质量检测等内容。

　　A. 外观检查　　　　　　　　　B. 产品关键件和材料

　　C. 组件装配及其结构　　　　　D. 产品特性

　　E. 基本功能试验

4. 消防设施系统调试工作包括各类消防设施的( )等内容。

　　A. 单机设备、组件调试　　　　B. 系统联动调试

　　C. 组件装配及其结构　　　　　D. 产品特性

　　E. 基本功能试验

5. 下列事项中,属于消防设施调试需要具备的条件是( )。

　　A. 系统供电正常

　　B. 水源、动力源和灭火剂储存等满足要求

　　C. 各类管网、管道、阀门等密封严密

　　D. 调试使用的测试仪器、仪表等性能稳定可靠

　　E. 消防设施调试负责人由专业技术人员担任

6. 下列事项符合消防设施系统调试要求的是( )。

　　A. 消防设施调试负责人由专业技术人员担任

　　B. 调试前要编制相应的调试方案,确定调试程序

　　C. 调试结束后,调试单位提供完整的调试资料和调试报告

　　D. 消防设施调试合格后,填写调试检查记录

　　E. 消防设施调试合格后,各消防设施应保持调试时的工作状态

7. 下列关于消防设施检测的说法,正确的是( )。

　　A. 消防设施检测是对消防设施的检查、测试等技术服务工作的统称

　　B. 这里所指的技术检测是指消防设施施工结束后,建设单位委托政府行政执法部门对消防设施施工质量进行的检查测试工作

　　C. 消防设施检测,应对各类消防设施的设置场所、设备及其组件、材料(管道、管件、电线、电缆等)进行设置场所安全性检查、消防设施施工质量检查和功能性试验

　　D. 对于有数据测试要求的项目,采用规定的仪器、仪表、量具等进行测试

　　E. 消防设施技术检测应结合项目特点在施工期间和施工结束后开展

8. 消防设施竣工验收是指消防设施施工结束后,由建设单位组织( )等单位进行包括消防设施在内的建设工程竣工验收。

　　A. 设计　　　　　　　　　　　B. 施工

　　C. 监理　　　　　　　　　　　D. 消防救援机构

E. 政府主管部门

9. 当 $A=0$，$B\leqslant 2$，且 $B+C\leqslant 6$ 时，竣工验收判定为合格，否则，竣工验收判定为不合格。上述竣工验收质量验收判定适用于下列哪些项目（　　　）。

    A. 自动喷水灭火系统　　　　　　B. 防烟排烟系统

    C. 泡沫灭火系统　　　　　　　　D. 消防给水及消火栓系统

    E. 火灾自动报警系统

10. 下列属于消防设施维护管理工作内容的是（　　　）。

    A. 值班　　　　　B. 演练　　　　　C. 检查　　　　　D. 维修　　　　　E. 建档

11. 下列关于消防设施的记录中，保存期限不少于 1 年的是（　　　）。

    A. 运行记录　　　　　　　　　　B. 值班记录

    C. 巡查记录　　　　　　　　　　D. 维修记录

    E. 保养记录

任务 7.2　消防系统调试的要求与方法

7.2.1　消防系统调试前的准备

1）设备查验及线路检查

系统调试前，应按设计文件的规定对设备的规格、型号、数量、备品备件等进行查验，并对系统的线路进行检查。

2）地址设置及地址注释

系统调试前，应对系统部件进行地址设置及地址注释，并符合以下规定：

①应对现场部件进行地址编码设置，一个独立的识别地址只能对应一个现场部件。

②与模块连接的火灾警报器、水流指示器、压力开关、报警阀、排烟口、排烟阀等现场部件的地址编号应与连接模块的地址编号一致。

③控制器、监控器、消防电话总机及消防应急广播控制装置等控制类设备应对配接的现场部件进行地址注册，并按现场部件的地址编号及具体设置部位录入部件的地址注释信息。

3）联动编程及编码设置

系统调试前，应对控制类设备进行联动编程，对控制类设备手动控制单元控制按钮或按键进行编码设置，并符合以下规定：

①应按照系统联动控制逻辑设计文件的规定进行控制类设备的联动编程，并录入控制类设备中。

②对于预设联动编程的控制类设备，应核查控制逻辑和控制时序是否符合系统联动控制逻辑设计文件的规定。

③应按照系统联动控制逻辑设计文件的规定，进行消防联动控制器手动控制单元控制按钮、按键的编码设置。

4）单机通电检查

对系统中的控制与显示类设备应分别进行单机通电检查。

7.2.2　消防系统调试要求

1）系统调试内容及要求

系统调试应包括系统部件功能调试和分系统的联动控制功能调试,并符合以下规定:

①应对系统部件的主要功能、性能进行全数检查,系统设备的主要功能、性能应符合现行国家标准的规定。

②应逐一对每个报警区域、防护区域或防烟区域的消防系统进行联动控制功能检查,系统的联动控制功能应符合设计文件和现行国家标准的规定。

③不符合规定的项目应进行整改,并重新进行调试。

2）控制类设备的报警和显示功能

火灾报警控制器、可燃气体报警控制器、电气火灾监控设备、消防设备电源监控器等控制类设备的报警和显示功能,应符合以下规定:

①火灾探测器、可燃气体探测器、电气火灾监控探测器等探测器发出报警信号或处于故障状态时,控制类设备应发出声、光报警信号,记录报警时间。

②控制器应显示发出报警信号部件或故障部件的类型和地址注释信息。

3）消防联动控制器的联动启动和显示功能

消防联动控制器的联动启动和显示功能,应符合以下规定:

①消防联动控制器接收到满足联动触发条件的报警信号后,应在3 s内发出控制相应受控设备动作的启动信号,点亮启动指示灯,记录启动时间。

②消防联动控制器应接收并显示受控部件的动作反馈信息,显示部件的类型和地址注释信息。

4）消防控制室图形显示装置的消防设备运行状态显示功能

消防控制室图形显示装置的消防设备运行状态显示功能,应符合以下规定:

①消防控制室图形显示装置应接收并显示火灾报警控制器发送的火灾报警信息、故障信息、隔离信息、屏蔽信息和监管信息。

②消防控制室图形显示装置应接收并显示消防联动控制器发送的联动控制信息、受控设备的动作反馈信息。

③消防控制室图形显示装置显示的信息应与控制器的显示信息一致。

5）系统的联动控制调试与各分系统功能调试时序

气体灭火系统、防火卷帘系统、防火门监控系统、自动喷水灭火系统、消火栓系统、防烟与排烟系统、消防应急照明及疏散指示系统、电梯与非消防电源等相关系统的联动控制调试,应在各分系统功能调试合格后进行。

6）系统设备及受控设备状态恢复

系统设备功能调试、系统的联动控制功能调试结束后,应恢复系统设备之间、系统设备和受控设备之间的正常连接,并使系统设备、受控设备恢复正常工作状态。

7.2.3 火灾自动报警系统调试步骤与方法

系统调试分为两个阶段:第一阶段为各子系统单独调试;第二阶段为系统整机调试。第一阶段调试先分别对探测器、手动火灾报警按钮、区域报警控制器、集中报警控制器、火灾警报装置和消防控制设备等逐个进行单机通电检查,以检查测试为主,正常后再进行第二阶段的调试。

1)火灾探测器调试

应对各类探测器的离线故障报警功能、火灾报警功能、复位功能进行检查并记录。

现场部件离线故障报警功能调试。使由火灾报警控制器供电的探测器、手动火灾报警按钮处于离线状态,使不由火灾报警控制器供电的探测器的电源线和通信线分别处于断开状态,火灾报警控制器应发出故障声、光报警信号,记录报警时间,显示故障部件的类型和地址注释信息。

点型感烟、点型感温、点型一氧化碳火灾探测器火灾报警功能调试。采用专用的检测仪器或模拟火灾的方法使可恢复探测器监测区域的烟雾浓度、温度、气体浓度达到探测器的报警设定阈值,或采取模拟报警方法使不可恢复探测器处于火灾报警状态,探测器的火警确认灯应点亮并保持。火灾报警控制器应发出火灾声、光报警信号,记录报警时间,显示发出火警部件的类型和地址注释信息。

2)手动报警按钮调试

启动手动火灾报警按钮,按钮处应有可见光指示并输出火灾报警信号,火灾报警控制器接收到火警信号后,发出声、光报警信号。应对手动火灾报警按钮的离线故障报警功能、火灾报警功能进行检查并记录。

3)声光警报器功能试验

人为设置一个火警信号,并用声级计测报警声压级。声光警报器应能正常报警,声压级应大于背景噪声,并符合相关规定数值。

4)火灾报警控制器的调试

(1)火灾报警控制器调试准备

火灾报警控制器调试前,应切断火灾报警控制器的所有外部控制连线,并将任意一个总线回路的火灾探测器、手动火灾报警按钮等部件相连接后接通电源,使控制器处于正常监视状态。

(2)火灾报警控制器调试内容

应对火灾报警控制器的下列主要功能进行检查并记录:

①自检功能。

②操作级别。

③屏蔽功能。

④主、备电源的自动转换功能。

⑤故障报警功能:a.备用电源连线故障报警功能;b.配接部件连线故障报警功能。

⑥短路隔离保护功能。

⑦火警优先功能。

⑧消音功能。

⑨二次报警功能。

⑩负载功能。

⑪复位功能。

火灾报警控制器应依次与其他回路相连接,使控制器处于正常监视状态,在备电工作状态下,对火灾报警控制器进行本条第⑤款 b 项、第⑥款、第⑩款、第⑪款的规定功能检查并记录,控制器的功能应符合规定。

5)消防联动控制器调试

(1)消防联动控制器调试准备

消防联动控制器调试时,应在接通电源前按以下顺序做好准备工作:

①应将消防联动控制器与火灾报警控制器连接。

②应将任一备调回路的输入/输出模块与消防联动控制器连接。

③应将备调回路的模块与其控制的受控设备连接。

④应切断各受控现场设备的控制连线。

⑤应接通电源,使消防联动控制器处于正常监视状态。

(2)消防联动控制器调试内容

应对消防联动控制器的下列主要功能进行检查并记录:

①自检功能。

②操作级别。

③屏蔽功能。

④主、备电源的自动转换功能。

⑤故障报警功能:a.备用电源连线故障报警功能;b.配接部件连线故障报警功能。

⑥总线隔离器的隔离保护功能。

⑦消音功能。

⑧控制器的负载功能。

⑨复位功能。

⑩控制器自动和手动工作状态转换显示功能。

应依次将其他备调回路的输入/输出模块与消防联动控制器连接、模块与受控设备连接,切断所有受控现场设备的控制连线,使控制器处于正常监视状态,在备电工作状态下,按本条第⑤款 b 项、第⑥款、第⑧款、第⑨款的规定对控制器进行功能检查并记录,控制器的功能应符合规定。

6)模块调试

(1)模块的离线故障报警功能

应对模块的离线故障报警功能进行检查并记录,并符合下列规定:

①应使模块与消防联动控制器的通信总线处于离线状态,消防联动控制器应发出故障

声、光信号。

②消防联动控制器应显示故障部件的类型和地址注释信息。

（2）模块的连接部件断线故障报警功能

应对模块的连接部件断线故障报警功能进行检查并记录，并符合下列规定：

①应使模块与连接部件之间的连接线断路，消防联动控制器应发出故障声、光信号。

②消防联动控制器应显示故障部件的类型和地址注释信息。

（3）输入模块的信号接收及反馈功能、复位功能

应对输入模块的信号接收及反馈功能、复位功能进行检查并记录，并符合下列规定：

①应核查输入模块和连接设备的接口是否兼容。

②应给输入模块提供模拟的输入信号，输入模块应在 3 s 内动作并点亮动作指示灯。

③消防联动控制器应接收并显示模块的动作反馈信息，显示设备的名称和地址注释信息。

④应撤除模拟输入信号，手动操作控制器的复位键后，控制器应处于正常监视状态，输入模块的动作指示灯应熄灭。

（4）输出模块的启动、停止功能

应对输出模块的启动、停止功能进行检查并记录，并符合下列规定：

①应核查输出模块和受控设备的接口是否兼容。

②应操作消防联动控制器向输出模块发出启动控制信号，输出模块应在 3 s 内动作，并点亮动作指示灯。

③消防联动控制器应有启动光指示，显示启动设备的名称和地址注释信息。

④应操作消防联动控制器向输出模块发出停止控制信号，输出模块应在 3 s 内动作，并熄灭动作指示灯。

📖 思考题

1. 消防系统调试前要做哪些准备工作？

2. 火灾报警控制器、可燃气体报警控制器、电气火灾监控设备、消防设备电源监控器等控制类设备的报警和显示功能调试，应符合哪些规定？

3. 消防联动控制器的联动启动和显示功能调试应符合哪些规定？

4. 简述火灾探测器调试的内容、方法及要求。

5. 简述系统调试时应对火灾报警控制器、消防联动控制器的哪些主要功能进行检查并记录。

任务 7.3　火灾自动报警系统的故障及处理方法

火灾自动报警系统常见的故障有火灾探测器故障、通信故障、主电故障和备电故障等。

故障发生时,可先按消音键中止故障报警声,然后进行排除。如果是探测器、模块或火灾显示盘等外控设备发生故障,则可暂时将其屏蔽隔离,待修复后再取消屏蔽隔离,系统恢复至正常工作状态。强电串入系统、总线短路或接地故障而引起控制器损坏则属于重大故障,应坚决避免发生。应对火灾自动报警系统误报、漏报等现象进行有效控制。

7.3.1　火灾探测器故障

1) 故障现象

主要故障现象:火灾报警控制器发出故障报警,故障指示灯点亮,控制器显示探测器故障时间、类型和地址注释信息;打印机打印探测器故障时间、类型、回路地址和地址注释信息等。

2) 故障原因分析

主要故障原因:探测器与底座脱落、接触不良;报警总线与底座接触不良;报警总线开路或接地性能不良造成短路;探测器本身损坏;探测器通信接口板损坏。

3) 故障处理

针对不同的故障原因,可采取以下针对性措施:探测器与底座脱落、接触不良时,应重新拧紧探测器或增大底座与探测器卡簧的接触面积;报警总线与底座接触不良时,应重新压接总线,使之与底座有良好的接触;报警总线开路或接地性能不良造成短路时,排查故障报警总线的位置,予以修复或更换报警总线;探测器本身损坏时,应对探测器进行更换;探测器通信接口板故障时,应对探测器通信接口板进行维修或更换。

7.3.2　主电源故障

1) 故障现象

主要故障现象:火灾报警控制器发出故障声报警,主电源故障指示灯点亮,控制器显示故障类型、故障时间;打印机打印主电源故障类型、故障时间。

2) 故障原因分析

主要故障原因:市电停电;主电电源线接触不良;主电源熔丝熔断。

3) 故障处理

针对不同的故障原因,可采取以下针对性措施:市电连续停电 8 个小时以上,应关断控制器的主电源开关和备电源开关,主电正常后再开机,在市电停电期间,系统的使用管理单位应按照相关规定加强系统设置场所的消防安全管理;主电源电源线接触不良时,控制器的主电源应重新接线,或使用烙铁焊接牢固;主电源熔丝熔断时,应更换熔丝。

7.3.3　备电源故障

1) 故障现象

主要故障现象:火灾报警控制器发出故障声报警,备电源故障指示灯点亮,控制器显示故障类型、故障时间;打印机打印备电源故障类型、故障时间。

2) 故障原因分析

主要故障原因:备电源损坏或电压不足;备电源接线接触不良;备电源熔丝熔断。

3）故障处理

针对不同的故障原因，可采取以下针对性措施：对备电源连续充电 24 h，控制器仍显示备电源故障时，更换备电源；备电源接线接触不良时，用烙铁焊接备电源的连接线，使备电源与主机良好接触；备电源熔丝熔断时，更换熔丝。

7.3.4 通信故障

1）故障现象

主要故障现象：火灾报警控制器发出故障声报警，通信故障指示灯点亮，控制器显示故障类型、故障时间；打印机打印通信故障类型、故障时间。

2）故障原因分析

主要故障原因：区域报警控制器损坏或未通电、未开机；通信接口板损坏；通信线路短路、开路或接地性能不良造成短路。

3）故障处理

针对不同的故障原因，可采取以下针对性措施：区域报警控制器未通电、未开机时，使区域报警控制器通电、开机，使其恢复正常工作；区域报警控制器损坏时，维修或更换区域报警控制器；通信接口板损坏时，维修或更换通信接口板；通信线路短路、开路或接地性能不良造成短路时，排查故障线路的位置，予以维修或更换；因探测器或模块等设备损坏造成线路出现短路故障时，应对相应的设备予以维修或更换。

7.3.5 强电串入系统

1）故障原因分析

弱电控制模块与防火卷帘、消防水泵、防烟排烟风机控制柜等强电受控设备直接连接，受控设备因电气故障原因导致强电串入火灾自动报警系统总线回路。

2）故障处理

模块与受控设备间增设电气隔离模块，避免强电设备与系统部件直接连接。

7.3.6 总线短路或接地故障而引起控制器损坏

1）故障原因分析

总线与大地、水管、空调管等发生电气连接，从而造成控制器接口板的损坏。

2）故障处理

针对不同的故障原因，可采取以下针对性措施：系统应单独布线。除设计要求外，系统不同回路、不同电压等级和交流与直流的线路，不应布置在同一保护套管内或槽盒的同一槽孔内。线缆在保护套管内或槽盒内，不应有接头或扭结。导线应在接线盒内采用焊接、压接、接线端子等方式进行可靠连接。在多尘或潮湿场所，接线盒和导线的接头应做防腐蚀和防潮处理；具有 IP 防护等级要求的系统部件，其线路中接线盒应达到与系统部件相同的 IP 防护等级要求。系统导线敷设结束后，应用 500 V 兆欧表测量每个回路导线对地的绝缘电阻，且绝缘电阻值不应小于 20 MΩ。

7.3.7　火灾自动报警系统误报、漏报

1)故障原因分析

(1)产品质量问题

产品技术指标达不到要求,稳定性比较差,对使用环境中的非火灾因素,如温度、湿度、灰尘、风速等,引起的灵敏度漂移得不到补偿或补偿能力低,对各种干扰及线路分析参数的影响无法自动处理而误报。

(2)设备选型不当

①灵敏度高的火灾探测器能在很低的烟雾浓度下报警,相反,灵敏度低的火灾探测器只能在高浓度烟雾环境中报警。例如,在会议室、地下车库等易集聚烟的环境选用高灵敏度的感烟火灾探测器,在锅炉房高温环境中选用定温火灾探测器。

②在可能产生黑烟、大量粉尘、蒸气和油雾等场所采用了光电感烟火灾探测器。

③使用场所性质变化后未更换与之相适应的火灾探测器。例如,将办公室、商场等改作厨房、洗浴房等时,原有的感烟火灾探测器会受新场所产生油烟、香烟烟雾、水蒸气、灰尘、杀虫剂,以及醇类、酮类、醚类等腐蚀性气体等非火灾报警因素影响而误报警。

(3)环境干扰

①电磁环境干扰。例如,空中电磁波干扰、电源及其他输入/输出线上的窄脉冲群、人体静电等电磁环境超出了探测器的耐受范围,从而影响探测器的正常工作。

②气流干扰。例如,探测器设置场所的气流过大将影响烟气的流动线路,直接影响普通点型感烟火灾探测器对火灾烟雾的有效探测。

(4)设置部位不当

①感温火灾探测器距高温光源过近。

②感烟火灾探测器距空调送风口过近。

(5)其他原因

①系统未接地或接地电阻过大,线路绝缘电阻小于规定值,线路接头压接不良或布线不合理,系统开通前系统设备防尘、防潮、防腐措施处理不当。

②探测器元件老化(一般火灾探测器使用寿命不超过12年),探测器超年限使用;感烟火灾探测器未按规定定期清洗。

③探测器受灰尘和昆虫影响产生误报。有关统计显示,60%的误报是因灰尘影响。

④探测器因质量原因损坏。

2)故障处理

针对不同的故障原因,采取有针对性的处理措施。

📖 思考题

1.简述火灾自动报警系统各种常见故障的故障现象、故障原因分析及处理措施。

2.简述火灾自动报警系统各种重大故障的故障原因分析及处理措施。

3.简述火灾自动报警系统误报、漏报的原因分析。

任务 7.4　火灾自动报警系统组件的安装及使用示例

7.4.1　点型火灾探测器的安装及使用

以 JTY-××-G3 点型光电感烟火灾探测器为例进行说明。

1)概述

JTY-××-G3 点型光电感烟火灾探测器(以下简称探测器)是采用红外散射原理研制而成的点型光电感烟火灾探测器。适用于宾馆、饭店、办公楼、教学楼、银行、仓库、图书馆、计算机房及配电室等场所。

2)特点

地址编码可由专用电子编码器事先写入,也可由控制器直接更改。具有温度、湿度漂移补偿,灰尘积累程度及故障探测功能,采用无极性二总线传输信号。

3)技术特性

(1)工作电压

信号总线电压:总线 24 V,允许范围为 16~28 V。

(2)工作电流

监视电流≤0.6 mA,报警电流≤1.8 mA。

(3)指示灯

报警确认灯:红色,巡检时闪烁,报警时常亮。

(4)编码方式

采用电子编码方式(编码范围为 1~242)。

(5)线制

采用无极性信号二总线。

(6)外壳防护等级

外壳防护等级:IP23。

4)结构特征与工作原理

探测器外形如图 7-1 所示。

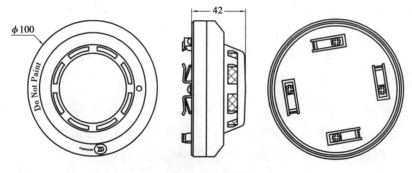

图 7-1　探测器外形示意图(单位:mm)

　　探测器采用红外线散射原理探测火灾,在无烟状态下,只接收很弱的红外光,当有烟尘进入时,由于散射作用,使接收光信号增强,当烟尘达到一定浓度时,可输出报警信号。为减少干扰及降低功耗,发射电路采用脉冲方式工作,可提高发射管的使用寿命。

5)安装与布线

（1）安装方法

探测器安装示意图如图7-2所示。

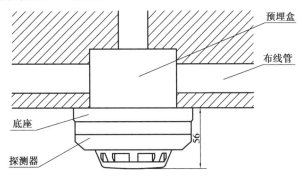

图7-2　探测器安装示意图（单位:mm）

　　探测器通用底座示意图如图7-3所示。底座上有4个导体片,片上带接线端子,底座上不设定位卡,便于调整探测器报警确认灯的方向。布线管内的探测器总线分别接在任意对角的2个接线端子上(不分极性),另一对导体片用来辅助固定探测器。

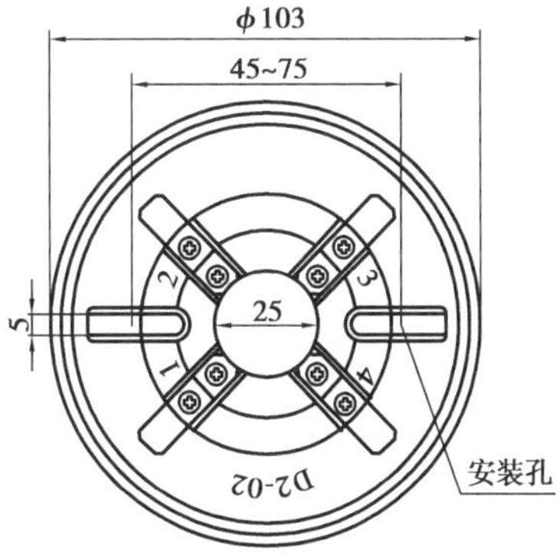

　　待底座安装牢固后,将探测器底部对正底座并顺时针旋转,即可将探测器安装在底座上。

（2）布线方式

探测器二总线宜选用截面积≥1 mm^2 的 RVS 双绞线,穿金属管或阻燃管敷设。

图7-3　探测器通用底座示意图（单位:mm）

6)测试

探测器安装结束后或每次定期维护保养后必须进行测试。

　　注册:确认安装与布线正确之后,通过连接的控制器进行在线设备注册,核对已安装的探测器数量与控制器注册到的探测器数量是否一致。

　　模拟火警:注册测试后,任选一探测器,人为使它满足火警条件,验证探测器是否正常报火警。

　　测试结束后,通过控制器发出通信命令使探测器复位,并通知有关管理部门将系统恢复正常。在测试过程中,应对不合格的探测器进行维修、保养等常规处理,然后再进行测试,如仍不能通过测试,则应返厂维修。

　　注意:首次测试时应取下防尘罩,正常运行前应安装防尘罩,防止灰尘进入。

7)使用及操作

本探测器的编码方式为电子编码,编码时将电子编码器与探测器的总线端子接好,即可以进行地址码的写入和读出。

(1)地址码的写入

①打开电子编码器电源。

②输入地址码(1~242),按下"编码"键,屏幕上将显示"P",表明相应的地址码已被写入,按下"清除"键返回。

③若编码失败,则显示错误信息"E",按下"清除"键,显示"0",可重新进行操作。

(2)地址码读出

①打开电子编码器电源,按下"读码"键,屏幕上将显示设备的地址码。

②若读码失败,屏幕上将显示错误信息"E",按"清除"键清除,可重新进行操作。

7.4.2 线型感温火灾探测器的安装及使用

以 JTW-××-GST85A 缆式线型感温火灾探测器为例进行说明。

1)概述

JTW-××-GST85A 缆式线型感温火灾探测器(以下简称探测器)是由探测器信号处理单元(以下简称处理单元)、探测器终端盒(以下简称终端盒)以及感温电缆三部分共同组成。探测器属于不可恢复式缆式线型定温火灾探测器。特别适用于电缆隧道内的动力电缆及控制电缆的火警早期预报。

2)特点

无极性二总线,采用电子编码方式。

3)技术特性

(1)探测器类别

缆式、定温、不可恢复式探测器。

(2)总线模式处理单元工作电压

总线电压:脉动 24 V,允许范围为 16~28 V。

电源电压:DC24 V,允许范围为 DC20~DC28 V。

(3)总线模式处理单元工作电流

总线:监视电流≤0.5 mA,报警电流≤0.5 mA。

电源:监视电流≤15 mA,报警电流≤26 mA。

(4)独立模式处理单元工作电压

电源电压:DC24 V,允许范围为 DC20~DC28 V。

(5)独立模式处理单元工作电流

电源:监视电流≤15 mA,报警电流≤26 mA。

(6)报警温度

报警温度为 85 ℃。

（7）状态指示

正常运行：绿色指示灯闪亮；火警：红色指示灯常亮；故障报警：黄色指示灯常亮。

（8）编码方式

采用电子编码方式（编码范围为 1～242）。

（9）线制

采用四线制，与控制器采用无极性信号二总线连接，与电源线采用无极性二线制连接。

4）结构特征与工作原理

探测器的信号处理单元和终端盒的外形示意图分别如图 7-4、图 7-5 所示。

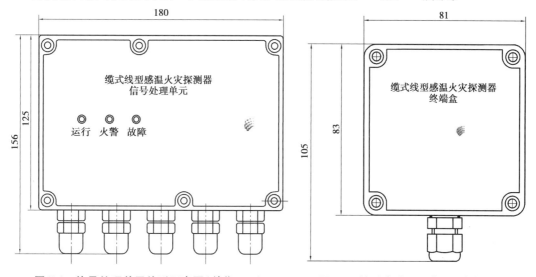

图 7-4　信号处理单元外形示意图（单位：mm）　　图 7-5　终端盒外形示意图（单位：mm）

处理单元内置单片机，采用电子编码，可将探测器接入火灾报警系统信号二总线。感温电缆的首端与处理单元连接，末端与终端盒连接，处理单元也可以通过 24 V 电源单独供电，配合感温电缆及终端盒作为独立式探测器使用。

感温电缆包括内导体、绝缘层和外护套层。当环境温度升高时，电缆的绝缘电阻下降，电缆中通过的监视电流增大，火警时发出报警信号。

终端盒为探测器的专用附件，接于整条感温电缆的末端，无需接入火灾报警控制器。终端盒上带有感温电缆火警测试装置和故障测试装置，便于工程调试时模拟测试探测器的报警性能。

5）安装与布线

安装前应首先检查设备外壳是否完好无损，标识是否齐全。

（1）处理单元壁挂方式

用两只塑料胀管木螺钉组将产品固定在墙壁上，安装示意图如图 7-6 所示。

（2）处理单元端子说明

①D1、D2：接 DC24 V，无极性。

②Z1、Z2：接控制器两总线，无极性。

③DL1、DL2、DL3：接感温电缆，DL1 接感温电缆红色线，DL2 接感温电缆金属裸线，DL3

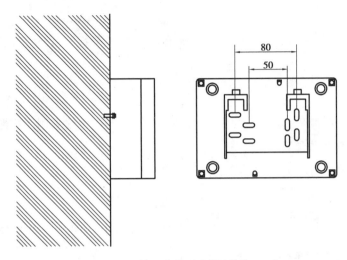

图 7-6　处理单元安装示意图(单位:mm)

接感温电缆白色线。

④NC1、COM1、NO1:故障输出,COM1 为公共端,NC1 为常闭端,NO1 为常开端。

⑤NC2、COM2、NO2:火警输出,COM2 为公共端,NC2 为常闭端,NO2 为常开端。

⑥运行状态:NC1、COM1 断开,COM1、NO1 闭合,NC2、COM2 闭合,COM2、NO2 断开。

⑦火警状态:NC1、COM1 断开,COM1、NO1 闭合,NC2、COM2 断开,COM2、NO2 闭合。

⑧故障状态:NC1、COM1 闭合,COM1、NO1 断开,NC2、COM2 闭合,COM2、NO2 断开。

(3)终端盒端子说明

DL1、DL2、DL3:接感温电缆,DL1 接感温电缆红色线,DL2 接感温电缆金属裸线,DL3 接感温电缆白色线。

(4)布线要求

①Z1、Z2 采用截面积≥1 mm^2 的 RVS 双绞线。

②电源线 D1、D2 采用截面积≥1.5 mm^2 的 RV 线。

③NC1、COM1、NO1、NC2、COM2、NO2 采用截面积≥1 mm^2 的 RV 线。

④布线应与动力电缆、高低压配电电缆等不同电压等级的电缆分开布置,不能布设在同一穿线管或线槽内。

6)测试

探测器安装结束后必须进行测试,使用过程中每年至少进行一次测试。

探测器在进行测试之前,应通知有关管理部门,系统将进行维护,会因此而临时停止工作。同时应切断将进行维护的区域或系统的逻辑控制功能,以免造成不必要的报警联动。

测试:正常情况下,短接终端盒的"FAULT TEST"插针,探测器应发出故障信号,断开短接插针后,故障信号自动恢复;在终端盒处选取一小段感温电缆,用打火机烧烤,探测器应发出报警信号或者先短接终端盒的"FIRE TEST"插针,再短接"FAULT TEST"插针,探测器应发出火警信号。

测试完成后,探测器通过控制器接收复位或重新上电复位,应通知有关管理部门将系统恢复正常。

在测试过程中发现不合格的探测器,应检验其连接线是否正确,然后再进行测试,如仍不能通过测试,则应返厂维修。

7）编码操作

可利用专用电子编码器进行现场编码,编码时将编码器总线端子 Z1、Z2 连接,在待机状态,地址编码 1~242,按下"编码"键,编码成功后显示"P",错误显示"E",按"清除"键回到待机状态。

8）应用方法

探测器与控制器的总线和电源 DC24 V 相连,实现火灾报警功能。具体连接方法如图7-7 所示。

图 7-7　探测器总线电源连接方法示意图

9）注意事项

①缆式线型感温火灾探测器安装前建议进行绝缘电阻测试,感温电缆线芯间绝缘电阻应大于 200 MΩ。

②安装时严禁硬性折弯和扭转感温电缆。

③感温电缆的弯曲半径要大于 150 mm,并防止护套破损,运输时应妥善包装,避免积压冲击。

④建议每年对缆式线型感温火灾探测器进行实体火灾测试,以确保探测器稳定可靠地运行。

7.4.3　线型感烟火灾探测器的安装及使用

以 JTY-××-TX3703 线型光束感烟火灾探测器为例进行说明。

1）概述

JTY-××-TX3703 线型光束感烟火灾探测器(以下简称探测器)为编码型反射式线型红外光束感烟探测器,探测器必须与反射器配套使用。

探测器调试过程中配有激光模组和数码管指示,使调试过程更简捷。本探测器可用于购物广场、健身中心、体育馆、展览馆、博物馆、酒店大堂等大空间场所。

2）特点

采用无极性二总线通信方式。具有自动补偿功能,对于一定程度上由灰尘、振动等因素造成的影响可自动进行补偿,提高了探测器的可靠性。调试简单,有同心激光模组指示,可以方便找到光路,有数码管显示,可以指示反射光强度。现场可通过手持编码器设定灵敏度及距离值。支持编码与非编码两种应用模式。

3）技术特性

（1）工作电压

总线：15～28 V；电源：DC20～DC28 V。

（2）工作电流

总线电流：≤2 mA；

电源电流：监视电流≤23 mA；报警电流≤33 mA；调试电流≤55 mA。

（3）响应阈值

响应阈值为(2.3±0.5)dB。

（4）灵敏度等级

灵敏度等级共分三级，其中，一级灵敏度最高，二级灵敏度中等，三级灵敏度最低。

（5）编码方式

采用电子编码(编码范围为1～242)。

（6）防护等级

普通环境应用时，外壳防护等级为IP30；特殊环境应用时，经胶封处理后，外壳防护等级为IP66。

（7）探测器的状态指示

①监视状态：红色指示灯周期性闪亮。

②调试状态：绿色指示灯常亮或闪亮。

③火警状态：红色指示灯常亮。

④故障状态：黄色指示灯常亮。

4）结构特征与工作原理

探测器外形示意图如图7-8所示。

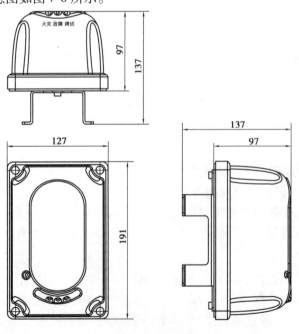

图7-8　探测器外形示意图（单位：mm）

探测器安装尺寸示意图如图 7-9 所示。

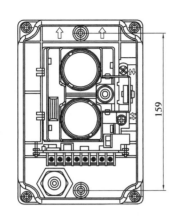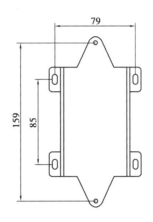

图 7-9　探测器安装尺寸示意图(单位:mm)

探测器与反射器相对放置。探测器包含发射和接收两部分,发射部分发出一定强度的红外光束,经反射器反射后,由探测器的接收部分对返回的红外光束进行同步采集和放大,并通过内置单片机对采集的信号进行分析判断。当烟雾进入探测区时,由于烟雾阻挡了光线,使接收部分接收到的红外光的强度降低,达到报警阈值,探测器点亮红色指示灯,并通过总线上传火警信号。

5)安装与布线

(1)安装说明

为了保证产品能够正常使用,安装时应注意以下事项:

①空间高度≤8 m 时,应将探测器和反射器安装在距房顶 0.5 ~ 1 m 处的相对两墙墙壁上。

②空间高度>8 m 时,应将探测器和反射器安装在距地面 8 m 左右的相对两墙墙壁上,但要保证探测器和反射器安装在距房顶的距离≥0.5 m。

③如果墙体周围为玻璃或透明塑料环境,不能将反射器安装在这一侧。

④无论是安装探测器还是反射器,必须保证安装墙壁坚硬平滑,探测器垂直墙壁安装。

⑤探测器不宜安装在下列环境:

a.空间高度小于 1.5 m 的场所,空间高度大于 40 m 的场所,未封顶的场所。

b.存在大量灰尘、干粉或水蒸气的场所。

c.探测器安装墙壁或固定物受周围机械振动干扰较大的场所。

d.距离探测器光路 1 m 范围内有固定或移动物体的场所。

(2)安装

①距离值设置。本探测器在使用前需针对探测器的应用环境对其距离值进行设置。通过编码器设置探测器的距离值,可以实现此项功能。探测器可以设置 4 个级别的距离值,出厂默认值为"3",请按实际安装距离对探测器距离值进行设置,如表 7-4 所示。

表 7-4　探测器的 4 个级别的距离值

安装间距/m	距离值
8～20	1
20～40	2
40～70	3
70～100	4

②安装探测器。将探测器与反射器相对安装在保护空间的两端且在同一水平直线上，如图 7-10 所示。

a. 将探测器安装支架紧贴于要安装探测器的墙壁上，在对应支架安装孔的位置做上记号。

b. 在做记号的位置打孔，并在所打的孔内安装 $\phi6$ 的塑料膨胀管。

c. 用 4 个 ST3.5×25FA 自攻螺钉将安装支架安装在墙壁上。

d. 取下探测器上盖，拧松防水接头，将线从探测器背面穿入防水接头，穿入部分的长度要便于探测器接线。

e. 用两个 M4×12×10 螺钉将探测器底座固定在支架上。

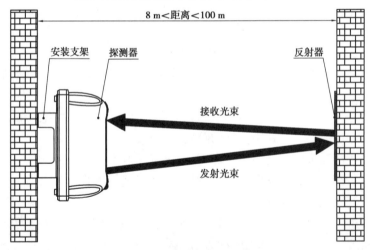

图 7-10　探测器安装示意图

③安装反射器。当探测器与反射器间的安装距离为 8～40 m 时，安装 1 个反射器；当安装距离为 40～100 m 时，需安装 4 个反射器。每个反射器安装需用 2 个 $\phi8$ 塑料膨胀管及 2 个 ST4×30 自攻螺钉，安装尺寸如图 7-11(a)所示。4 个反射器安装时应摆放紧密，反射器之间不应留空隙，安装示意图如图 7-11(b)所示。

（3）布线

①做编码模式时，探测器需要与直流 24 V 电源线（无极性）及控制器总线（无极性）连接，直流 24 V 电源线接在探测器的接线端子 D1、D2 上，总线接在探测器的接线端子 S1、S2 上，此时 HJ1、HJ2、GZ1、GZ2 端子无效，为常开状态。

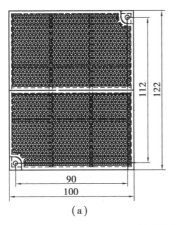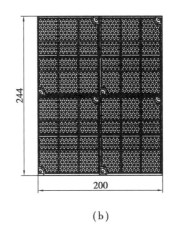

（a）　　　　　　　　　　　　　　　（b）

图 7-11　反射器安装示意图（单位:mm）

（a）安装尺寸;（b）安装示意图

②做非编码模式时,探测器需要与直流 24 V 电源线(无极性)连接,D1、D2 接直流 24 V 电源线,S1、S2 分别连接 D1、D2(无极性),HJ1、HJ2 为火警输出端子,GZ1、GZ2 为故障输出端子。

③反射器不需要接线。

接线端子示意图如图 7-12 所示。

图 7-12　接线端子示意图

布线要求:电源线采用 DC24 V 且截面积不小于 1.5 mm^2 的 BV 双绞线,总线采用截面积不小于 1.5 mm^2 的 RVS 双绞线。

6)使用和操作

（1）调试步骤

①取下探测器的上盖,接通 24 V 电源线及总线。将调试工具的调试区靠近探测器接口板上红色指示灯附近的舌簧开关,待探测器上的绿色指示灯闪亮或常亮时,移开调试工具,表明产品已进入调试状态。

②粗调:调节探测器上的调节轮,如图 7-13 所示,调节轮 1 为上下调节,调节轮 2 为左右调节,使激光模组射出的光斑照射到反射器区域附近,观察数码管显示数字大于"0"时完成粗调。

③细调:分别微调调节轮 1 和调节轮 2,调试过程中,数码管的示数越大,接收到的光强越强,为了使光路对准更精确,尽量使数码管显示数字最大,探测器的绿色指示灯持续点亮时,表示探测器接收到了足够的光强,可以进入下一调节步骤。细调完成后,数码管的示数应在"1"到"8"之间,当显示"9"时,说明距离值设置有误,重新设置距离值后再次调试。

④旋紧如图 7-13 所示 M4×12 螺钉,轻轻盖上上盖,拧紧上盖上的 4 个螺钉。

⑤此时探测器的绿色指示灯应该常亮,用调试工具的调试区靠近探测器上盖的调试区,

待绿色指示灯熄灭后,迅速将其移开,此时光路上不能有任何遮挡物,片刻后若出现黄色、绿色两指示灯同时常亮 3 s 后熄灭,表示调试成功。

⑥仔细观察探测器的光路,确保接收光信号是由反射器反射而不是由墙壁、顶棚、支柱等各种障碍物反射而来。如无法确定时,可以用不透明物遮挡反射器的方法验证。

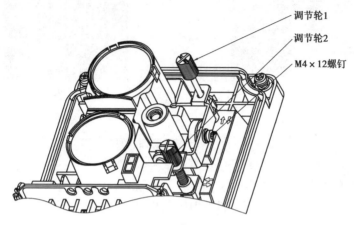

调节轮1
调节轮2
M4×12螺钉

图 7-13　调节轮示意图

(2)点名注册

对探测器进行点名注册,具体的操作见所使用控制器的安装使用说明书。

(3)报警功能测试

当探测器处于正常监视状态 20 s 后,用测试板的火警测试区紧贴探测器遮挡一半窗口,30 s 内探测器应报火警,且红色指示灯点亮。移开测试板,在控制器上清除火警,探测器的红色指示灯应熄灭,并重新进入正常巡检状态,如图 7-14(b)所示。

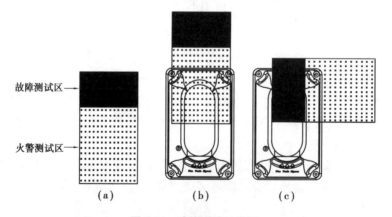

故障测试区 →
火警测试区 →

(a)　　　　(b)　　　　(c)

图 7-14　功能测试示意图

(a)测试工具;(b)火警测试;(c)故障测试

(4)报故障功能测试

用测试板的故障测试区紧贴探测器遮挡一半的窗口,探测器应能报故障,且黄色故障指示灯点亮。立即取消遮挡,探测器的黄色故障指示灯应熄灭,并重新进入正常巡检状态,如图 7-14(c)所示。

7）维护和保养

如果探测器在长期运行后报故障,应首先检查探测器是否损坏,接线是否有问题,位置是否移动。如果产品重新上电,故障仍无法恢复,应对探测器进行调试,使探测器重新进入正常监视状态。

如果发现探测器的发射、接收窗口及反射器表面被污染,建议使用软布和酒精轻轻擦净发射、接收窗口及反射器表面的污染物。清洁完毕后,应对探测器进行调试,使探测器重新进入正常监视状态。

探测器每半年进行一次报警功能测试。

探测器在使用中必须严格执行值班和交接班制度,并做好运行记录。

7.4.4　模块的安装及使用

以 GST-××-8319 输入模块为例进行说明。

1）概述

GST-××-8319 输入模块(以下简称模块)是一种编码模块,用于连接非编码型火灾探测器,只占用一个编码点,当接入模块输出回路的任何一只现场设备报警后,模块都会将报警信息传给火灾报警控制器,火灾报警控制器产生报警信号并显示出模块的地址编号。

2）特点

模块具有输出回路短路、断路故障检测功能;对探测器被摘掉后的故障检测功能;短路保护功能。模块通过数字信号与控制器进行通信,工作稳定可靠,对电磁干扰有良好的抑制能力。模块的地址码为电子编码,可现场改写。

3）技术特性

(1)工作电压

信号总线电压:总线 24 V,允许范围为 16 ~ 28 V。

电源总线电压:DC24 V,允许范围为 DC20 ~ DC28 V。

(2)工作电流

总线监视电流≤0.5 mA,总线报警电流≤5 mA。

电源监视电流≤10 mA,电源报警电流≤60 mA。

(3)指示灯

指示灯为红色,巡检时闪亮,报警时常亮。

(4)编码方式

采用电子编码方式(编码范围为 1 ~ 242)。

(5)线制

与火灾报警控制器采用无极性二总线连接,与电源线采用无极性二线制连接,与非编码探测器采用有极性二线制连接。

4）结构特征与工作原理

模块外形如图 7-15 所示。

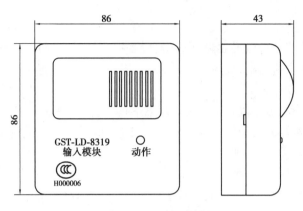

图 7-15 模块外形示意图（单位：mm）

模块具有输出回路短路、断路检测功能，输出回路的末端连接终端器，当输出回路断路时，模块将故障信息传送给火灾报警控制器，火灾报警控制器显示出模块的编码地址；当输出回路中有现场设备被取下时，模块会报故障但不影响其他现场设备正常工作。

5）安装与布线

（1）安装

①安装前应首先检查外壳是否完好无损，标识是否齐全。

②模块采用明装方式，底座与模块间采用插接式结构安装，安装时只需拔下模块，从底座的进线孔中穿入电缆并接在相应的端子上，再插好模块即可安装好模块。

③模块采用线管预埋安装，将底座安装在 86H50 型预埋盒上，安装孔距为 60 mm，安装示意图如图 7-16 所示。

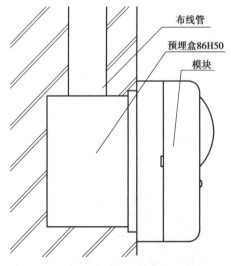

图 7-16 进线管预埋安装示意图

④端子示意图如图 7-17 所示。

接线说明如下：

a. Z1、Z2：接控制器二总线，无极性；

b. D1、D2:接直流 24 V,无极性;

c. O-、O+:输出,有极性。

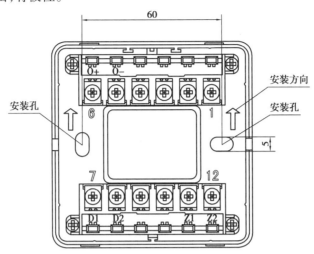

图 7-17　端子示意图(单位:mm)

(2)布线要求

Z1、Z2 可选用截面积不小于 1 mm² 的 RVS 双绞线;其他线可采用截面积不小于 1 mm² 的 RV 线,O⁻、O⁺ 的输出回路线要有明显的颜色区分,且颜色的选配要具有合理性。布线应与动力电缆、高低压配电电缆等不同电压等级的电缆分开布置,不能布设在同一穿线管或线槽内。

6)测试

模块安装结束后或在使用过程中每年至少进行一次测试。

模块在进行测试之前,应通知有关管理部门,系统将进行维护,会因此而临时停止工作。同时应切断将进行维护的区域或系统的逻辑控制功能,以免造成不必要的报警联动。

对系统联接的探测器进行模拟火警试验,模块红色指示灯应点亮,且将火警信息传递给火灾报警控制器,火灾报警控制器报火警;将输出回路中现场设备恢复原状态,按火灾报警控制器"清除"键清除故障,使系统恢复到正常工作状态。

将模块的输出回路断开(如从 O⁻ 或 O⁺ 上将连线拔下)或摘除模块输出回路中任意一只现场设备后,模块红色指示灯应快速闪亮,并将故障信息传递给火灾报警控制器,火灾报警控制器报故障;将输出回路恢复原状态,按火灾报警控制器"清除"键清除故障,使系统恢复到正常工作状态。

测试结束后,复位模块,并通知有关管理部门系统恢复正常。

对于测试过程中不合格的模块,应检验其连接线是否正常,然后再进行测试,如仍不能通过测试,则应返厂维修。

7)使用及操作

模块输出回路最多可连接 15 只非编码现场设备,多种探测器可以混用。

在接入系统总线之前,首先根据工程设计要求,用专用电子编码器将模块的地址编码改写为设计要求的地址编码。

当系统布线、安装完毕后,打开火灾报警控制器进入系统调试状态,查询各模块是否已注册完全,将未注册的模块记录下来以便查找、排除故障。

当系统所有模块和其他探测器、模块点名注册完全后,开通系统,使系统处于正常监视状态。

8)应用方法

①模块与非编码探测器串联连接时,探测器的底座上应接二极管 1N5819,且输出回路终端必须接与探测器相匹配的终端器,终端器可当探测器底座使用,即在此终端器上可安装非编码探测器,其系统构成示意图如图 7-18 所示。

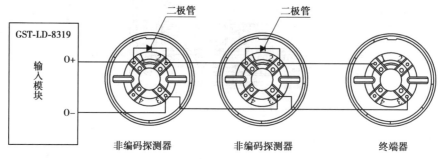

图 7-18　终端器作探测器底座的系统构成示意图

②当终端器不作为探测器底座使用时,应加装上盖,系统构成示意图如图 7-19 所示。

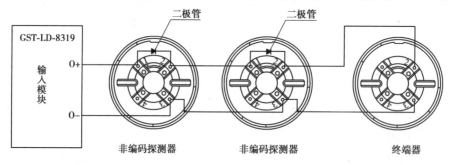

图 7-19　终端器不作探测器底座的系统构成示意图

③若输出回路终端接终端电阻,则探测器的底座上不接二极管,系统构成示意图如图 7-20 所示。

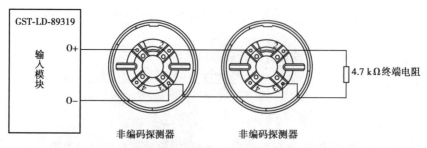

图 7-20　输出回路接终端电阻系统构成示意图

7.4.5 手动火灾报警按钮的安装及使用

以 J-×××-GST9121B 手动火灾报警按钮为例进行说明。

1)概述

J-×××-GST9121B 手动火灾报警按钮(以下简称报警按钮)安装在公共场所,当人工确认火灾发生后按下报警按钮上的按片,可向控制器发出火灾报警信号,控制器接收到报警信号后,显示出报警按钮的编码信息并发出报警声响。

2)特点

插拔式卡接结构,按片在按下后可用专用工具复位。地址码为电子编码,可现场改写。

3)技术特性

(1)工作电压

信号总线电压:24 V,允许范围为 16 ~ 28 V。

(2)工作电流

监视电流≤0.3 mA,报警电流≤0.9 mA。

(3)启动零件型式

启动零件为可重复使用型。

(4)启动方式

采用人工按下按片的启动方式。

(5)复位方式

使用专用钥匙进行手动复位。

(6)指示灯

指示灯为红色,正常巡检时约 3 s 闪亮一次,报警后点亮。

(7)编码方式

采用电子编码方式(编码范围为 1 ~ 242)。

(8)线制

与控制器采用无极性二线制连接。

(9)外壳防护等级

外壳防护等级为 IP40。

4)结构特征

本报警按钮采用按压报警方式,通过机械结构进行自锁,可减少人为误触发现象。报警按钮的外形示意图如图 7-21 所示。

5)安装与布线

安装前应首先检查外壳是否完好无损,标识是否齐全。

安装时只需拔下报警按钮主体,从底座的进线孔中穿入电缆并接在相应端子上,再插好报警按钮即可安装好报警按钮,安装孔距为 60 mm。报警按钮安装采用预埋盒安装方式,安装示意图如图 7-22 所示。报警按钮端子示意图如图 7-23 所示。

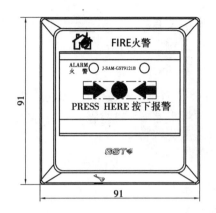
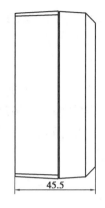

图 7-21   手动报警按钮的外形示意图（单位：mm）

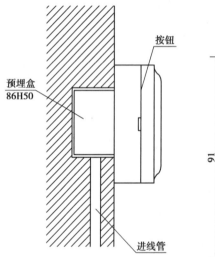
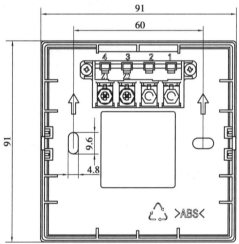

图 7-22   手动报警按钮安装方式及安装尺寸示意图（单位：mm）

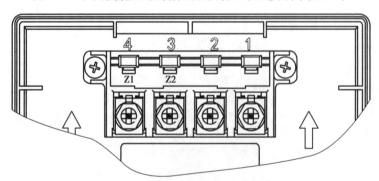

图 7-23   手动报警按钮端子示意图

端子说明：Z1、Z2 为无极性信号二总线接线端子。

布线要求：Z1、Z2 可选用截面积不小于 1 mm^2 的 RVS 双绞线。

6）测试

报警按钮安装结束后或在使用过程中至少每年都必须进行测试。

报警按钮在进行测试之前，应通知有关管理部门，系统将进行维护，会因此而临时停止工作。同时应切断将进行维护的区域或系统的逻辑控制功能，以免造成不必要的报警联动。

按下报警按钮按片，报警按钮红色火警指示灯应点亮，控制器应显示该报警按钮报警地址。

测试结束后，用复位钥匙使报警按钮复位，并通知有关管理部门系统恢复正常；在测试过程中对不合格的报警按钮检验其连接线是否正常，再进行测试，如仍不能通过测试，则应返厂维修。

7）使用及操作

使用前应对报警按钮进行编码操作。可利用专用电子编码器进行现场编码，编码时将电子编码器与报警按钮的总线端子 Z1、Z2 连接，输入"编码号"后，按"编码"键即完成编码工作。

连好线后，控制器对报警按钮进行注册，报警按钮处于正常工作状态。

当现场发生火警后，按下报警按钮上的按片，报警按钮火警指示灯应点亮，控制器显示火警地址信息。无火情后及时将报警按钮复位。

复位钥匙使用方法：将钥匙垂直插入前面板钥匙标识下方的钥匙插孔内（要插到底），顺时针旋转，压片复位弹出后，去除钥匙。

8）应用方法

将报警按钮的 Z1、Z2 端子直接接入控制器总线即可。

任务 7.5　火灾自动报警系统保养、维修、检测技能操作

7.5.1　集中火灾报警控制器、消防联动控制器、消防控制室图形显示装置及火灾显示盘的保养

1）操作准备

（1）设备

集中火灾报警控制器、消防联动控制器、消防控制室图形显示装置、火灾显示盘。

（2）工具

吸尘器、细毛刷、抹布等清洁用品，除锈剂、凡士林。

（3）相关文件及资料

《建筑消防设施维护保养记录表》。

2）操作程序

步骤 1：使用钥匙打开箱门，将控制器主、备电源切断。

步骤 2:用小毛刷将机柜(壳)内设备空隙和线材上的灰尘和杂质清扫出来,然后用吸尘器清理干净。

步骤 3:用抹布将装置柜(壳)内设备和线材清洁干净,确保表面无污迹。如果发现机柜有水分存在,应用干抹布擦拭干净,保证装置柜(壳)在干燥情况下才能通电。机壳外表面的指示灯、显示屏应清洁干净,指示灯及字符应清晰可见。

步骤 4:检查线路接头处有无氧化或锈蚀痕迹,若有则应采取防潮、防锈措施,如镀锡和涂抹凡士林等。发现螺栓及垫片有生锈现象应予更换,确保接头连接紧密。

步骤 5:保养结束后,给控制器送电,用钥匙将箱门锁闭。

步骤 6:填写《建筑消防设施维护保养记录表》。

3)注意事项

①保养工作完成后,保养人员需要仔细检查并确保没有异物落入且遗留在机柜(壳)内、电气元件及线路中,检查完成后方可恢复供电。

②保养工作完成后,应将设备恢复到正常工作状态。

③开机前先闭合主电源空气开关再闭合备用电源开关,关机前先断开备用电源开关再断开主电源空气开关。

7.5.2 更换火灾自动报警系统组件

1)操作准备

(1)系统及组件

火灾自动报警系统及相关组件。

(2)工具

螺丝刀等通用维修工具,火灾自动报警系统组件专用拆卸工具。

(3)相关文件及资料

火灾自动报警系统的消防系统图,平面布置图,产品使用说明书,《建筑消防设施故障维修记录表》。

2)操作程序

步骤 1:接通电源,使火灾自动报警系统中组件处于故障状态(采用损坏的组件)。

步骤 2:确定故障点位置。根据火灾报警控制器显示的故障信息,对照系统平面布置图,确定故障部件的部位,并记录故障器件的编码。

步骤 3:查找故障原因。确定故障产生原因(如线路故障、底座接触不良、探测器自身故障等)。如果是线路故障,应对相应线路进行故障排查和维修,直至线路故障修复;如果是器件自身故障,则应对相应器件进行更换。

步骤 4:更换组件。

①点型感烟(温)火灾探测器。逆时针旋转点型感烟(温)火灾探测器,将损坏的探测器与底座脱离;对即将更换的点型感烟(温)火灾探测器编码,再进行读编码确认;将点型感烟(温)火灾探测器与底座卡扣对准,顺时针将其旋入底座。

②线型光束感烟火灾探测器。用专用拆卸工具将线型光束感烟火灾探测器的发射端和接收端拆下,更换新设备。对更换的线型感烟火灾探测器进行调试,调整探测器的光路调节

装置,使探测器处于正常监视状态。

③手动火灾报警按钮、消火栓按钮。使用专用工具插入设备的拆卸孔,适当用力向上撬起手动火灾报警按钮、消火栓按钮,将其与底座脱离。对即将更换的手动火灾报警按钮、消火栓按钮编码,再进行读编码确认。编码后将按钮与底座卡扣对准,垂直于底座方向用力按下。

④火灾警报装置。使用专用拆卸工具插入设备的拆卸孔,适当用力向外拔出火灾警报装置,将其与底座脱离。对即将更换的火灾警报装置编码,再进行读编码确认。编码后将火灾警报装置与底座卡扣对准,垂直于底座方向用力按下。

⑤总线短路隔离器和模块。使用专用工具插入设备的拆卸孔,适当用力向上撬起模块,将其与底座脱离。对即将更换的模块编码,再进行读编码确认,非编码模块无须编码。编码后将总线短路隔离器和模块与底座卡扣对准,垂直于底座方向用力按下。

步骤5:功能检查。对点型感烟(温)探测器、线型光束感烟探测器、手动火灾报警按钮、消火栓按钮进行报警功能测试,对火灾警报装置、总线短路隔离器和模块进行启动功能测试。

步骤6:填写《建筑消防设施故障维修记录表》。

3)注意事项

①更换前需记录故障点的设备编码,查明故障原因,有针对性地进行维修。

②所更换的产品在规格、型号、功能上应满足原设计要求。

③设备更换后须进行测试,验证其功能是否满足设计要求。

④由于火灾警报装置、模块等为有源器件,对其更换维修时要格外小心,非专业人员不要随意拆卸火灾警报装置。

⑤不同生产厂家的火灾自动报警系统组件拆装方法有差异,实际拆装应参照各生产厂家的产品安装使用说明书进行。

⑥总线设备地址更换后,应在火灾报警控制器上对其重新进行注册。

⑦开机前先闭合主电源空气开关再闭合备用电源开关,关机前先断开备用电源开关再断开主电源空气开关。

7.5.3　测试火灾自动报警系统组件功能

1)操作准备

（1）系统

火灾自动报警系统。

（2）工具

加烟器、感温探测器功能试验器、测量范围为 0 ~ 120 dB 的声级计、测量范围为 0 ~ 500 lx 的照度计和秒表。

（3）相关文件及资料

火灾自动报警系统图、设置火灾自动报警系统的建筑平面图、消防设备联动逻辑说明或设计要求、设备的使用说明书、《建筑消防设施检测记录表》。

2)操作程序

步骤1:确认火灾自动报警系统组件与火灾报警控制器连接正确并接通电源,处于正常监视状态。

步骤 2：测试火灾探测器功能。

（1）点型感烟火灾探测器

①用火灾探测器加烟器向点型感烟火灾探测器侧面滤网施加烟气，火灾探测器的报警确认灯应点亮，并保持至被复位。点型感烟火灾探测器应输出火灾报警信号，火灾报警控制器应接收火灾报警信号并发出火灾报警声、光信号，显示发出火灾报警信号探测器的地址注释信息。

②消除探测器内及周围烟雾，复位火灾报警控制器，通过报警确认灯显示探测器其他工作状态时，被显示状态应与火灾报警状态有明显区别。

（2）点型感温火灾探测器

①用感温探测器功能试验器（或热风机）给点型感温火灾探测器的感温元件加热，火灾探测器的报警确认灯应点亮，并保持至被复位。点型感温火灾探测器应输出火灾报警信号，火灾报警控制器应接收火灾报警信号并发出火灾报警声、光信号，显示发出火灾报警信号探测器的地址注释信息。

②复位火灾报警控制器，通过报警确认灯显示探测器其他工作状态时，被显示状态应与火灾报警状态有明显区别。

步骤 3：测试手动火灾报警按钮。

①按下手动火灾报警按钮的启动部件，红色报警确认灯应点亮，并保持至被复位。手动火灾报警按钮应输出火灾报警信号，火灾报警控制器应接收火灾报警信号并发出火灾报警声、光信号，显示发出火灾报警信号的手动火灾报警按钮的地址注释信息。

②更换或复位手动火灾报警按钮的启动部件，复位火灾报警控制器，手动火灾报警按钮的报警确认灯应与火灾报警状态时有明显区别。

步骤 4：测试火灾警报装置。

①触发同一报警区域内两只独立的火灾探测器或一只火灾探测器与一只手动火灾报警按钮，或手动操作火灾报警控制器发出火灾报警信号，启动火灾警报装置。火灾报警控制器应接收火灾探测器和手动火灾报警按钮的火灾报警信号并发出火灾报警声、光信号。火灾报警控制器显示发出火灾报警信号的探测器和手动火灾报警按钮的地址注释信息。

②火灾警报装置启动后，使用声级计测量火灾警报装置的声信号，至少在一个方向上 3 m 处的声压级应不小于 75 dB。同时具有光警报功能的，光信号在 100 ~ 500 lx 环境光线下，25 m 处应清晰可见。

📖 思考题

1. 简述集中火灾报警控制器、消防联动控制器、消防控制室图形显示装置及火灾显示盘保养的操作程序及注意事项。

2. 简述更换火灾自动报警系统常见组件的方法及流程。

3. 简述测试点型感烟火灾探测器、点型感温火灾探测器、手动火灾报警按钮、火灾警报装置组件功能的方法及流程。

学生项目认知实践评价反馈工单

项目名称		建筑消防系统安装使用维护管理基础			
学生姓名			所在班级		
认知实践评价日期			指导教师		
序号	评价任务	认知实践目标及分值权重			自我评价 （总分100分）
		会调试、会故障处理（各20分，总占比40%）	会组件安装 （30分,占比30%）	会保养维修检测 （30分,占比30%）	
1	消防系统调试要求与方法		—	—	
2	火灾自动报警系统故障及处理方法		—	—	
3	火灾自动报警系统组件的安装	—		—	
4	火灾自动报警系统保养、维修、检测技能操作	—	—		
项目总评	优(90～100分)□　　　良(80～90分)□　　　中(70～80分)□　　　合格(60～70分)□ 不合格(小于60分)□				

附　录

附录1　总复习题

一、单项选择题

1. 用于保护 1 kV 及以下的配电线路的电气火灾监控系统,其测温式电气火灾监控探测器的布置方式应采用(　　　)。

　　A. 非接触式　　　　B. 独立式　　　　　　C. 接触式　　　　　　D. 脱开式

2. 根据规范要求,剩余电流式电气火灾监控探测器应设置在(　　　)。

　　A. 高压配电系统末端

　　B. 采用 IT、TN 系统的配电线路上

　　C. 泄漏电流大于 500 mA 的供电线路上

　　D. 低压配电系统首端

3. 响应异常温度、温升速率和温差变化等参数的探测器称为(　　　)。

　　A. 感温火灾探测器　　　　　　　B. 感烟火灾探测器

　　C. 感光火灾探测器　　　　　　　D. 气体火灾探测器

4. 响应火焰发出的特定波段电磁辐射的探测器,又称为(　　　),进一步可分为紫外、红外及复合式等类型。

　　A. 感温火灾探测器　　　　　　　B. 火焰探测器

　　C. 感烟火灾探测器　　　　　　　D. 复合火灾探测器

5. 下列属于手动火灾报警按钮按编码方式分类的是(　　　)。

　　A. 编码型报警按钮　　　　　　　B. 区域报警系统

　　C. 玻璃击碎型报警按钮　　　　　D. 可复位报警按钮

6. 下列关于火灾探测器的说法,正确的是(　　　)。

　　A. 点型感温探测器是不可复位探测器

　　B. 感烟型火灾探测器都是点型火灾探测器

　　C. 既能探测烟雾又能探测温度的探测器是复合火灾探测器

　　D. 剩余电流式电气火灾监控探测器不属于火灾探测器

7. 在宽度小于 3 m 的内走道顶棚上设置点型火灾探测器时,宜居中布置。感温火灾探测器的安装间距不应超过(　　　)m;感烟火灾探测器的安装间距不应超过(　　　)m;探测器至端墙的距离不应大于探测器安装间距的1/2。

A.20　15　　　　B.10　15　　　　C.15　10　　　　D.15　20

8.点型火灾探测器至空调送风口边的水平距离不应小于(　　)m,并宜接近回风口安装。

A.0.5　　　　　B.1.0　　　　　C.1.5　　　　　D.2.0

9.对火灾初期有阴燃阶段,且需要早期探测的场所,宜增设(　　)火灾探测器。

A.一氧化碳　　B.感烟　　　　C.火焰　　　　D.感温

10.对火灾初期有阴燃阶段,产生大量的烟和少量的热,很少或没有火焰辐射的场所,应选择(　　)。

A.感烟探测器　　　　　　　　B.感温探测器

C.可燃气体探测器　　　　　　D.火焰探测器

11.当房间高度大于(　　)m时,不宜选择感烟火灾探测器;当房间高度大于(　　)m时,不宜选择感温火灾探测器。

A.20　12　　　　B.12　8　　　　C.8　6　　　　D.6　4

12.温度在(　　)℃以下的场所,不宜选择定温火灾探测器。

A.-10　　　　　B.-4　　　　　C.0　　　　　D.5

13.某酒店厨房的火灾探测器经常误报火警,最可能的原因是(　　)。

A.厨房内安装的是感烟火灾探测器

B.厨房内的火灾探测器编码地址错误

C.火灾报警控制器供电电压不足

D.厨房内的火灾探测器通信信号总线故障

14.火灾自动报警系统的传输线路采用穿管敷设的铜芯绝缘导线时,其机械强度要求线芯最小截面面积不应小于(　　)mm^2。

A.0.50　　　　B.0.75　　　　C.1.00　　　　D.1.25

15.火灾自动报警系统的室内布线采用暗敷设时,应采用金属管、可挠(金属)电气导管或 B_1 级以上的刚性塑料管保护,并敷设在不燃烧体的结构层内,且保护层厚度不宜小于(　　)mm。

A.10　　　　　B.20　　　　　C.30　　　　　D.50

16.火灾报警控制器和消防联动控制器安装在墙上时,其主显示屏高度宜为1.5~1.8 m,其靠近门轴的侧面距墙不应小于0.5 m,正面操作距离不应小于(　　)m。

A.0.5　　　　　B.1.0　　　　　C.1.2　　　　　D.1.5

17.火灾报警控制器和消防联动控制器安装在墙上时,其主显示屏高度宜为1.5~1.8 m,其靠近门轴的侧面距墙不应小于(　　)m,正面操作距离不应小于1.2 m。

A.0.3　　　　　B.0.5　　　　　C.0.8　　　　　D.1.0

18.火灾自动报警系统总线上应设置总线短路隔离器,每只总线短路隔离器保护的火灾探测器、手动火灾报警按钮和模块等消防设备的总数不应超过(　　)点。

A.20　　　　　B.32　　　　　C.35　　　　　D.50

19.在火灾自动报警系统中,自动或手动产生火灾报警信号的器件称为(　　),主要包括火灾探测器和手动火灾报警按钮。

A. 自启器件   B. 火灾警报装置

C. 触发器件   D. 火灾报警装置

20. 在火灾自动报警系统的组成中,用于消防联动控制器和其所连接的受控设备或部件之间信号传输的设备称为(　　)。

    A. 消防联动模块   B. 消防报警控制器

    C. 消防电气控制装置   D. 消防联动控制器

21. 关于火灾自动报警系统组件的说法,正确的是(　　)。

    A. 手动火灾报警按钮是手动产生火灾报警信号的器件,不属于火灾自动报警系统触发器件

    B. 火灾报警控制器可以接收、显示和传递火灾报警信号,并能发出控制信号

    C. 剩余电流式电气火灾监控探测器与电气火灾监控器连接,不属于火灾自动报警系统

    D. 火灾自动报警系统备用电源采用的蓄电池满足供电时间要求,主电源可不采用消防电源

22. 根据《火灾自动报警系统设计规范》(GB 50116—2013)的规定,火灾自动报警系统的形式可分为区域报警系统、集中报警系统和(　　)。

    A. 消防联动报警系统   B. 火灾探测报警系统

    C. 控制中心报警系统   D. 集中区域报警系统

23. 仅需要报警,不需要联动自动消防设备的保护对象宜采用(　　)报警系统。

    A. 集中   B. 区域   C. 控制中心   D. 独立

24. 报警区域是指将火灾自动报警系统的警戒范围按防火分区或(　　)划分的单元。

    A. 空间用途   B. 楼层   C. 房间   D. 防烟分区

25. 火灾自动报警系统中,探测区域按独立房(套)间划分。一个探测区域的面积不宜超过(　　)m^2。

    A. 300   B. 500   C. 600   D. 800

26. 缆式线型感温火灾探测器的探测区域长度不宜超过(　　)m。

    A. 50   B. 100   C. 150   D. 200

27. 某商业综合体建筑,其办公区、酒店区、商业区分别设置消防控制室,并将办公区的消防控制室作为主消防控制室,其他两个区作为分消防控制室。下列关于各分消防控制室内的消防设备之间的关系的说法,正确的是(　　)。

    A. 不可以互相传输、显示状态信息,不应互相控制

    B. 不可以互相传输、显示状态信息,但应互相控制

    C. 可以互相传输、显示状态信息,也应互相控制

    D. 可以互相传输、显示状态信息,但不互相控制

28. 火灾自动报警系统中的保护面积是(　　)只火灾探测器能有效探测的面积。

    A. 1   B. 2   C. 3   D. 5

29. 线型可燃气体探测器的保护区域长度不宜大于(　　)m。

    A. 30   B. 50   C. 60   D. 100

30. 对于可能散发相对密度为 1 的可燃气体场所,可燃气体探测器应设置在该场所室内空间的(   )。

    A. 中间高度位置　　　　　　　　B. 中间高度位置或顶部

    C. 下部　　　　　　　　　　　　D. 中间高度位置或下部

31. 消防控制室图形显示装置与火灾报警控制器、电气火灾监控器、消防联动控制器和(   )应采用专用线路连接。

    A. 区域显示器　　　　　　　　　B. 消防应急广播扬声器

    C. 可燃气体报警控制器　　　　　D. 火灾警报器

32. 下列关于火灾自动报警系统组件设置的做法中,错误的是(   )。

    A. 壁挂方式安装的手动火灾报警按钮的底边距离楼地面 1.4 m

    B. 壁挂方式安装的消防应急广播扬声器的底边距离楼地面 2.2 m

    C. 壁挂方式安装的消防联动控制器的主显示屏的底边距离楼地面 1.5 m

    D. 消防专用电话插孔的底边距离楼地面 1.3 m

33. 每一个防火分区内应至少设置(   )个手动火灾报警按钮。

    A. 1　　　　　　B. 2　　　　　　C. 3　　　　　　D. 4

34. 消防控制室的送、回风管在其穿墙处应设(   )。

    A. 截止阀　　　B. 排烟防火阀　　C. 防火阀　　　D. 排烟阀

35. 单独建造的消防控制室,其耐火等级不应低于(   )级。

    A. 一　　　　　　B. 二　　　　　　C. 三　　　　　　D. 四

36. 消防控制室值班人员经常工作的一面,设备面盘至墙的距离不应小于(   )m。

    A. 1.0　　　　　B. 1.5　　　　　C. 2.0　　　　　D. 3.0

37. 下列关于控制中心报警系统的说法中,不符合现行国家消防技术规范要求的是(   )。

    A. 控制中心报警系统至少包含两个集中报警系统

    B. 控制中心报警系统具备消防联动控制功能

    C. 控制中心报警系统应确定一个消防控制室作为主消防控制室

    D. 控制中心报警系统各分消防控制室之间可以相互传输信息并控制重要设备

38. 消防水泵、防烟和排烟风机的控制设备当采用总线编码模块控制时,还应在消防控制室设置(   )功能直接控制装置。

    A. 自动　　　　B. 手动　　　　C. 联动　　　　D. 自动或手动

39. 疏散通道上设置防火卷帘时,在卷帘的任一侧距卷帘纵深 0.5 ~ 5 m,应设不少于(   )只专门用于联动防火卷帘的温感。

    A. 1　　　　　　B. 2　　　　　　C. 3　　　　　　D. 4

40. 火灾自动报警系统应设置火灾声光警报装置,首层发生火灾时,其控制程序应是启动(   )。

    A. 首层、二层及地下一层　　　　B. 首层、地下各层

    C. 首层、二层　　　　　　　　　D. 所有层

41. 启动电流较大的消防设备宜(   )启动。

A. 逐个　　　　　B. 同时　　　　　C. 分时　　　　　D. 选择性

42. 在火灾自动报警系统的消防联动控制设计中,防火卷帘下降至距楼板面(　　)m处、下降到楼板面的动作信号,以及防火卷帘控制器直接连接的感烟、感温火灾探测器的报警信号,应反馈至消防联动控制器。

A. 1.5　　　　　B. 1.8　　　　　C. 2.0　　　　　D. 2.2

43. 在环境噪声大于 60 dB 的场所设置的火灾应急广播扬声器,在其播放范围内最远点的播放声压级应高于背景噪声(　　)dB。

A. 5　　　　　B. 10　　　　　C. 15　　　　　D. 20

44. 客房内设置消防应急广播专用扬声器时,其功率不宜小于(　　)W。

A. 7　　　　　B. 5　　　　　C. 3　　　　　D. 1

二、多项选择题

1. 符合下列(　　)条件的场所,宜选择火焰探测器。

A. 火灾时有强烈的火焰辐射的场所　　B. 液体燃烧火灾等无阴燃阶段的火灾场所

C. 需要对火焰做出快速反应的场所　　D. 易有强烈阳光、白炽灯直接照射的场所

E. 探测区域内有高温物体的场所

2. 火灾自动报警系统的传输线路应采取穿(　　)的保护方式布线。

A. 金属管

B. 可挠(金属)电气导管

C. B_1 级以上的刚性塑料管或封闭式线槽

D. 硬质塑料管

E. 裸线明敷

3. 在火灾自动报警系统中,自动或手动产生火灾报警信号的器件称为触发器件。下列属于触发器件的是(　　)。

A. 感烟火灾探测器　　　　　　　B. 手动火灾报警按钮

C. 火灾显示盘　　　　　　　　　D. 线型火灾探测器

E. 消防电梯控制钮

4. 下列属于火灾自动报警系统核心组件的是(　　)。

A. 火灾报警控制器　　　　　　　B. 火灾探测器

C. 消防应急电源　　　　　　　　D. 消防联动控制器

E. 火灾警报装置

5. 某综合办公楼,建筑高度 21.6 m,设有集中空气调节系统,该楼为六层,每层建筑面积为 2 000 m^2,楼内设有办公、会议及餐厅等用房。该楼应设(　　)等消防设施和消防器材。

A. 室内消火栓　　　　　　　　　B. 自动喷水灭火系统

C. 火灾自动报警系统　　　　　　D. 灭火器

E. 防烟楼梯间

6. 火灾自动报警系统的报警区域应根据(　　)划分。

A. 防火分区　　　　　　　　　　B. 实用空间

C. 楼层　　　　　　　　　　　　D. 探测区域

E. 房间

7. 可燃气体探测器按使用方式分类可分为(　　)气体探测器。

A. 探测爆炸气体　　　　　　　　　B. 防爆型

C. 固定式　　　　　　　　　　　　D. 便携式

E. 车载式

8. 某单层洁净的厂房,设有中央空调系统,用防火墙划分为防火分区,有一条输送带贯通两个防火分区,在输送带穿过防火墙处的洞口设有专用防火闸门,厂房内设置 IG541 组合分配灭火系统保护。下列关于该气体灭火系统启动联动控制的说法中正确的有(　　)。

A. 应联动关闭输送带穿过防火墙处的专用防火闸门

B. 应联动关闭中央空调系统

C. 应有一个火灾探测器动作启动系统

D. 应联动打开气体灭火系统的选择阀

E. 应联动打开空调系统穿越防火墙处的防火阀

9. 在火灾自动报警系统中,设有(　　)等处宜设置消防电话插孔。

A. 手动火灾报警按钮　　　　　　　B. 消火栓按钮处

C. 应急广播扬声器　　　　　　　　D. 声光警报器

E. 灭火器箱

附录 2　学业水平测试卷(一)

一、单项选择题(每题 1 分,共 40 分)

1. 探测区域应按独立房(套)间划分。一个探测区域的面积不宜超过(　　)m^2;从主要入口能看清其内部,且面积不超过(　　)m^2 的房间,也可划为一个探测区域。

A. 300　1 000　　B. 500　800　　C. 500　1 000　　D. 800　1 000

2. 感温火灾探测器适合最大的房间高度为(　　)m。

A. 6　　　　　　　B. 8　　　　　　C. 12　　　　　　D. 20

3. 电缆隧道的一个报警区域宜由一个封闭长度区间组成,一个报警区域不应超过相连的(　　)个封闭长度区间。

A. 1　　　　　　　B. 2　　　　　　C. 3　　　　　　D. 4

4. 某场所设置两个消防控制室,在选择火灾自动报警系统形式的时候应采用(　　)。

A. 区域报警系统　　　　　　　　　B. 消防联动控制系统

C. 集中报警系统　　　　　　　　　D. 控制中心报警系统

5. 火灾探测报警系统由火灾报警控制器、触发器件和火灾警报装置等组成,其中触发器件指的是(　　)。

A. 火灾声警报器　　　　　　　　　B. 火灾探测器和手动火灾报警按钮

C. 消防电话　　　　　　　　　　　D. 消防应急广播

6. 当点型探测器倾斜安装时,倾斜角不应大于(   )。

A. 15°   B. 45°   C. 30°   D. 60°

7. 在有梁的顶棚上设置点型感烟火灾探测器,当梁突出顶棚的高度小于(   )mm 时,可不计梁对探测器保护面积的影响。

A. 200   B. 300   C. 500   D. 600

8. 某办公建筑内走道宽度为 2.8 m,长度为 22 m,该走道顶棚至少应设置(   )只感温火灾探测器。

A. 1   B. 2   C. 3   D. 4

9. 火灾警报器的设置不宜与(   )设置在同一面墙上。

A. 区域显示器   B. 消防专用电话

C. 应急广播   D. 安全出口指示标志灯具

10. 消防应急广播扬声器设置数量,应能保证从一个防火分区内的任何部位到最近一个扬声器的直线距离不大于(   )m。

A. 20   B. 25   C. 30   D. 40

11. 某建筑设置了火灾自动报警系统,其中一个报警回路穿过了三个防火分区,A 防火分区连接 3 个探测器,B 防火分区连接 4 个探测器,C 防火分区连接 35 个探测器,则该回路至少需要设置(   )个总线短路隔离器。

A. 3   B. 4   C. 5   D. 1

12. 自动喷水灭火系统应有备用洒水喷头,其数量不应少于总数的 1%,且每种型号均不得少于(   )只。

A. 12   B. 15   C. 8   D. 10

13. 预作用系统一个报警阀组控制的洒水喷头数不宜超过(   )只。

A. 700   B. 600   C. 1 000   D. 800

14. 每个报警阀组供水的最高与最低位置洒水喷头,其高程差不宜大于(   )m。

A. 35   B. 45   C. 40   D. 50

15. 下列关于消火栓系统的联动控制设计说法正确的是(   )。

A. 采用联动控制时消防联动控制器必须处于自动状态

B. 当设置消火栓按钮时,消火栓按钮动作信号应作为报警及启动消火栓泵的联动触发信号,可以直接控制消火栓泵的启动

C. 采用手动控制方式,应将消火栓泵控制箱(柜)的启动、停止按钮用专用线路直接连接至设置在消防控制室内的消防联动控制器的手动控制盘,并手动控制消火栓泵的启动、停止

D. 消火栓泵的动作信号不必反馈至消防联动控制器

16. 下列消防水系统的联动控制受消防联动控制器处于自动或手动状态影响的是(   )。

A. 室内消火栓系统   B. 湿式自动喷水灭火系统

C. 干式自动喷水灭火系统   D. 雨淋系统

17. 下列关于疏散通道上设置的防火卷帘系统的联动控制设计说法中,符合现行国家消防技术规范的是(   )。

A.采用联动控制方式,防火分区内任两只独立的感烟火灾探测器的报警信号应联动控制防火卷帘下降至距楼板面 1.8 m 处

B.采用联动控制方式,防火分区内任两只独立的感温火灾探测器的报警信号应联动控制防火卷帘下降至距楼板面 1.8 m 处

C.采用联动控制方式,任一只专门用于联动防火卷帘的感烟火灾探测器的报警信号应联动控制防火卷帘下降至楼板面

D.任一只专门用于联动防火卷帘的感温火灾探测器的报警信号应联动控制防火卷帘下降至距楼板面 1.8 m 处

18.火灾自动报警系统应设置火灾声光警报器,下列关于火灾声光警报器启动程序正确的是(   )。

A.应在确认火灾后启动建筑内着火层火灾声光警报器

B.应在确认火灾后启动建筑内着火层及相邻上一层火灾声光警报器

C.应在确认火灾后启动建筑内着火层及相邻下一层火灾声光警报器

D.应在确认火灾后启动建筑内的所有火灾声光警报器

19.气体灭火系统采用管网灭火系统时,一个防护区的面积不宜大于(   )m²,且容积不宜大于(   )m³。

A.800 3 600   B.500 1 600   C.800 2 600   D.1 000 3 600

20.下列关于防烟系统的表述不正确的是(   )。

A.防烟系统可以通过采用自然通风方式,防止火灾烟气在楼梯间、前室、避难层(间)等空间内积聚

B.或通过采用机械加压送风方式阻止火灾烟气侵入楼梯间、前室、避难层(间)等空间的系统

C.防烟系统分为自然通风系统和机械加压送风系统

D.重要房间、走道应设置有效的防烟系统

21.对某展览建筑内设置的消防电话系统进行产品质量检查,下列检查结果中,不符合现行国家标准要求的是(   )。

A.将一部消防电话分机摘机,消防电话总机发出声、光指示

B.将一部消防电话分机与总机接通,总机显示分机所在部位并开始录音

C.将一部消防电话分机与总机接通,总机与分机可以进行全双工通话并且语音清晰

D.使消防电话总机与一部分机通话,同时操作总机呼叫另一部分机,总机提示无法呼出

22.某商业综合体内设置有自动喷水灭火系统。根据《自动喷水灭火系统施工及验收规范》(GB 50261—2017)的规定,对该系统的报警阀组进行验收时,水力警铃测试可不使用的检测设备是(   )。

A.压力表   B.声级计   C.卷尺   D.流量计

23.某酒店组织开展灭火和应急疏散预案演练,消防控制室值班人员通过视频监控系统发现地下一层电动自行车库口有浓烟窜出。下列做法不属于消防控制室值班人员应立即采取的措施是(   )。

A. 利用电话向演练应急指挥部报告火灾情况

B. 利用对讲机通知附近保安人员到火灾现场确认

C. 拨打"119"电话报警

D. 开展现场警戒、阻止无关人员进入火场

24. 对防火卷帘控制器进行检测时,切断卷门机电源,按下防火卷帘控制器下降按钮观察防火卷帘动作、运行情况。根据现行国家标准《防火卷帘、防火门、防火窗施工及验收规范》(GB 50877—2014),上述操作属于对防火卷帘控制器进行的( )测试。

A. 自重下降功能　　　　　　B. 自动控制功能

C. 故障报警功能　　　　　　D. 火灾报警功能

25. 根据现行国家标准《消防控制室通用技术要求》(GB 25506—2010),消防控制室应保存的资料可不包括( )。

A. 消防设施平面布置图　　　　B. 消防技术服务机构的维护保养备件清单

C. 消防设施一览表　　　　　　D. 消防设施维护保养制度和系统操作规程

26. 对某酒店内设置的湿式自动喷水灭火系统进行检查,下列检查结果中,不符合现行国家标准《自动喷水灭火系统施工及验收规范》(GB 50261—2017)的是( )。

A. 水力警铃和报警阀的连接管道采用 DN20 热镀锌钢管,长度 18 m

B. 水力警铃设置在一层疏散走道的墙壁上

C. 对水力警铃响度进行测试,距警铃 3 m 处的声强为 60 dB

D. 报警阀组压力开关竖直安装在通向水力警铃的管道上

27. 某火灾报警控制器发出故障声警报,主电源故障指示灯点亮,分析产生故障的原因,可以排除的是( )。

A. 报警总线开路　　　　　　B. 市电停电

C. 主电源线接触不良　　　　D. 主电源熔丝熔断

28. 某建筑内设置有集中电源集中控制型消防应急照明和疏散指示系统。某日,值班人员发现应急照明控制器发出故障声报警,故障指示灯点亮。分析产生上述故障的原因,可以排除的是( )。

A. 应急照明控制器处于应急工作状态

B. 应急照明控制器的主电源欠压

C. 应急照明控制器与其备用电源之间的连接线开路

D. 应急照明控制器与其连接的灯具之间的连接线开路

29. 消防救援机构对某大型商业综合体开展消防监督检查,该综合体使用的下列消防产品,不需要获得强制性认证证书的是( )。

A. 手提式干粉灭火器　　　　B. 湿式报警阀组

C. 点型感烟火灾探测器　　　D. 消防应急标志灯具

30. 对某地下停车场内设置的一樘防火卷帘进行检测,在消防控制室发出防火卷帘关闭信号后,控制防火卷帘的联动控制模块动作灯点亮,但防火卷帘无响应。分析产生上述故障的原因,可以排除的是( )。

A. 用于联动防火卷帘的专用感烟火灾探测器故障

B.防火卷帘控制器未接通电源

C.联动控制模块至防火卷帘控制器之间的线路开路

D.防火卷帘控制器损坏

31.下列不属于雨淋系统应包括的组件是( )。

    A.报警阀   B.末端试水装置

    C.喷头   D.电磁阀

32.当组合分配外贮压式七氟丙烷气体灭火系统启动时,各部件动作的先后顺序正确的是( )。

    A.氮气驱动气体钢瓶→七氟丙烷钢瓶容器阀→气体释放灯→选择阀

    B.气体释放灯→氮气驱动气体钢瓶→七氟丙烷钢瓶容器阀→选择阀

    C.氮气驱动气体钢瓶→选择阀→七氟丙烷钢瓶容器阀→气体释放灯

    D.气体释放灯→氮气驱动气体钢瓶→选择阀→七氟丙烷钢瓶容器阀

33.下列关于 IG541 气体灭火系统防护区的说法中,错误的是( )。

    A.防护区围护结构及门窗的耐火极限均不宜低于 0.5 h

    B.防护区的最低环境温度不应低于−15 ℃

    C.防护区应设置泄压口

    D.防护区围护结构承受内压的允许压强,不宜低于 1 200 Pa

34.某大型商业综合体设置了消防应急照明和疏散指示系统,灯具采用集中电源方式供电。下列组件中,不属于该综合体消防应急照明和疏散指示系统组成部分的是( )。

    A.应急照明控制器   B.A 型安全出口标志灯

    C.集中电源型应急照明灯   D.应急照明配电箱

35.下列关于火灾探测报警系统组成的说法中,错误的是( )。

    A.火灾报警装置是系统的基本组成部分

    B.系统应设置自动或手动触发装置

    C.系统应设置主电源和备用电源

    D.系统必须设置火灾警报装置

36.多瓶组单元独立内贮压式七氟丙烷气体灭火系统的组件不包括( )。

    A.信号反馈装置   B.单向阀

    C.选择阀   D.集流管

37.某高层办公楼设置的火灾自动报警系统检测的下列结果中,不符合现行国家标准《火灾自动报警系统施工及验收标准》(GB 50166—2019)的是( )。

    A.顶棚上安装的某点型感烟火灾探测器距离空调送风口最近边的水平距离 1.0 m

    B.顶棚上安装的某点型感烟火灾探测器距离最近墙壁的水平距离为 0.8 m

    C.顶棚上安装的某点型感烟火灾探测器距吊灯最近边的水平距离为 1.0 m

    D.宽度为 2.5 m 的疏散走道顶棚上的点型感烟火灾探测器的安装间距为 13 m

38.某单位对某多层办公楼设置的区域火灾报警系统进行检查。下列检查结果中,不符合现行国家标准《火灾自动报警系统设计规范》(GB 50116—2013)的是( )。

    A.系统未设置消防联动控制器   B.系统未设置消防控制室图形显示装置

C. 系统未设置手动火灾报警按钮 　　D. 系统未设置楼层显示器

39. 某常年储存温度为 2 ℃的仓库设置了预作用自动喷水灭火系统,发生火灾时,该仓库灭火系统的预作用报警阀组和消防水泵可分别由(　　)连锁控制。

A. 手动火灾报警按钮和配水管道上的水流指示器

B. 消防联动控制器和配水管道上的排气阀

C. 消防联动控制器和报警阀组的压力开关

D. 火灾探测器和预作用装置上的电磁阀

40. 预作用自动喷水灭火系统灭火流程包括以下环节:①压力开关或流量开关动作; ②喷淋泵启动;③预作用报警阀打开。系统动作顺序正确的是(　　)。

A. ③②① 　　　B. ①③② 　　　C. ③①② 　　　D. ①②③

二、多项选择题(每题 2 分,共 20 分)

1. 火灾探测器是能对保护区域内(　　)等火灾特征参数进行响应,并自动产生火灾报警信号的触发器件。

A. 烟雾粒子 　　　　　　　　B. 温度

C. 火焰辐射 　　　　　　　　D. 气体浓度

E. 可燃物数量

2. 火灾报警装置在火灾自动报警系统中,是用于(　　)火灾报警信号、并能发出控制信号和具有其他辅助功能的控制指示设备。

A. 显示 　　　B. 控制 　　　C. 接收 　　　D. 气体浓度 　　　E. 传递

3. 消防电话是用于消防控制室与建筑物中各部位之间通话的电话系统,由(　　)组成。

A. 消防电话总机 　　　　　　B. 消防电话插孔

C. 消防电话放大器 　　　　　D. 消防电话分机

E. 消防电话移动电源

4. 输入模块用于接收信号输入,将输入的设备作为火灾自动报警系统的一部分,一般的输入模块可以用于接收(　　)等设备的报警、反馈信号。

A. 水流指示器 　　　　　　　B. 消防水泵

C. 压力开关 　　　　　　　　D. 消防电话

E. 信号阀

5. 下列关于消防控制室图形显示装置的说法正确的是(　　)。

A. 只用于接收并显示保护区域内的各类消防系统及系统中的各类消防设备(设施)运行的动态信息

B. 用于接收并显示保护区域内的各类消防系统及系统中的各类消防设备(设施)运行的动态信息和消防管理信息

C. 只具有信息传输功能

D. 同时具有信息传输和记录功能

E. 可以用于商业广告的定时发布

6. 某消防技术服务机构对某建筑的机械排烟系统进行检测,某防烟分区确认火警后,消防控制室接到对应排烟风机启动的反馈信号,现场测量该防烟分区某排烟口入口处的风速偏低,可能的原因有(　　)。

  A.排烟口开启数量不足   B.风机故障

  C.风管阻力过大   D.风管漏风量过大

  E.排烟口尺寸偏小

  7.某商业综合体地上3层,地下2层,各防火分区之间采用常开式防火门和防火卷帘连通,对该建筑设置的集中火灾报警系统进行消防联动检测,下列检测结果中,不符合现行国家标准《火灾自动报警系统设计规范》(GB 50116—2013)规定的有(　　)。

  A.确认火警后,建筑内所有声光警报器启动

  B.确认火警后,建筑内所有消防广播启动

  C.确认火警后,建筑内所有防火卷帘下降至距楼板面1.8 m

  D.确认火警后,建筑内所有电梯均下降至地下二层

  E.确认火警后,建筑内所有排烟口、排烟阀及排烟风机启动

  8.消防救援机构对消防产品进行监督检查,下列产品需获得强制认证的有(　　)。

  A.过滤式消防自救呼吸器   B.防火门

  C.洒水喷头   D.火灾报警控制器

  E.推车式灭火器

  9.某办公建筑设置了火灾自动报警系统,系统形式为区域报警系统,下列部件中可作为系统组件的有(　　)。

  A.输出模块   B.点型感烟火灾探测器

  C.手动火灾报警按钮   D.消防控制室图形显示装置

  E.管路采样气式感烟火灾探测器

  10.某宾馆设有火灾自动报警系统、自动喷水灭火系统等消防系统,并设有消防控制室。该宾馆消防控制室内应设置的消防设备包括(　　)。

  A.火灾报警控制器(联动型) B.出口标志灯

  C.消防控制室图形显示装置 D.区域显示器

  E.消防应急广播控制设备

三、简答题(每题8分,共24分)

1.简述湿式自动喷水灭火系统消防水泵开启的动作信号。

2.简述火灾自动报警系统的适用范围。

3.简述火灾自动报警系统常见故障类型。

四、案例分析(共16分)

  某大厦消防控制室设置在地下2层,可通过专用楼梯直通室外地面,现有3名值班操作人员,其中两人取得消防设施操作员证书,另一人由大厦安保负责人兼任并专门负责白班,某日上级来检查消防工作,发现消防水池水量不足1/3。

  请运用你所掌握的专业知识,分析该消防控制室及其管理存在的问题。

附录3　学业水平测试卷（二）

一、单项选择题（每题1分，共40分）

1. 消防设施现场检查时，对于已经纳入强制性产品认证的产品，应查验其（　　）。

　　A. 自愿性产品认证标志　　　　　　B. 技术鉴定证书

　　C. 强制认证证书　　　　　　　　　D. 检验合格的型式检验报告

2. 消防控制室应实行每日（　　）h专人值班制度，每班不应少于（　　）人，值班人员应持有消防控制室操作职业资格证书。

　　A. 24　2　　　　　B. 8　2　　　　　C. 24　1　　　　　D. 8　1

3. 感烟火灾探测器适合的最大房间高度为（　　）m。

　　A. 6　　　　　　　B. 8　　　　　　　C. 12　　　　　　　D. 20

4. 某场所设置3个消防控制室，在选择火灾自动报警系统形式的时候应采用（　　）。

　　A. 区域报警系统　　　　　　　　　B. 消防联动控制系统

　　C. 集中报警系统　　　　　　　　　D. 控制中心报警系统

5. 火灾探测报警系统由火灾报警控制器、触发器件和（　　）等组成，其中触发器件指的是火灾探测器和手动火灾报警按钮。

　　A. 火灾声警报器　　　　　　　　　B. 火灾警报装置

　　C. 消防电话　　　　　　　　　　　D. 消防应急广播

6. 根据《火灾自动报警系统设计规范》（GB 50116—2013）的规定，每只总线短路隔离器保护的消防设备的总数不应超过（　　）点。

　　A. 12　　　　　　　B. 26　　　　　　C. 32　　　　　　　D. 48

7. 消防设施系统调试工作包括各类消防设施的单机设备、组件调试和（　　）等内容。

　　A. 系统联动调试　　　　　　　　　B. 系统装配调试

　　C. 系统结构调试　　　　　　　　　D. 系统制动性能调试

8. 某办公建筑内走道宽度为2.8 m，长度为22 m，该走道顶棚至少应设置（　　）只感温火灾探测器。

　　A. 1　　　　　　　B. 2　　　　　　　C. 3　　　　　　　D. 4

9. 手动火灾报警按钮当采用壁挂方式安装时，其底边距地高度宜为（　　）。

　　A. 0.8～1.3 m　　　B. 1.2～1.5 m　　　C. 1.3～1.5 m　　　D. 1.5～1.8 m

10. 客房内设置火灾应急广播专用扬声器时，其功率不宜小于（　　）W。

　　A. 7　　　　　　　B. 5　　　　　　　C. 1　　　　　　　D. 3

11. 某餐厅采用格栅吊顶，吊顶镂空面积与总面积之比为15%。关于该餐厅点型感烟火灾探测器的设置，符合现行国家消防技术规范的是（　　）。

　　A. 探测器应设置在吊顶的下方

　　B. 探测器应设置在吊顶的上方

C. 探测器设置部位应根据实际试验结果确定

D. 探测器可设置在吊顶的上方,也可设置在吊顶的下方

12. 启动电流较大的消防设备宜(　　)启动。

A. 逐个　　　　B. 同时　　　　C. 选择性　　　　D. 分时

13. 用于保护 1 kV 及以下的配电线路的电气火灾监控系统,其测温式火灾监控探测器的布置方式应采用(　　)。

A. 非接触式　　　B. 独立式　　　C. 脱开式　　　D. 接触式

14. 报警阀组宜设在安全及易于操作的地点,报警阀距地面的高度宜为(　　)m。

A. 1.3　　　　B. 0.9　　　　C. 1.1　　　　D. 1.2

15. 下列建筑内,消防应急照明和灯光疏散指示标志的备用电源的连续供电时间不应小于 1 h 的是(　　)。

A. 总建筑面积为 50 000 m² 的高档酒店

B. 位于地下一层、总建筑面积为 15 000 m² 的商场

C. 总建筑面积为 80 000 m² 的商业中心

D. 总建筑面积为 1 000 m² 的老年人照料设施

16. 某酒店厨房的火灾探测器经常误报火警,最可能的原因是(　　)。

A. 厨房内的火灾探测器通信信号总线故障

B. 厨房内的火灾探测器编码地址错误

C. 火灾报警控制器供电电压不足

D. 厨房内安装的是感烟火灾探测器

17. 下列关于剩余电流式电气火灾监控探测器设置要求的说法中,符合现行国家消防技术规范的是(　　)。

A. 剩余电流式电气火灾监控探测器不宜设置在 IT 系统的配电线路和消防配电线路中

B. 剩余电流式电气火灾监控探测器应以设置在高压配电系统首端为基本原则

C. 剩余电流式电气火灾监控探测器报警值宜设置在 100 ~ 300 mA 范围内

D. 具有探测线路故障电弧功能的电气火灾监控探测器,其保护线路的长度不宜大于 120 m

18. 火灾自动报警系统应设置火灾声光警报器,下列关于火灾声光警报器启动程序正确的是(　　)。

A. 应在确认火灾后启动建筑内着火层火灾声光警报器

B. 应在确认火灾后启动建筑内着火层及相邻上一层火灾声光警报器

C. 应在确认火灾后启动建筑内着火层及相邻下一层火灾声光警报器

D. 应在确认火灾后启动建筑内的所有火灾声光警报器

19. 温度在(　　)℃以下的场所,不宜选择定温探测器。

A. 0　　　　B. -4　　　　C. -10　　　　D. 5

20. 关于集中报警系统组成的说法,不符合现行国家消防技术规范的是(　　)。

A. 消防控制室图形显示装置是必备设备

B.区域显示器是必备设备

C.集中报警控制器可以采用火灾报警控制器(联动型)

D.集中报警控制器可以采用火灾报警控制器和消防联动控制器组合的形式

21.某消防技术服务机构对自动喷水灭火系统进行检测时,发现某湿式报警阀组延迟器下部的泄水孔被封堵。当供水管道压力波动时,可能引起的现象不包括( )。

A.湿式报警阀组水力警铃动作　　B.湿式报警阀组压力开关动作

C.有水从水力警铃出水口流出　　D.有水从报警阀组放水口流出

22.依据现行国家消防技术规范,不能利用末端试水装置进行测试的是( )。

A.报警阀组的启动功能测试　　B.系统的流量压力测试

C.压力开关联锁启泵功能　　D.水力警铃的报警功能测试

23.某单位制定了消防控制室管理规定,该管理规定的下列条款中,不符合现行国家标准要求的是( )。

A.实行每日24 h专人值班

B.每班2人值班,其中至少1人持有消防设施操作员职业资格证书

C.确保火灾自动报警系统、灭火系统和其他联动控制设备处于正常工作状态

D.确保消防水池、高位消防水箱等消防储水设施水量充足

24.某酒店的火灾报警控制器显示某个感温火灾探测器故障,分析产生上述故障的原因,可以排除的是( )。

A.探测器灵敏度降低　　B.探测器与底座接触不良

C.探测器底座与报警总线接触不良　D.探测器本身损坏

25.对某办公建筑的火灾自动报警系统进行检查,下列检查结果中,不符合现行国家标准要求的是( )。

A.点型感烟火灾探测器距离空调送风口的水平距离为1.8 m

B.安装在办公室的点型感烟火灾探测器距梁边的水平距离为0.8 m

C.在宽度为2.5 m的内走道顶棚上安装的点型感烟火灾探测器的间距为18 m

D.被突出顶棚650 mm的结构梁隔断的梁间区域设有火灾探测器

26.对某医院病房楼的自动喷水灭火系统进行检测时,开启末端试水装置,湿式报警阀动作,水力警铃鸣响,消防控制室收到压力开关的动作信号,消防水泵未启动。分析消防水泵未启动的可能原因,可以排除的是( )。

A.消防水泵控制柜未处于自动控制状态

B.消防联动控制器未处于自动控制状态

C.消防水泵控制柜的电气元件损坏

D.压力开关至消防水泵控制柜的线路接线不实

27.下列部件中,不属于机械加压送风系统组成部分的是( )。

A.常闭送风口　　B.常开送风口　　C.轴流送风机　　D.补风机

28.在采用传动管启动的水喷雾灭火系统,下列用于火灾探测的触发器件是( )。

A.感烟火灾探测器　　　　B.闭式喷头

C.感温火灾探测器　　　　D.开式喷头

29.某办公楼设置了火灾自动报警系统,系统形式为集中报警系统。下列关于该办公楼电气火灾监控系统设置的说法,正确的是(　　)。

　　A.测温式电气火灾监控探测器设置数量为 4 只时,可采用独立式探测器

　　B.电气火灾监控探测器的报警信号可由探测器传输至集中火灾报警控制器

　　C.闷顶上方架空设置的用于火灾探测的线型感温火灾探测器可接入电气火灾监控器

　　D.剩余电流式监控探测器发出报警信号后,不宜自动切断其监控的供电电源回路

30.某工业园区建有 4 栋办公楼和 2 栋研发楼。该工业园区火灾自动报警系统的形式为控制中心报警系统,设有 6 台火灾报警控制器(联动型),其中具有集中控制功能的火灾报警控制器至少应为(　　)台。

　　A.2　　　　　　　B.1　　　　　　　C.3　　　　　　　D.6

31.下列性能指标中,不属于气体灭火系统集流管主要性能要求的是(　　)。

　　A.强度要求　　　B.结构要求　　　C.密封要求　　　D.流量要求

32.气体灭火系统的驱动装置不包括(　　)。

　　A.气动型驱动器　　　　　　　　B.电爆型驱动器

　　C.液动型驱动器　　　　　　　　D.电磁型驱动器

33.发生火灾时,湿式自动喷水灭火系统设备动作顺序正确的是(　　)。

　　A.喷头热敏元件动作→水流指示器动作→湿式报警阀开启→消防水泵启动

　　B.喷头热敏元件动作→湿式报警阀开启→水流指示器动作→消防水泵启动

　　C.水流指示器动作→喷头热敏元件动作→消防水泵启动→混式报警阀开启

　　D.水流指示器动作→喷头热敏元件动作→混式报警阀开启→消防水泵启动

34.可燃气体探测器按探测区域分类时,包括(　　)。

　　A.线型光束可燃气体探测器　　　B.总线制可燃气体探测器

　　C.多线式可燃气体探测器　　　　D.便携式可燃气体探测器

35.某办公楼设置了非集中控制型消防应急照明和疏散指示系统,灯具采用自带蓄电池供电。该系统不应包括的组件是(　　)。

　　A.A 型楼层标志灯具　　　　　　B.非持续型自带电源应急照明灯具

　　C.柜式应急照明控制器　　　　　D.壁挂式应急照明配电箱

36.某饭店的公共厨房采用液化石油气作为燃料,饭店未设置消防控制室。下列关于饭店可燃气体探测报警系统的设置,错误的是(　　)。

　　A.可燃气体探测器设置在厨房的下部

　　B.厨房内设置的声光警报器由可燃气体报警控制器联动控制

　　C.可燃气体报警控制器设置在厨房外走廊

　　D.可燃气体探测器设置在液化石油气罐附近

37.下列装置中,不属于消防电动装置的是(　　)。

　　A.防火门电动闭门器　　　　　　B.电动排烟阀

　　C.电磁式气体驱动器　　　　　　D.风机控制箱

38.依据现行国家消防技术规范,下列不属于消防联动控制器基本功能的是(　　)。

A. 接收受控部件的动作反馈信号

B. 向联动控制模块发出联动控制信号

C. 显示手动报警按钮的火灾报警信号

D. 采用手动方式控制受控设备动作

39. 根据现行国家标准《火灾自动报警系统设计规范》(GB 50116—2013)的规定,下列不能划分为一个探测区域的场所是( )。

A. 建筑面积为 400 m^2 的会议室　　　B. 电气管道井

C. 建筑物闷顶　　　　　　　　　　　　D. 防烟楼梯间及其前室

40. 依据现行国家消防技术规范,下列不属于消防给水系统按水压分类的是( )。

A. 中压消防给水系统　　　　　　　　　B. 低压消防给水系统

C. 高压消防给水系统　　　　　　　　　D. 临时高压消防给水系统

二、多项选择题(每题 2 分,共 20 分)

1. 消防设施的设备及其组件、材料等产品质量检查主要包括( )以及灭火剂质量检测等内容。

A. 外观检查　　　　　　　　　　　　　B. 产品关键件和材料

C. 组件装配及其结构　　　　　　　　　D. 产品特性

E. 基本功能试验

2. 某商场设有火灾自动报警系统和室内消火栓系统,商场屋顶设有高位消防水箱。根据现行国家标准《火灾自动报警系统设计规范》(GB 50116—2013),该商场室内消火栓系统的下列控制设计方案中,错误的有( )。

A. 消防联动控制器处于手动或自动状态,高位消防水箱出水干管流量开关的动作信号均能直接连锁控制消火栓泵启动

B. 消火栓按钮的动作信号直接控制消火栓泵的启动

C. 消防联动控制器处于手动状态时,该控制器不能联动消火栓泵启动

D. 消防联动控制器处于自动状态时,高位消防水箱出水干管流量开关的动作信号不能直接联锁控制消火栓泵启动

E. 消防联动控制器处于自动状态时,该控制器不能手动控制消火栓泵的启动

3. 火灾自动报警系统的报警区域应根据( )划分。

A. 防火分区　　　B. 实用空间　　　C. 楼层　　　D. 探测区域　　　E. 房间

4. 根据现行国家标准《火灾自动报警系统设计规范》(GB 50116—2013),消防联动控制器应具有切断火灾区域及相关区域非消防电源的功能。当局部区域发生电气设备火灾时,不可立即切断的非消防电源有( )。

A. 客用电梯电源　　　　　　　　　　　B. 空调电源

C. 生活给水泵电源　　　　　　　　　　D. 自动扶梯电源

E. 正常照明电源

5. 2023 年 1 月,某酒店拟采购一批消防产品。下列拟采购的消防产品,应获取强制性产品认证证书的有( )。

A. 感烟火灾探测器　　　　　　　　　　B. 消防水带

C. 消防应急灯具　　　　　　　　　　D. 干粉灭火器

E. 防火门

6. 下列关于管网气体灭火系统的控制方案,正确的有(　　　)。

A. 气体灭火控制器自动控制系统启动

B. 驱动瓶机械应急操作装置应急控制系统启动

C. 选择阀机械应急操作装置控制系统停止

D. 防护区外的手动控制装置手动控制系统启动

E. 防护区外的手动控制装置手动控制系统停止

7. 下列关于加压送风系统控制的说法,正确的有(　　　)。

A. 加压送风机应能现场手动启动

B. 加压送风机应能通过火灾自动报警系统自动启动

C. 加压送风机应能在消防控制室手动启动

D. 防火分区内确认火灾后,应能在 20 s 内联动开启加压送风机

E. 系统中任一常闭加压送风口开启时,加压送风机应能自动启动

8. 某单层甲等剧场的办公用房设有湿式自动喷水灭火系统,该系统报警阀组的组件包括(　　　)。

A. 报警阀　　　　　　　　　　　　B. 防复位锁止机构

C. 水力警铃　　　　　　　　　　　D. 压力开关

E. 泄水阀

9. 某办公楼设有闭式自动喷水灭火系统,地下一层为消防水泵房,消防水泵房内设置两台喷淋泵,下列关于喷淋泵控制的说法,正确的有(　　　)。

A. 喷淋泵应能手动启、停

B. 喷淋泵应能自动启、停

C. 喷淋泵控制柜在平时应设置在自动控制状态

D. 喷淋泵控制柜应设置机械应急启泵功能

E. 消防控制柜应设置专用线路连接的手动直接启泵按钮

10. 火灾自动报警系统的传输线路暗敷时,下列关于系统线路采取的防护措施中,正确的有(　　　)。

A. 线路采用金属管保护

B. 线路采用 B_1 级刚性塑料封闭线槽保护

C. 线路采用可挠(金属)电气导管保护

D. 线路采用金属封闭线槽保护

E. 线路采用 B_1 级刚性塑料管保护

三、简答题(每题 8 分,共 24 分)

1. 简述火灾自动报警系统联动触发器件包括哪些。

2. 简述火灾自动报警系统的适用范围。

3. 简述火灾自动报警系统重大故障类型。

四、案例分析（共 16 分）

某消防技术服务机构人员在对某大厦年度检测时检查了消防控制室值班记录，发现地下车库有两只感烟探测器，近半年来多次报警，但现场核实均没有发生火灾，确认为误报火警后，值班人员做复位处理。

根据以上材料，回答下列问题：

①该建筑地下车库感烟探测器误报火警的可能原因有哪些？

②值班人员对误报火警的处理是否正确？为什么？

本书习题参考
答案及解析

参考文献

［1］中华人民共和国住房和城乡建设部. 建筑防火通用规范:GB 55037—2022［S］.北京:中国计划出版社,2023.

［2］中华人民共和国住房和城乡建设部. 建筑设计防火规范(2018 年版):GB 50016—2014［S］.北京:中国计划出版社,2018.

［3］中华人民共和国公安部. 火灾自动报警系统设计规范:GB 50116—2013［S］.北京:中国计划出版社,2013.

［4］中华人民共和国应急管理部. 火灾自动报警系统施工及验收标准:GB 50166—2019［S］.北京:中国计划出版社,2019.

［5］中华人民共和国住房和城乡建设部. 火灾自动报警系统设计规范图示:14X505-1［S］.北京:中国计划出版社,2014.

［6］中华人民共和国住房和城乡建设部. 自动喷水灭火系统设计规范:GB 50084—2017［S］.北京:中国计划出版社,2016.

［7］中华人民共和国住房和城乡建设部. 自动喷水灭火系统施工及验收规范:GB 50261—2017［S］.北京:中国计划出版社,2016.

［8］中华人民共和国应急管理部. 消防应急照明和疏散指示系统技术标准:GB 51309—2018［S］.北京:中国计划出版社,2018.

［9］中华人民共和国公安部. 建筑防烟排烟系统技术标准:GB 51251—2017［S］.北京:中国计划出版社,2017.

［10］中华人民共和国住房和城乡建设部. 消防给水及消火栓系统技术规范:GB 50974—2014 ［S］.北京:中国计划出版社,2016.

［11］中华人民共和国公安部. 气体灭火系统设计规范:GB 50370—2005［S］.北京:中国计划出版社,2005.

［12］公安部消防局. 消防安全技术实务［M］.北京:机械工业出版社,2016.

［13］公安部消防局. 消防安全技术综合能力［M］.北京:机械工业出版社,2016.

［14］中国消防协会. 消防设施操作员(中级)［M］.北京:中国劳动社会保障出版社,2022.

［15］和丽秋. 消防燃烧学［M］.北京:机械工业出版社,2021.

［16］吕显智. 建筑防火［M］.北京:机械工业出版社,2021.